Die Luftseilbahnen.

Die Luftseilbahnen.

Ihre Konstruktion und Verwendung.

Von

P. Stephan.

Mit 194 Textfiguren und 4 lithographierten Tafeln.

Springer-Verlag Berlin Heidelberg GmbH 1907

Additional material to this book can be downloaded from http://extras.springer.com.

ISBN 978-3-662-32355-7   ISBN 978-3-662-33182-8 (eBook)
DOI 10.1007/978-3-662-33182-8
Softcover reprint of the hardcover 1st edition 1907

Vorwort.

Die vorliegende Einzeldarstellung eines Zweiges der mechanischen Massenbeförderung, der in Deutschland seit über 30 Jahren gepflegt wird, hat es sich zum Ziel gesetzt, nur über das anscheinend so eng begrenzte Gebiet der Luftseilbahnen das Wichtigste mitzuteilen. Da bisher ein zusammenfassendes Werk darüber in deutscher Sprache nicht erschienen ist, so dürfte die Herausgabe auch einem Bedürfnis entsprechen; wenigstens schließt Verfasser dies aus einer Anzahl an ihn gerichteter Zuschriften.

Wie wenig die Luftseilbahnen noch bei uns bekannt sind, in dem Lande, wo sie erfunden wurden und bis zu einer bedeutenden technischen Höhe entwickelt worden sind, kennzeichnet der Umstand, daß kürzlich erst eine Schmalspurbahn von wenigen hundert Metern Länge entstand, für die ein Erddamm mit einem Kostenaufwand von etwa 12 000 Mark gebaut werden mußte, während eine Luftseilbahn bei wesentlich vorteilhafterer Anordnung der Be- und Entladung überhaupt nicht mehr Anlagekosten und bedeutend geringere Betriebsausgaben verursacht hätte. Man ist eben vielfach noch der Meinung, daß die hier zu erörternden Einrichtungen nur für lange geradlinige Strecken in unzugänglichen Gegenden brauchbar sind, wo sie allerdings oft das einzige mögliche Beförderungsmittel darstellen, und weiß nichts von den mannigfaltigen Anwendungen für spezielle Zwecke, die in den letzten 15 Jahren ausgebildet worden sind.

Das Buch soll deshalb den Betriebsleitern, die sich mit der Errichtung einer zeitgemäßen Transportanlage beschäftigen, einige Anregungen und Hinweise geben; es enthält ferner alle für den Entwurf notwendigen Angaben und Einzelheiten. Gerade über letztere bringt die bisherige Literatur mit Ausnahme einer in Dinglers polytechnischem Journal 1904 erschienenen Abhandlung des Verfassers, die den Grundstock dieses Werkes bildet, nur wenig; dagegen sind Beschreibungen ausgeführter Anlagen häufig veröffentlicht worden, und ein Teil der folgenden Abbildungen konnte ihnen entnommen werden. Weitere Einzelheiten an Zeichnungen und Beschreibungen wurden dem Verfasser von den meisten auf diesem Sondergebiet tätigen Firmen zur Verfügung gestellt.

Insbesondere haben die folgenden Firmen:

    Aerial Ropeways Syndicate Ltd. in London,
    Benrather Maschinenfabrik A.-G. in Benrath,
    Bullivant & Co. in London,
    Carstens & Fabian in Magdeburg-N.,
    Ceretti & Tanfani in Mailand,
    Felten-Guilleaume-Lahmeyerwerke A.-G. in Mülheim-Rhein,
    Neyret-Brenier & Cie. in Grenoble,
    Th. Otto & Comp. in Schkeuditz,
    J. Pohlig A.-G. in Köln-Zollstock,
    The Temperley Transporter Co. Ltd. in London

den Verfasser bei Herstellung des Buches und besonders der Figuren-
beigaben durch zum Teil sehr weites Entgegenkommen unterstützt. Ihnen
spricht der Verfasser auch an dieser Stelle seinen Dank aus.

Posen, im Februar 1907.

Stephan.

Inhaltsverzeichnis.

A. Allgemeine Angaben.

A. Allgemeine Angaben.

I. Ältere Anlagen. Die verschiedenen Seilbahnsysteme.

1. Die ältesten Seilbahnen deutschen und englischen Systems.

Die gesamte, bis in alle Einzelheiten durchgebildete Technik der Luftseilbahnen oder, wie man sie in Deutschland meistens nennt, Drahtseilbahnen hat nur ein geringes Alter. Sie entstand mit dem Aufschwung der Industrie in unserm Vaterlande zu Anfang der 70er Jahre. Ältere Nachrichten darüber sind nur spärlich vorhanden und beschreiben dann äußerst primitive Vorrichtungen, die mit den heutigen, keine Schwierigkeiten kennenden Einrichtungen wenig mehr als den Namen gemeinsam haben.

Die älteste zurzeit bekannte Beschreibung einer Seilbahnanlage enthält nach Heusinger von Waldegg ein in Wien aufbewahrter Kodex aus dem Jahre 1411. Aus einer Handschrift des Marianus Jakobus Taccola, die etwa um das

Fig. 1.

Jahr 1430 entstanden ist, gibt Theodor Beck in seinem bekannten Werke „Beiträge zur Geschichte des Maschinenbaues" die Skizze Fig. 1: „Zwischen einem Baume auf dem linken und einem eingeschlagenen Pflocke auf dem rechten Flußufer ist ein Seil gespannt, an das eine Bombarde vermittels eines Ringes gehängt ist. An den Baum ist eine Flasche mit einer Rolle gebunden, über welche ein Zugseil geht, dessen eines Ende an dem Ringe, der die Bombarde trägt, befestigt ist, während an dem anderen Ende, welches ebenfalls über den Fluß hinübergeführt ist, die Zugtiere angespannt sind. Gehen diese landeinwärts, so ziehen sie die Bombarde über den Fluß, indem der Ring, an welchen sie hängt, über das gespannte Seil hingleitet."

Anscheinend sind in der Folge Seilbahnen zum Transport von Erde für den Bau von Festungswerken mehrfach projektiert und ausgeführt worden. In seinem im Jahre 1597 zu Venedig erschienenen Werke „Delle Fortificatione" schreibt B u o n a i u t o L o r i n i am Schluß des Kapitels 9[1]): „Man kann mit Erde beladene Karren auch noch in anderer Weise fortbewegen, wenn es sich darum handelt, die Erde aus dem Graben zu schaffen, oder sie aus der Kontrescarpe zu nehmen und über den Graben zu schaffen, nämlich auf zwei an starken Stützpfählen befestigten und durch Handgöpel und Flaschenzüge gespannten Seilen oder sonst etwas, das zur Unterstützung geeignet und leicht transportabel ist. Alsdann müssen jedoch die Räder der genannten Karren etwas breiter sein als gewöhnlich, von weichem Holze und ausgehöhlt, wie die Rollen eines Flaschenzuges. Diese Rinne muß durch starke Bretter hergestellt werden, die man auf jeder Seite anpaßt, und die Kanten müssen innen so abgeschrägt werden, daß der Kanal nach außen viel weiter ist als auf dem Grunde, d. h. als die Breite des Rades. Und um mit diesem Apparate zu arbeiten, muß man wissen, daß der Karren immer auf den beiden Seilen stehend be- und entladen werden muß. Obgleich hieraus hervorgeht, daß das Herbeibringen der Erde, um die Karren zu füllen, und das Verbringen derselben an ihren Bestimmungsort, nachdem der Karren entleert ist, als zwei gesonderte Arbeiten behandelt werden müssen, so ist diese Arbeitsweise doch von großem Vorteile, weil man bei der Herrichtung des Apparates nichts zu tun hat, als die Seile zu spannen, und die Verteidigungswerke der Festung dabei nicht verletzt werden. Wenn die Karren oben umgestürzt werden, müssen sie etwas über dem Walle stehen und umkippen, ohne rückwärts fahren zu können, bevor sie entleert sind; unten aber müssen sie so tief stehen, daß sie mit Schubkarren oder anderen Instrumenten bequem gefüllt werden können, und zwar geschieht dies vermittels eines Steges."

Einen späteren Entwurf einer zum Personentransport dienenden Seilbahn enthält das wahrscheinlich 1617 in Venedig erschienene Buch des F a u s t u s V e r a n t i u s (Fig. 2)[2]): „An ein dickes Seil soll ein Trog oder Korb mit umlaufenden Rollen gehängt und daneben ein dünnes Seil gespannt werden, welches, wenn es angezogen wird, diejenigen, welche sich in dem Korbe befinden, ohne alle Gefahr hinüber bringen wird."

Am bekanntesten geworden ist die im Jahre 1644 von dem holländischen Ingenieur A d a m W y b e ausgeführte Anlage, von der eine Abbildung in der Danziger Chronik des R. C u r i c k e (Mitte des 17. Jahrhunderts) enthalten ist (Fig. 3). Aus der von J. P o h l i g entdeckten Zeichnung ist nur ersichtlich, daß auf der später Bastion Wieben genannten Befestigung wahrscheinlich mittels eines Göpels ein Tau ohne Ende in Bewegung gesetzt wurde, an das eine große Anzahl von Eimern angehängt war. Das

---

[1]) B e c k , Beiträge zur Geschichte des Maschinenbaues, Seite 246.

[2]) B e c k , Beiträge zur Geschichte des Maschinenbaues, Seite 525.

Tau lief über Rollen, die von starken Pfosten getragen wurden und auf
der Seite der beladenen Gefäße zahlreicher waren. Während die vorher
beschriebenen Ausführungen ein Tragseil hatten, auf dem die Last mit
Hilfe eines zweiten Zugseiles bewegt wurde, war hier nur ein einziges
umlaufendes Seil vorhanden.

Eine im Jahre 1834 von dem damaligen Festungsbaudirektor v. Prittwitz bei Posen zum Transport von Ziegeln ausgeführte Anlage[1]) ist zwar
keine Seilbahn im eigentlichen Sinne, sondern nur eine „Hängebahn";
immerhin ist sie deswegen interessant, weil die Grundidee im Anfang
der 70er Jahre von Fell und neuerdings wieder von Behr aufgenommen
worden ist. Fig. 4 zeigt die Ausführung von v. Prittwitz, des Ver-

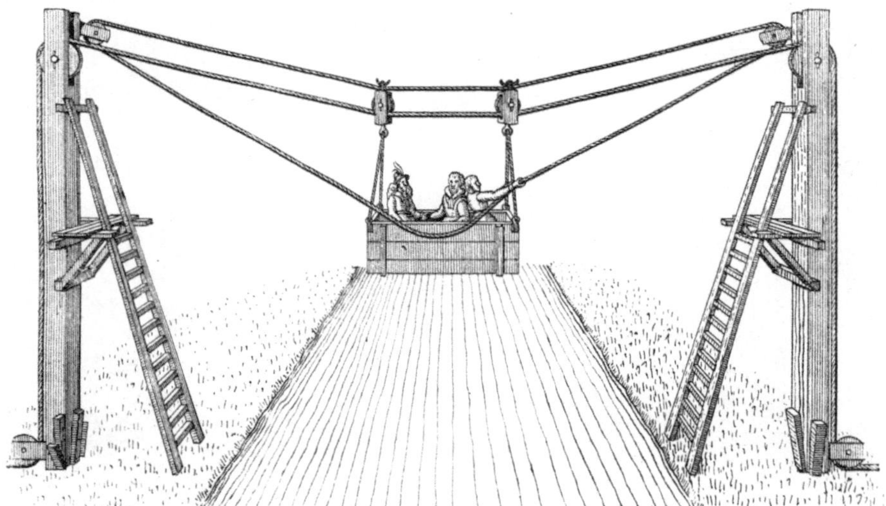

Fig. 2.

gleichs halber wird in Fig. 5 der Querschnitt des Oberbaues der Behr-
schen Bahn zwischen Liverpool und Manchester[2]) wiedergegeben.

Da für die Seilbahnen bis zu der im Jahre 1834 erfolgten Erfindung
der Drahtseile durch den Oberbergrat Albert in Klausthal nur Hanfseile
zur Verfügung standen, so konnten derartige Anlagen von vornherein
nur für vorübergehende Zwecke Verwendung finden. Man beschränkte
sich allerdings auch noch später lange Zeit darauf, im Gebirge sogenannte
Draht- bzw. Drahtseilriesen zum Niederbringen von Holz oder Gestein
an steilen Abhängen zu bauen. Es waren dies oben verankerte und
unten durch ein Gewicht gespannte Drähte bzw. später bei größeren
Einzellasten Drahtseile, die nach Erfordernis auf der Strecke noch mehr-

---

[1]) Die schwebende Eisenbahn bei Posen, Berlin 1857, Ferdinand Riegel.
[2]) Z. d. V. d. Ing. 1902, Seite 486 ff.

Von Harlingen.
Wybe Adam
Novi Inventi
Sive
MACHINÆ ARTIFICIOSÆ,
Die ſtadt Dantzig
Der Bischoffs berg
Fig. 2

mals durch einfache Böcke gestützt wurden, auf denen die Last mit
Hilfe von Gleitsätteln oder leichter Wagen frei herunterglitt. Unten
wurde sie durch entsprechende Hemmvorrichtungen aus Reisig oder dergleichen angehalten oder bei besseren Anlagen auf Ablenkungsschienen

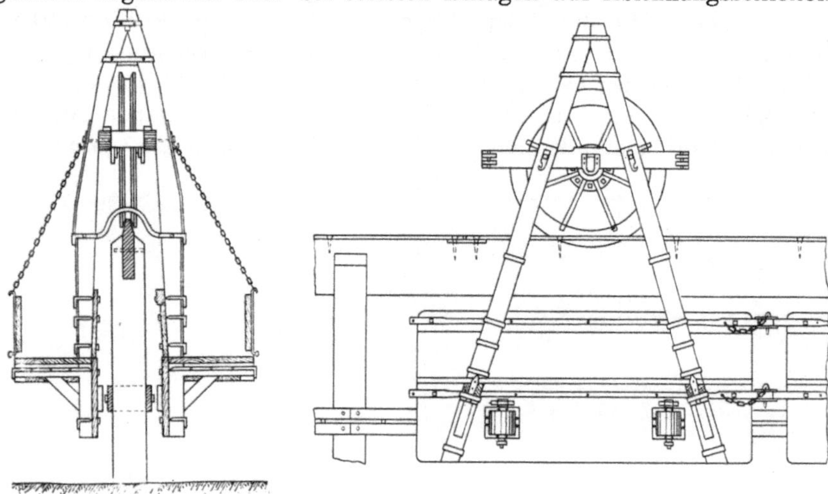

Fig. 4.

geleitet. Waren alle vorhandenen Wägelchen unten angelangt, so wurden
sie entweder auf einem Saumpfade wieder hinaufgeschafft oder bei besonders sorgfältig durchkonstruierten Anlagen an einem dünnen Seil mit
einer Winde hinaufgezogen.
Man baute derartige Anlagen
in Längen von 1,0—1,2 km;
ihre Leistung war eine sehr
geringe und kam selten über
15 Tonnen in einem neunstün-
digen Arbeitstage. Die vorteil-
hafteste Neigung beträgt etwa
1:5, bei geringeren Neigungen
bleiben bisweilen Lasten auf
der Strecke stehen; bei wesentlich höheren steigert sich die
Geschwindigkeit zu sehr, und
die Lasten werden entweder

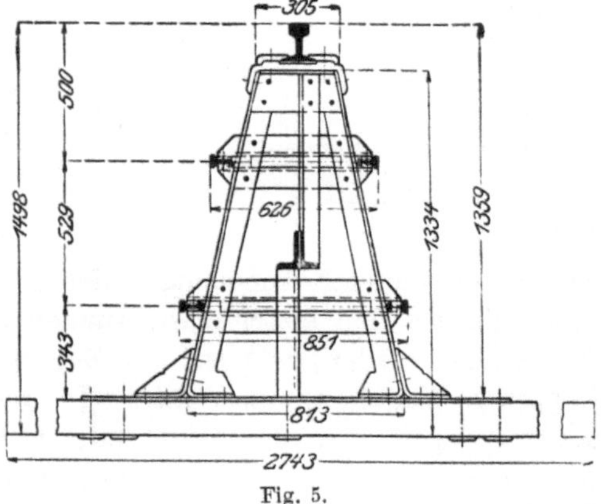

Fig. 5.

beim Anprall auf die Auffangevorrichtungen beschädigt oder es ergibt sich
ein starker Verschleiß am unteren Seilende und den Ableitungsschienen, falls
solche angeordnet werden. Bei schwachem Gefälle kann man damit rechnen,
daß etwa 7 v. H. der Ladung verloren gehen, indem sich ein Wagen
auf der Strecke festsetzt und dann herunterfällt, wenn der zweite darauf-

stößt. Die Anordnung wird wegen ihrer vielen Mängel heutzutage nur noch in ganz entlegenen Gebirgswinkeln für untergeordnete Zwecke ausgeführt.

Die eigentlichen Luftseilbahnen im heutigen Sinne des Wortes sind erst im Jahre 1861 durch den Bergrat Freiherr v. Dücker erfunden worden. Die Fig. 6 zeigt die Einzelheiten einer Probeausführung von 157 m Länge, die bei Oeynhausen errichtet wurde[1]); jedoch hat es volle zehn Jahre gedauert, bis eine gewerblichen Zwecken dienende Anlage in Deutschland zustande kam. Bei der jetzt allgemein als deutsches

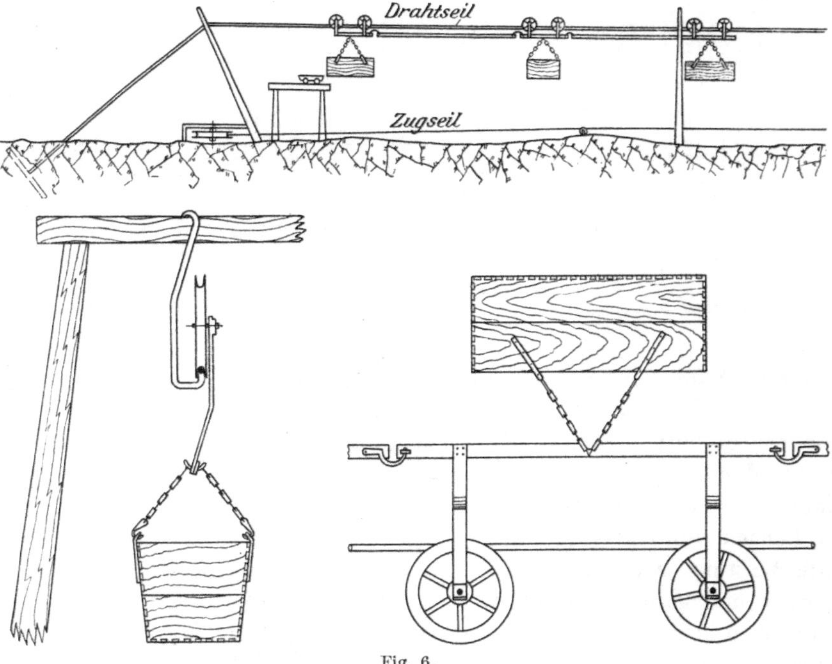

Fig. 6.

System bezeichneten Anordnung laufen die Wagen auf festliegenden Tragseilen, die bei den ersten Ausführungen in Abständen von $9^{1}/_{2}$—20 m unterstützt wurden, während ein Zugseil ohne Ende die daran angekuppelten Wagen mit sich zieht. In der ersten Zeit führte man nur solche Anlagen aus, die hinreichendes Gefälle hatten, um einen selbsttätigen Betrieb zu ermöglichen. Bis Anfang der 80er Jahre wurden die Laufbahnen gewöhnlich nicht aus Drahtseil hergestellt, sondern aus kurzen Rundeisenstangen, die an Ort und Stelle zu Längen von etwa 50 m zusammengeschweißt wurden, worauf man diese Stücke durch Schraubkupplungen verband.

---

[1]) Deutsche Bauzeitung 1871, Seite 253

Ehe v. Dücker zu einer praktischen Ausführung gelangte, wurden bereits Ende der 60er Jahre mehrere derartige Bahnen mit Drahtseillaufbahnen in Amerika, und zwar im Minengebiet Colorados, errichtet.

Inzwischen hatte Hodgson im Jahre 1867 die seitdem als englisches System bezeichnete Anordnung des Adam Wybe wiedererfunden und im folgenden Jahre ein englisches Patent darauf erhalten. Das System führte sich sehr schnell ein, und erst auf Grund der guten Erfolge Hodgsons erhielt v. Dücker dann auch einige Aufträge. Das Längsprofil seiner ersten Ausführung bei Osterode am Harz zeigt Fig. 7, deren Höhen im zwölffachen Maßstabe der Länge aufgetragen sind[1]). Die Rundeisenlaufbahn von 26 mm Stärke ist in dem hochgelegenen Gipsbruch an einem Erdbock E befestigt, während am anderen Ende der Bahn bei W eine Erdwinde aufgestellt ist, auf deren Trommel zur Veränderung der Spannung ein Stück Drahtseil, die Fortsetzung der

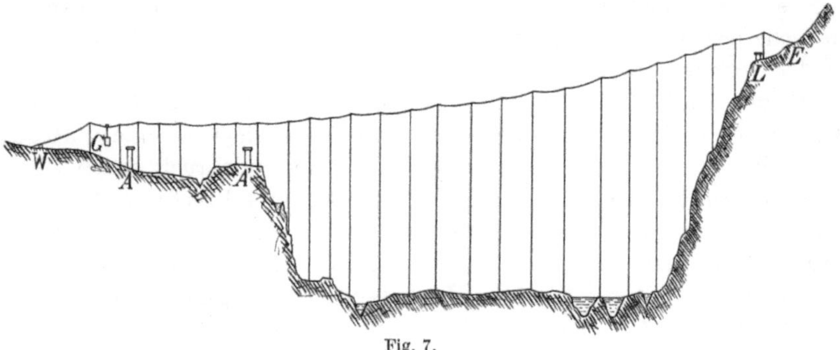

Fig. 7.

Rundeisenlaufbahn, aufgewickelt werden kann. Um einen gewissen Spannungsausgleich selbsttätig herbeizuführen, ist außerdem zwischen den letzten Stützen bei G ein Gewicht in Form eines mit Steinen beschwerten Holzgestelles an der Laufbahn aufgehängt. Die Beladestelle befindet sich bei L, auf der gegenüberliegenden Seite sind zwei Entladestellen A und A_1 angeordnet. Die Gesamtlänge von E bis W beträgt 447 m, während die nutzbare Länge L bis A_1 nur 377 m mißt. Es waren drei Wagen von je 250 kg Inhalt vorhanden, die ohne Zugseil lose von L nach A herunterliefen. An den letzten Wagen wurde eine Leine angehängt, an der dann die drei zusammengekuppelten Wagen wieder vermittels einer Winde nach dem Gipsbruch zurückgezogen wurden.

In der Folge wurden ähnliche Anlagen mehrfach von verschiedenen Bauingenieuren errichtet, die das Vorteilhafte des Dückerschen Gedankens erkannt hatten, daß vermittels der freischwebenden Seilbahn die schwierigsten Terrainverhältnisse zu überwinden sind.

---

[1]) Deutsche Bauzeitung 1871, Seite 257.

Im Jahre 1872 baute Fankhausen im Schlierental des Kantons Unterwalden eine Bremsseilbahn von 2100 m Gesamtlänge und einem Gesamtgefälle von 1 : 3, um Holz aus einem sonst unzugänglichen Wald herunterzuschaffen. Auf jeder Drahtseillaufbahn verkehrte ein Wagen, der mit einem endlosen Zugseil fest verbunden war, dessen in der oberen Station befindliche Umführungsscheibe gebremst werden konnte. Obwohl die Bahn dadurch bedeutungsvoll ist, daß sie das Tal mit einer freien Spannweite von 540 m überschritt, waren die Konstruktionseinzelheiten doch recht primitiver Natur. Als Stützen dienten zum Teil vorhandene Bäume und dergleichen, an denen entsprechend der Anordnung von Hodgson Rollen zur Auflagerung der Tragseile angebracht waren. Erst später ersetzte man sie durch Tragschuhe, nachdem die Seile aus den unruhig laufenden Rollen öfter herausgesprungen waren. Wie mangelhaft die Einzelheiten ausgebildet waren, zeigt die Angabe, daß bei dem doch recht erheblichen Gefälle der Anlage die heruntergehende Last das Dreifache der heraufgezogenen betragen mußte, damit die Wagen nicht auf der Strecke stehen blieben.

In der Mitte der 70er Jahre errichtete Mölle[1]) bei Minden eine 920 m lange Seilbahn zum Transport von Sandsteinen aus dem Bruch bis zur Weser. Sie überschritt kurz hinter dem Steinbruch einen 34 m hohen Bergrücken und besaß auf der Strecke zwei Bruchpunkte. Mit dem Übersetzungsgetriebe an jenen Stellen waren die Bremsvorrichtungen verbunden, die die Geschwindigkeit der selbsttätig arbeitenden Bahnen regelten (Fig. 8). Es befanden sich gleichzeitig immer zehn Wagen auf der Strecke. Die einzelnen Zugseile waren offen und wurden mit ihren Endkauschen einfach in Haken gelegt, die an den Transportwagen befestigt waren. Die betreffende Seilstrecke mußte also zum An- und Abkuppeln der Wagen stets stillgesetzt werden, so daß zur Bedienung der Anlage 15 Mann erforderlich waren. Das Längsprofil und die Stützenverteilung der Bahn entspricht fast vollständig einer modernen Ausführung; es wurde dies einfach durch Probieren erreicht, indem das ganze Profil im Maßstabe 1:50 an einer Wand aufgetragen und nun die Größe der Spanngewichte und die günstigste Lage der Stützen mit Messingketten und Belastungsgewichten, die zu dem Gewicht der Kette in demselben Verhältnis standen wie die Maximallast 1500 kg zu dem Gewicht des Stahlseils von 23 mm Durchmesser, ermittelt wurde.

Während im Auslande durch Hodgson in wenigen Jahren schon über 100 Bahnen von zum Teil erheblicher Länge gebaut worden waren, kamen in Deutschland nur ganz vereinzelte Anlagen zur Ausführung, bis sich im Jahre 1874 die beiden Maschineningenieure Adolf Bleichert und Theodor Otto vereinigten und in Schkeuditz ein Ingenieurbureau

---

[1]) W. Mölle, Schwebende Bahn bei Minden, Leipzig 1877.

für den Spezialzweck des Baues von Luftseilbahnen eröffneten. Sie
fingen an, ein vollständiges System herauszuarbeiten, derart, daß ihre
ersten Ausführungen bereits alle noch jetzt verwendeten Einzelteile, wenn

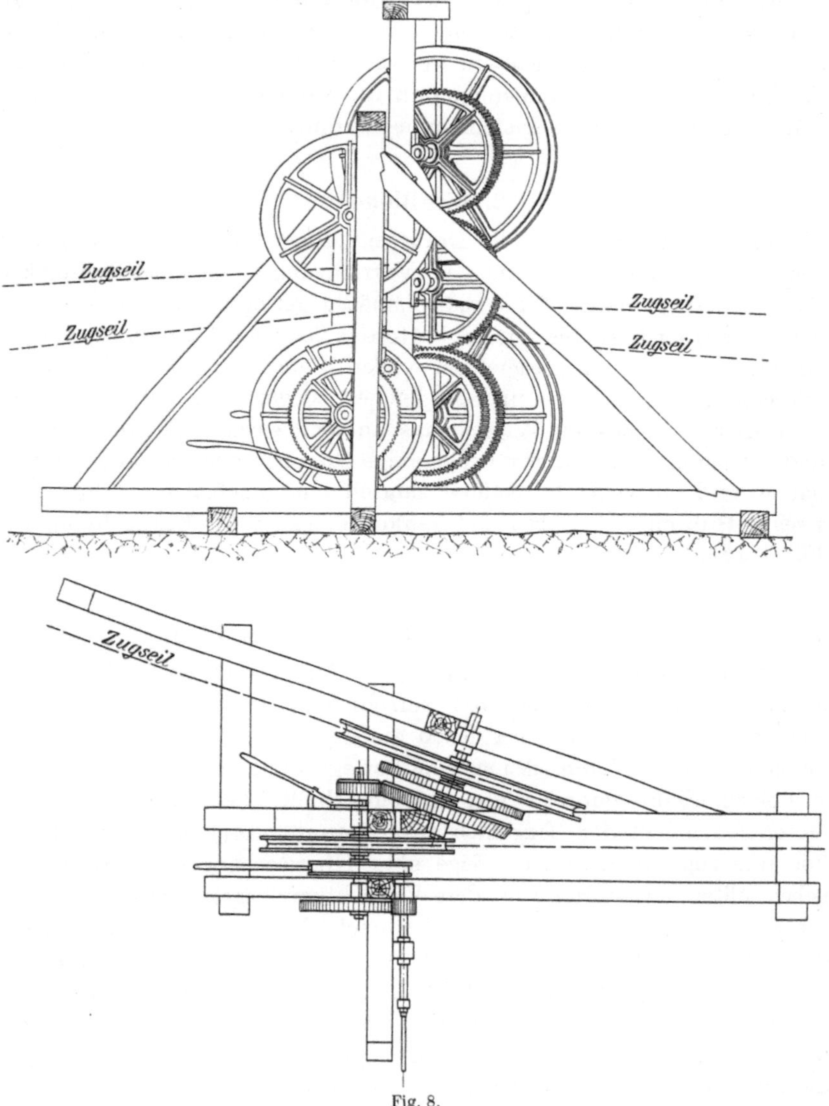

Fig. 8.

auch in recht einfacher Form, zeigten. Nach zweijährigem Zusammen-
arbeiten lösten beide die Geschäftsgemeinschaft auf; Otto verblieb in
Schkeuditz und Bleichert eröffnete in Leipzig eine neue Fabrik. Seitdem ist noch eine Anzahl von Fabriken entstanden, die ebenfalls Luft-

seilbahnen bauen; am bekanntesten ist davon die von J. Pohlig im
Jahre 1880 in Köln errichtete geworden, und Deutschland gilt zurzeit
als führend auf diesem Spezialgebiet der Technik.

Inzwischen ist das englische Seilbahnsystem, das in der von Hodgson überkommenen Form nur für geringere Leistungen und einfache Ge-
ländeverhältnisse vorteilhaft zu verwenden war, seit dem Jahre 1890
durch Roe verbessert worden, so daß es, was die Leistungsfähigkeit an-
betrifft, dem deutschen System nahe kommt.

2. Die Blondins.

Eine besondere Abart der Drahtseilbahnen bilden die jetzt fast allgemein als Blondins bezeichneten Vorrichtungen, die für Steinbrüche,
Bau- und Stapelplätze bei verhältnismäßig geringen Anlagekosten Her-
vorragendes leisten. Sie wurden Mitte der 90er Jahre zuerst in Amerika
ausgeführt und sind geeignet, in vielen Fällen die kostspieligen und
schweren Verladebrücken und dergleichen zu ersetzen. Auf einem über
zwei Stützen geleiteten Tragseil, das an dem einen Ende verankert ist
und am anderen durch eine nachgiebige Spannvorrichtung gespannt gehalten wird, bewegt das endlose Zugseil eine Laufkatze, während ein
zweites Hubseil das Heben und Senken eines an der Katze hängenden
Flaschenzuges bewirkt.

3. Telpherlinien, elektrische Hängebahnen.

Bereits in den ersten Jahren der Entwicklung des elektrischen
Straßenbahnwesens wurden von verschiedenen englischen Ingenieuren
Anordnungen angegeben, bei denen ein ganzer Zug leichter Wagen auf
besonders starken Tragseilen entlang bewegt wurde, dessen erster Wagen
von einem Elektromotor seinen Antrieb erhielt. Der Strom wurde dem
Motor von neben den Tragseilen ausgespannten Drähten durch Schleif-
kontakte zugeführt. Da die Züge ohne Überwachung über die Strecke
gehen sollten, so mußten besondere Vorsichtsmaßregeln getroffen werden,
um zu verhüten, daß nicht etwa der nachfolgende Zug auf den Schluß
des ersten auffuhr. Man erhielt so bei jeder der naturgemäß ziemlich
dicht hintereinander folgenden Stützen vom Zuge betätigte Schalter mit
eigenen Schaltleitungen, welche die Anlage ziemlich verwickelt machten
und selbst wieder eine Quelle von Störungen bildeten[1]). Man war aus
diesem Grunde von jenen sogenannten Telpherlinien gänzlich abgekommen,
bis Anfang dieses Jahrhunderts die United Telpherage Company
in New York das wesentlich vereinfachte System für den Transport in

---

[1]) Einige Schemata der vorgeschlagenen Schaltungen finden sich in dem
Werke von Wallis-Tayler, Aërial or Wire-rope Tramways, London.

Fabriken und dergleichen wieder empfahl. Bei der heutigen Anordnung verkehrt auf der gewöhnlich nur kurzen Strecke, falls nicht Ausweichen vorhanden sind, nur ein Wagen, der vielfach mit einem elektrischen oder von Hand zu bedienenden Aufzug für die Last versehen ist. In Deutschland wurde das System eingeführt von der Firma Menck & Hambrock in Altona.

Da die Einzelheiten der Elektrohängebahnen doch von den im Luftseilbahnbau üblichen erheblich abweichen, so soll im vorliegenden Bande nicht weiter darauf eingegangen werden.

II. Die Seile und ihre Verbindungen.

4. Die Spiralseile.

Wie bereits in dem einleitenden Abschnitt erwähnt wurde, schweißte man die Laufbahnen der ersten deutschen Luftseilanlagen der Billigkeit halber aus Rundeisenstäben zusammen. Wegen der verhältnismäßig kleinen Festigkeit des damals allein vorhandenen Schweißeisens, die durch die Schweißstellen noch um etwa 30% herabgesetzt wurde, konnten die Rundeisen nur mit geringer Kraft

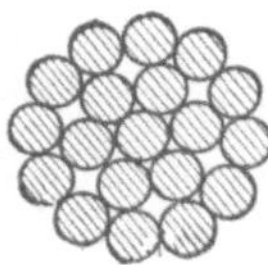

Fig. 9.   Fig. 10.

angespannt werden, so daß Bleichert die Stützen auf ebenem Gelände nicht weiter als 20 m auseinander setzte, da sonst der Durchhang der schweren Laufbahnen zu groß wurde.

Man verwendete deshalb bald, wenn das Anlagekapital es irgend gestattete, Stahldrahtseile und zwar sogenannte Spiralseile nach Fig. 9, wovon Fig. 10 einen Querschnitt zeigt. Die Zerreißfestigkeit der Drähte betrug 5500 bis 6000 kg/qcm. Die Seile bewährten sich allerdings in der ersten Zeit recht wenig, da die kurzen Drähte, aus denen sie bestanden, durch Lötung miteinander verbunden wurden. Die Folge davon war, daß häufig solche Lötstellen, deren Festigkeit nur einen geringen Bruchteil von der des Gußstahls betrug, aufsprangen, worauf sich sofort die beiden losen Enden des ja völlig freiliegenden Drahtes auf mehrere Meter Länge abwickelten und so den Betrieb ganz erheblich störten. Man fertigte deshalb bald die Spiralseile in kürzeren Stücken derart an, daß sie keine Lötstelle mehr enthielten, und verband die einzelnen Seilenden durch besondere Kupplungen.

Heutzutage werden diese „weichen Stahlseile" kaum mehr verwendet; meist nimmt man jetzt hartgezogene Drähte von 12000 bzw. 14500 kg/qcm

19drähtige Spiralseile.

Durchmesser d	Drahtstärke δ	Querschnitt F	Gewicht q	Größte Länge
mm	mm	qcm	kg/m	m
15	3	1,34	1,13	600
16	3,2	1,52	1,28	600
17	3,4	1,72	1,45	600
18	3,6	1,94	1,62	580
19	3,8	2,15	1,83	520
20	4,0	2,39	2,0	470
21	4,2	2,64	2,21	430
22	4,4	2,89	2,42	390
23	4,6	3,16	2,65	350
24	4,8	3,44	2,90	320
25	5,0	3,73	3,13	300
26	5,2	4,04	3,40	280
27	5,4	4,35	3,65	260
28	5,6	4,68	4,00	235
29	5,8	5,02	4,25	220
30	6,0	5,37	4,55	205

37drähtige Spiralseile.

Durchmesser d	Drahtstärke δ	Querschnitt F	Gewicht q	Größte Länge
mm	mm	qcm	kg/m	m
27	3,85	4,31	3,65	490
28	4,0	4,65	3,9	450
29	4,14	4,98	4,2	420
30	4,28	5,32	4,5	390
31	4,42	5,68	4,8	370
32	4,57	6,07	5,2	340
33	4,71	6,45	5,45	320
34	4,85	6,84	5,75	310
35	5,0	7,26	6,1	290
36	5,14	7,38	6,45	270
37	5,28	8,10	6,85	260
38	5,42	8,56	7,2	250
39	5,57	9,02	7,6	230
40	5,71	9,47	8,0	220
41	5,85	9,94	8,4	210
42	6,0	10,46	8,8	200

Zerreißfestigkeit. Für kleinere Einzellasten genügt das in Fig. 9 und 10 dargestellte 19drähtige Spiralseil. Werden stärkere Durchmesser erforderlich, so wird die 37drähtige Konstruktion gewählt, da man den Durchmesser der einzelnen Drähte 6 mm nicht überschreiten läßt, damit der innere Kern nicht weicher bleibt als die äußere Schicht. Andererseits geht man mit Rücksicht auf die Abnutzung der Seile infolge der darüberrollenden Wagen nur ausnahmsweise unter eine Drahtstärke von 4 mm. Aus dem Grunde wurde bisweilen ein 33drähtiges Seil nach Fig. 11 benutzt, das dadurch entstanden ist, daß um ein 19drähtiges Spiralseil noch 12 Drähte von stärkerem Durchmesser herumgelegt wurden.

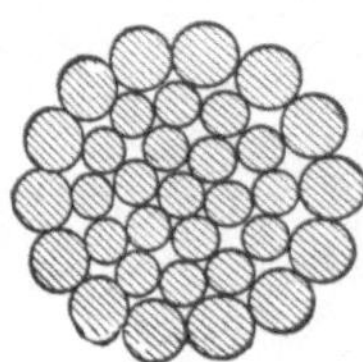

Fig. 11.

Eine Übersicht der Hauptdaten der noch gebräuchlichen Spiralseile geben die nebenstehenden Tabellen nach den Angaben von Felten & Guilleaume. Zu bemerken ist dazu, daß Drähte über 5,2 mm Stärke nicht in der ganz harten Qualität von 14500 kg/qcm Festigkeit hergestellt werden. Felten & Guilleaume fertigen die 19drähtigen Seile aus Drähten von 49 bis 50 kg Einzelgewicht, die 37drähtigen aus solchen von 47 bis 48 kg Einzelgewicht; damit ergeben sich die in der letzten Spalte der Tabelle aufgeführten Zahlen für die größte ohne Lötstelle lieferbare Länge. Von anderen Firmen werden meist nur Drähte von 40 kg Gewicht zur Verseilung genommen; die damit erreichbare Seillänge wird dann aus den Tabellen durch Herabsetzung der betreffenden Zahlen um 20 bzw. 16 v. H. erhalten.

5. Die verschlossenen Seile (ältere Ausführung).

Da die außen liegenden Drähte der Spiralseile von dem darüber hinwegrollenden Rade immer nur in einem Punkte berührt werden, so erleiden sie unter dem Einfluß großer Einzellasten erhebliche Formänderungen, weshalb man mehrfach versucht hat, sogenannte verschlossene Seile mit glatter Außenfläche herzustellen. Es kamen bisher hauptsächlich zwei Konstruktionen in Betracht, die in Fig. 12 dargestellte der Firma Teste, Moret et Comp. in Lyon und die durch die Fig. 13 und 14 erläuterte grobdrähtige von Felten & Guilleaume. Eine zweite feindrähtige Konstruktion von Felten & Guilleaume wird für Seilbahnen nicht verwendet, weil die dünnen Profildrähte unter dem Raddruck zu sehr leiden. Beide Seilarten, die deutsche sowohl als die französische, bieten den Vorteil einer vollkommen glatten Oberfläche, infolgedessen verteilt sich der Raddruck gleichmäßiger auf die Lauffläche, so daß die Abnutzung der äußeren Schichten ganz erheblich geringer ist als bei den Spiralseilen. Naturgemäß verhalten sich die Seile von Felten & Guilleaume in letzterer Beziehung günstiger als die französischen, deren Außendrähte

an den Seiten nur wenig Widerstandsfähigkeit besitzen. Ein weiterer
Vorteil der verschlossenen Seile ist der, daß der Materialquerschnitt
wesentlich größer ist als bei gleichstarken Spiralseilen, im Mittel nur
12,5 v. H. kleiner als der volle Quer-

schnitt $\frac{\pi}{4}\,d^2$.

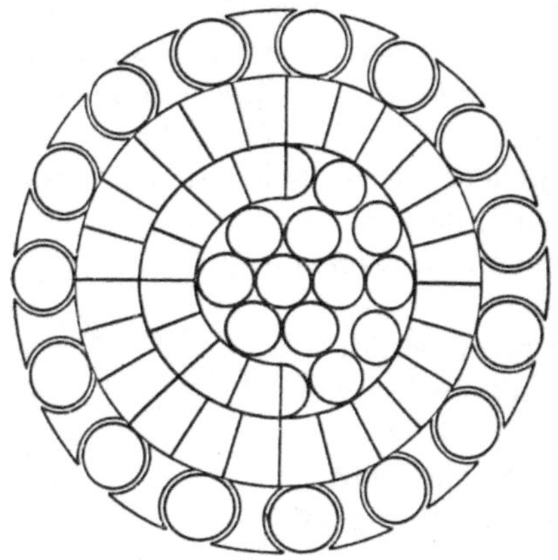

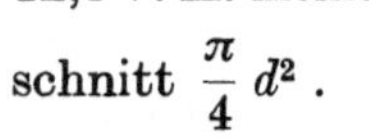

Allerdings ist es nicht möglich,
die einzelnen Drähte, aus denen das
Seil zusammengesetzt ist, wegen ihrer
verwickelten Form so hart zu ziehen
wie Runddrähte; die Seile werden
deshalb nur geliefert in der weichen
Stahlqualität mit einer Zerreißfestigkeit von 5500 bis 6000 kg/qcm und
aus Patentgußstahl mit einer Zerreißfestigkeit von 9000 bis 10000 kg/qcm
bzw. bei der ganz harten Qualität
12 000 kg/qcm. Infolge des entsprechend größeren Querschnittes verträgt
ein verschlossenes Seil von 12000 kg/qcm
Bruchfestigkeit annähernd dieselbe Zugkraft wie ein gleichstarkes Spiralseil von
14 500 kg/qcm Festigkeit.

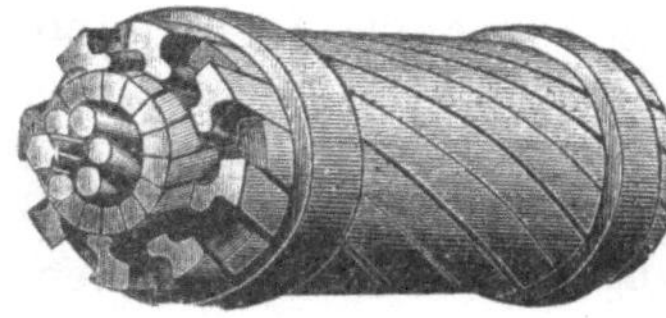

Fig. 12.

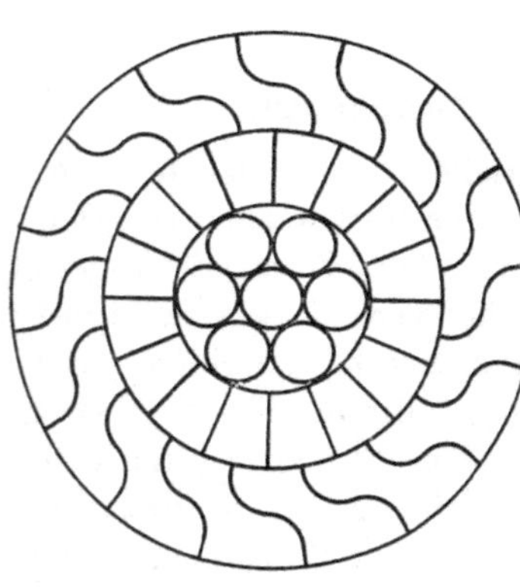

Fig. 13.

Fig. 14.

Die folgende Tabelle enthält die
Hauptangaben über die Felten & Guil-
leaumeschen grobdrähtigen Seile. Da
die Drähte sich wegen ihrer Profilierung
fest ineinander legen, so kann ein etwa ge-
rissener Draht nicht herausspringen, und
es ist deshalb nicht wie bei den Spiralseilen nötig, Lötstellen zu vermeiden. Die
lieferbare Länge hängt daher lediglich von
Transportrücksichten ab.

Man verwendet jetzt die verschlossenen Seile fast allgemein für die Laufbahnen, auf denen die beladenen Wagen
verkehren, wenn die Größe der Nutzlast
über 300 kg hinausgeht, oder wenn bei
kleineren Lasten die Wagen dicht aufeinander folgen. Bei scharfen
Übergängen der Bahnlinie über Bergkuppen, wo das Zugseil vor und
hinter dem Wagen nach abwärts zieht und so den Raddruck ganz
wesentlich erhöht (vgl. Fig. 122), werden heutzutage ausschließlich Seile
mit glatter Oberfläche genommen. Vor ihrer Einführung half man sich

bisweilen in besonders schwierigen Fällen dadurch, daß die Spiralseile mit gußeisernen Schutzschienen belegt wurden, die von Zeit zu Zeit erneuert werden mußten.

Auch im entgegengesetzten Falle, bei Überschreitungen von Tälern, erweisen sich die verschlossenen Seile als vorteilhaft, wenn man sich dem Gelände mit der Linienführung nach Möglichkeit anschließen will, da ihr Durchhang infolge des höheren Eigengewichtes größer ist als der im übrigen gleichwertiger Spiralseile.

Verschlossene grobdrähtige Seile mit einer Lage keilförmiger Drähte.

Durchmesser d mm	Querschnitt F qcm	Gewicht q kg/m
20	2,86	2,45
21	3,07	2,65
22	3,27	2,85
23	3,62	3,15
24	4,02	3,50
25	4,31	3,75
26	4,44	3,85
27	4,87	4,25
28	5,50	4,76
29	5,62	5,10
30	6,26	5,42
31	6,58	5,55
32	6,91	6,00
33	7,19	6,25
34	8,05	6,95
35	8,70	7,10
36	8,99	7,80
37	9,20	8,25
38	9,79	8,50
39	10,47	8,80
40	10,72	9,20
41	10,98	9,45
42	11,83	10,15
43	12,25	10,70
44	12,87	11,00
45	13,61	11,70

6. Die Simplexseile.

Ein Nachteil haftet diesen verschlossenen Seilen an, der nämlich,
daß ein im Innern etwa auftretender Drahtbruch auch bei sorgfältiger
Untersuchung nicht bemerkbar ist. Vermieden wurde jener Übelstand

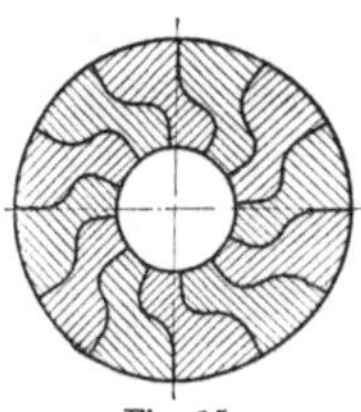
Fig. 15.

bei dem von Ellinger konstruierten Simplexseil (Fig. 15),
das nur aus einer einzigen Lage von Drähten bestand.
Es besaß alle Vorzüge eines verschlossenen Seiles und
war außerdem dadurch ausgezeichnet, daß alle Drähte
sich in derselben Lage befinden, während bei den
anderen Konstruktionen die äußeren Drähte durch die
darüber hinwegrollenden Wagen allmählich gestreckt
werden, so daß mit der Zeit die Kerndrähte durch
den Zug der Spannvorrichtung stärker beansprucht werden. Eine Zusammenstellung der Simplexseile enthält die folgende Tabelle nach den
Angaben von Felten & Guilleaume. Die Seile wurden, da die einzelnen Drähte noch wesentlich gröber sind als bei den Vollseilen, nur in
zwei Qualitäten angefertigt aus dem sogenannten weichen Patentguß-

Simplexseile.

Seil-durchmesser d mm	Durchmesser des Hohlraumes d_1 mm	Drähte-zahl	Querschnitt F qcm	Gewicht q kg/m
22	9	12	2,82	2,4
23	10	12	3,02	2,5
24	10	12	3,54	2,87
25	10	12	3,90	3,10
26	10	12	4,08	3,43
27	10	12	4,44	3,74
28	10	12	4,88	4,05
29	10	12	5,28	4,46
30	10	12	5,94	4,87
31	10	12	6,36	5,21
32	10	12	6,60	5,45
33	10	12	6,96	5,77
34	12	14	7,25	6,06
35	12	14	7,52	6,21
36	12	15	8,12	6,77
37	19	18	7,28	6,15
38	18	20	8,09	6,8
39	19	20	8,38	7,1
40	20	20	8,65	7,3

stahl von 5700 kg/qcm Zerreißfestigkeit und dem harten von 9500 kg/qcm. Lötstellen sind hier ebenfalls ohne nachteilige Bedeutung, so daß bei der herzustellenden Länge nur auf die Transportfähigkeit Rücksicht zu nehmen ist.

7. Neue verschlossene Seile.

Seit einiger Zeit ist man jedoch wieder von der Verwendung dieser Hohlseile zurückgekommen, die an den Auflagerstellen, besonders in Bruchpunkten der Linie, leicht ihre runde Form verloren. Sie erhalten deshalb jetzt eine Einlage aus Runddrähten, die ihrerseits wieder ein Spiralseil bilden (Fig. 16). Man ist auf die Weise wieder auf dem Umwege über die Simplexseile zu der verschlossenen Konstruktion zurückgekommen, die nur gegenüber der älteren Ausführung die Lage keilförmiger Drähte nicht mehr besitzt, dagegen im Inneren etwas stärkere Runddrähte hat. Der Materialquerschnitt ist im Mittel

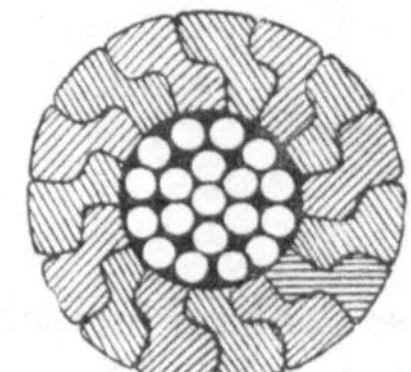

Fig. 16.

20 v. H. kleiner als der volle Querschnitt $\frac{\pi}{4} d^2$. Die erforderlichen Konstruktionsangaben über die Ausführung von Felten & Guilleaume gibt die nachstehende Tabelle.

Verschlossene Seile mit Runddrahtkern.

Durch-messer d mm	Quer-schnitt F qcm	Gewicht q kg	Durch-messer d mm	Quer-schnitt F qcm	Gewicht q kg
20	2,70	2,3	33	7,00	5,8
21	2,77	2,4	34	7,12	6,0
22	3,05	2,6	35	7,98	6,7
23	3,40	2,9	36	8,32	7,1
24	3,82	3,2	37	8,84	7,4
25	4,00	3,4	38	9,10	7,7
26	4,35	3,7	39	9,72	8,1
27	4,74	4,0	40	10,02	8,5
28	4,93	4,3	41	10,65	8,9
29	5,33	4,5	42	11,30	9,3
30	5,80	4,9	43	11,61	9,7
31	6,16	5,1	45	12,43	10,4
32	6,38	5,4	46	12,80	11,1

Die Seile werden ebenfalls in den beiden Qualitäten von 5700 bzw. 9500 kg/qcm Zerreißfestigkeit hergestellt. Um der im Laufe der Zeit etwas steigenden Beanspruchung der inneren Drähte gerecht zu werden, können diese etwas härter gezogen werden, so daß ihre Bruchfestigkeit ungefähr 10 v. H. höher liegt.

8. Die halbverschlossenen Seile.

Die Herstellung der S-förmigen Profildrähte ist natürlich etwas umständlich und teuer, und die Fabrikation besonders hochwertiger Drähte dieser Form ist nicht möglich. Man ist deshalb neuerdings zu einer sogenannten halbverschlossenen Konstruktion übergegangen, die Fig. 17 zeigt. Um ein Spiralseil aus wenigen Runddrähten

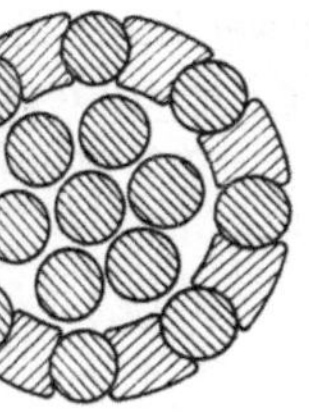
Fig. 17.

von verhältnismäßig großem Durchmesser ist eine Lage Außendrähte gelegt, die abwechselnd aus Runddrähten und passenden Formdrähten besteht. Letztere lassen sich ziemlich leicht herstellen, und es fehlen an ihnen im Gegensatz zu der französischen Ausführung nach Fig. 12 die wenig widerstandsfähigen spitzen Zwickel. Der tragende Querschnitt ist fast genau derselbe, wie bei der ganz verschlossenen Konstruktion nach Fig. 16. Eine Zusammenstellung der Hauptdaten dieser von Felten & Guilleaume ausgeführten Seile enthält die nachfolgende Tabelle. Vorläufig werden sie nur in der einen Qualität von 9500 kg/qcm Zerreißfestigkeit hergestellt.

Halbverschlossene Seile.

Durchmesser d mm	Querschnitt F qcm	Gewicht q kg/m
20	2,59	2,3
21	2,78	2,5
22	3,09	2,8
23	3,33	3,0
24	3,64	3,3
25	3,94	3,5
26	4,31	3,9
27	4,69	4,1
28	5,05	4,4
29	5,51	4,7
30	5,84	5,0
31	6,17	5,3
32	6,63	5,7
33	7,15	6,2
34	7,53	6,5
35	7,77	6,7
36	8,29	7,1
37	8,82	7,6
38	9,16	7,9
39	9,68	8,3
40	10,48	9,1

9. Die Seilkupplungen.

Die einzelnen angelieferten Seilabschnitte müssen nun durch Muffenkupplungen miteinander verbunden werden, deren Hülsen aus Gußstahl bestehen; die gebräuchlichste Konstruktion ist die in Fig. 18 dargestellte. Die einzelnen Drähte des Spiralseiles werden, nachdem die Muffenhälfte auf das Seil geschoben ist, auseinandergezogen und ohne Anwendung von Säure gereinigt, worauf die vorher erwärmte Muffe mit einer harten Metallkomposition ausgegossen wird. Die beiden zusammengehörigen Muffenhälften werden dann durch einen Gewindebolzen mit Links- und Rechtsgewinde zusammengeschraubt, der, um ein selbsttätiges Auf-

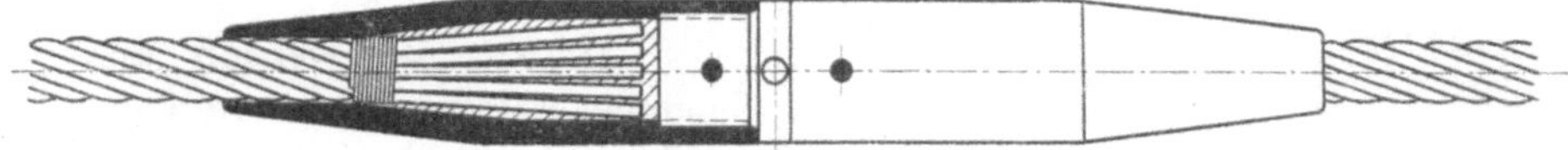

Fig. 18.

drehen zu verhindern, noch durch Stifte gesichert wird. In ähnlicher Weise werden die verschlossenen Seile miteinander verbunden.

Bei den Simplexseilen wird, nachdem die Muffenhälfte so weit über das Seil geschoben ist, daß das Seilende genau den konischen Teil derselben ausfüllt, ein passender Gewindedorn tief in das hohle Innere des Seiles hineingeschraubt (Fig. 19). Dadurch legen sich die einzelnen Drähte fest gegen die Innenwand der Muffe. Die Dorne haben entweder Rechts-

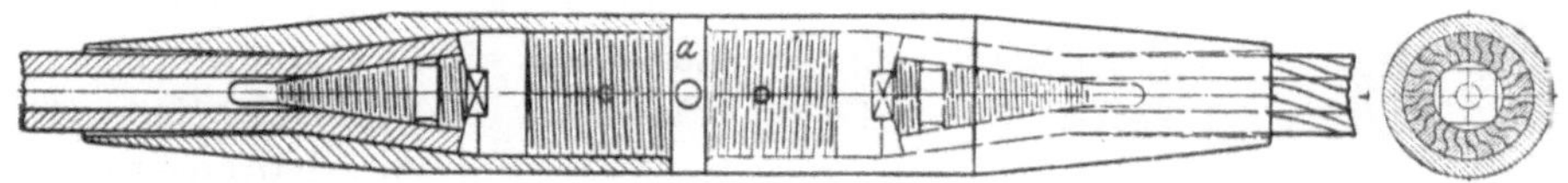

Fig. 19.

oder Linksgewinde, und zwar richtet sich ihre Verwendung nach der Lage der Formdrähte an dem betreffenden Seilende. Beispielsweise müßte für das in Fig. 15 in der Ansicht gezeigte Seilende ein Dorn mit Linksgewinde benutzt werden, da sich andernfalls die Drähte auf die Seite legen. Die durch das Einschrauben des Dornes entstandenen Lücken zwischen den einzelnen Drähten werden dann wieder nach Erwärmung der Muffe mit Komposition ausgegossen, die sich noch in eine Rille des Dornes legt, so daß sie festen Halt und Zusammenhang hat.

Die Firmen Kaiser & Co. und A. Bleichert & Co. vermeiden das Eingießen der Komposition, indem sie die einzelnen in einem Kreise liegenden Drähte der Seile durch ringförmige Stahlkeile gegen die Muffenwand drücken. Bei der Bleichertschen Ausführung sind diese Ringkeile zwei-, bzw. bei stärkeren Seilen mehrteilig. Die einzelnen Teile der Ring-

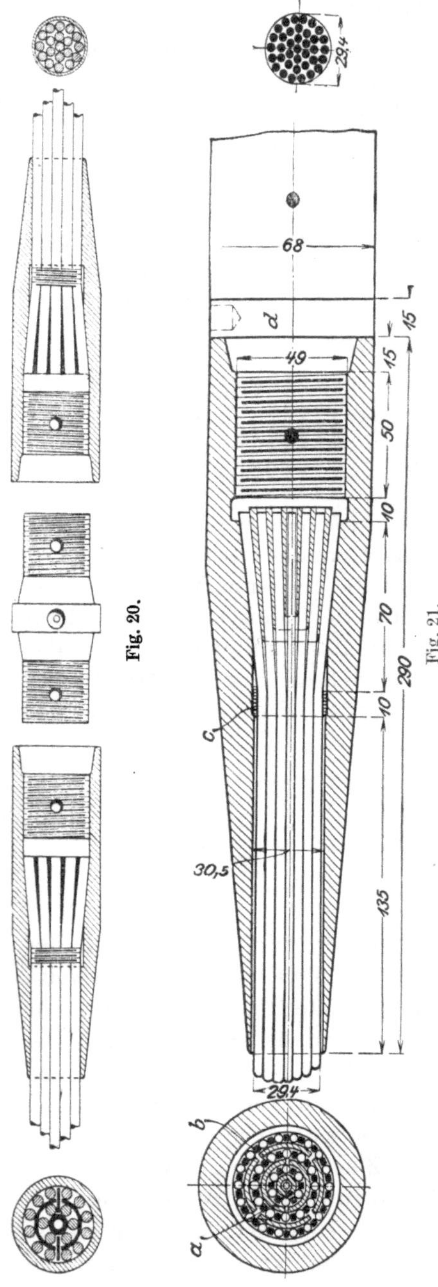

Fig. 20.

Fig. 21.

keile werden bisweilen noch durch dünne Flachkeile auseinandergetrieben. Fig. 20 zeigt eine solche Ausführung für ein 19 drähtiges Spiralseil, Fig. 21 für ein 37 drähtiges[1]).

Das Gewicht einer Zwischenkupplung beträgt 7 bis 9 kg.

10. Die Litzenseile im Albertschlag.

Als Zugseile werden allgemein Litzenseile verwendet. Während jedoch bei den für Aufzüge, Krane u. dgl. gewöhnlich gebrauchten Seilen „im Kreuzschlag“ der Drall der Litzen entgegengesetzt dem der einzelnen Drähte ist (Fig. 22), weil sich bei dieser Ausführung die Seile weniger leicht aufdrehen, wird im Seilbahnbau fast allgemein der sogenannte „Albertschlag“ mit gleichlaufendem Drall vorgezogen (Fig. 23). Die Seile der letzteren Konstruktion erhalten eine erheblich glattere Oberfläche, so daß sie unter dem Angriff der Wagenkupplungen weniger leiden und ihrerseits den Lederbelag der Antriebsseilscheiben mehr schonen.

Das Material der Seile ist ausschließlich Patentgußstahl mit einer Zerreißfestigkeit von 12000 oder 15000 oder 18000 kg/qcm. Die Wahl des Materials hängt ab von der Zugkraft, die das Seil übertragen muß. Man

---

[1]) Z. d. V. d. Ing. 1902, Seite 1771.

nimmt mit Rücksicht auf die beim Übergang um die Umführungsscheiben auftretenden Biegungsbeanspruchungen den Durchmesser der Drähte so dünn als möglich und muß also, da die Größe der Antriebsscheiben usw. von vornherein festgelegt ist, zu einem hochwertigen, hartgezogenen Drahtmaterial greifen.

Fig. 22.

In Fig. 24 bedeute $ABCD$ den Längsschnitt eines Drahtstückes von der Stärke δ, das über eine Scheibe vom Halbmesser OA gelegt ist.

Fig. 23.

Wird dann durch den einen Endpunkt F der Mittellinie EF die Parallele $C'D'$ zu AB gezogen, so folgt aus der Ähnlichkeit der Dreiecke $CC'F$ und FEO :

$$CC' : FE = CF : FO .$$

Wird hierin $FE = C'B$ eingesetzt, so ist die linke Seite der Gleichung $CC' : C'B$ die Dehnung der äußersten

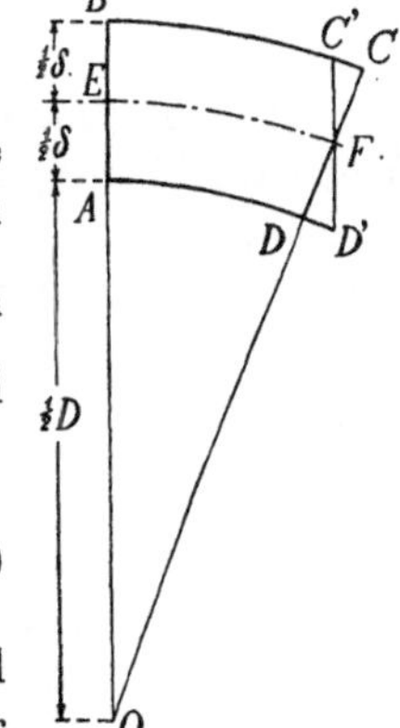

Faser $\varepsilon = \dfrac{k_z}{\beta E}$ und rechts steht mit den Bezeichnungen der Figur $\tfrac{1}{2}\delta : \tfrac{1}{2}D$. Daraus folgt die größte im Seil auftretende Biegungsbeanspruchung zu

$$k_z = \beta E \frac{\delta}{D} , \qquad (1)$$

worin $E = 2200000$ qcm/kg der Elastizitätsmodul des Drahtmaterials und $\beta = 0{,}36$ ein Zahlenfaktor ist, der die Änderung des Elastizitätsmoduls des

Fig. 24.

Litzenseiles gegenüber dem des glatten Drahtes berücksichtigt[1]). Wie die Gleichung zeigt, hängt die Biegungsbeanspruchung direkt von dem Verhältnis der Drahtstärke zum Scheibendurchmesser ab.

Fast allgemein kommt man mit 42 drähtigen Seilen aus, bei denen 6 Litzen aus je 7 Drähten um eine Hanfseele geschlagen sind. Eine

---

[1]) Vergl. Hrabák, Die Drahtseile, Seite 118.

Zusammenstellung der Hauptdaten dieser Seile enthält die nachfolgende Tabelle nach den Angaben von Felten & Guilleaume.

Litzenseile mit 42 Drähten.

Seil-durchmesser d	Drahtstärke δ	Querschnitt F	Gewicht q
mm	mm	qcm	kg/m
12	1,3	0,56	0,54
13	1,4	0,65	0,62
14	1,5	0,74	0,72
15	1,6	0,84	0,81
16	1,8	1,07	1,03
17	1,9	1,19	1,15
18	2,0	1,32	1,27
19	2,1	1,45	1,40
20	2,2	1,60	1,54
21	2,3	1,74	1,67
22	2,4	1,90	1,83
23	2,5	2,06	1,98
24	2,6	2,23	2,15
25	2,8	2,58	2,48
26	2,9	2,77	2,67

Nur ausnahmsweise fällt das Zugseil so stark aus bei verhältnismäßig kleinen Umführungsscheiben, daß die 42drähtigen Seile schon zu steif sind bzw. eine zu große Biegungsbeanspruchung erfahren würden. Man verwendet in solchen Fällen dann Seile aus 6 Litzen von je 12 Drähten.

Litzenseile mit 72 Drähten.

Seil-durchmesser d	Drahtstärke δ	Querschnitt F	Gewicht q
mm	mm	qcm	kg/m
18	1,5	1,27	1,22
19	1,6	1,45	1,38
20	1,65	1,54	1,50
21	1,75	1,73	1,62
22	1,8	1,83	1,75
23	1,9	2,04	1,95
24	2,0	2,26	2,15
25	2,1	2,48	2,40
26	2,2	2,74	2,64

11. Die flachlitzigen Seile.

Die flachlitzigen Seile, von denen Fig. 25 eine Ansicht und Fig. 26 einen Querschnitt gibt, finden nur ausnahmsweise bei ganz steilen Bahnen

Fig. 25.

als Zugseile Verwendung, wenn der Klemmdruck der Wagenkupplung ein so bedeutender ist, daß man Wert auf eine vollkommen glatte Oberfläche legt. Die diesbezüglichen Konstruktionsdaten gibt die nachfolgende Zusammenstellung nach Angaben von Felten & Guilleaume. Die inneren Ovaldrähte der Litzen haben eine Zerreißfestigkeit von 8500 kg/qcm, die Runddrähte eine solche von 12000 kg/qcm; für die Rechnung kommen also nur die Runddrähte in Betracht, da die Ovaldrähte eine größere Dehnung besitzen. Der Querschnitt der Ovaldrähte beträgt bei der 45 drähtigen Kon

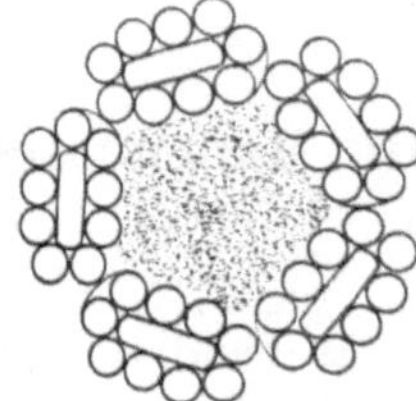

Fig. 26.

struktion 25 bis 26 v. H. des Querschnittes der Runddrähte; sie dienen nur dazu, den Litzen die gewünschte Form zu geben.

45 drähtige flachlitzige Seile.

Seildurchmesser d	Stärke δ der Runddrähte	Querschnitt F der Runddrähte	Gewicht q
mm	mm	qcm	kg/m
11	1,00	0,320 ·	0,39
12	1,15	0,416	0,50
13	1,25	0,476	0,56
14	1,35	0,572	0,71
15	1,44	0,652	0,78
16	1,52	0,727	0,88
17	1,62	0,824	1,00
18	1,74	0,951	1,14
19	1,85	1,074	1,29
20	1,95	1,194	1,47
21	2,05	1,320	1,58
22	2,15	1,452	1,74
23	2,26	1,604	1,93
24	2,35	1,734	2,09
25	2,45	1,886	2,27
26	2,55	2,044	2,47

Meistenteils werden diese flachlitzigen Seile verwendet für den An-schluß der Spanngewichte an die Laufseile. Da die Spanngewichte ständig kleine Bewegungen ausführen, so würden Seile mit rauher Ober-fläche sehr schnell verschleißen und auch die Seilscheiben, über die sie laufen, stark angreifen.

Die Verbindung der flachlitzigen Seile mit den Laufseilen erfolgt durch die bereits beschriebenen Verbindungsmuffen, wobei sie in ähn-licher Weise wie die Simplexseile nach Herausnahme der inneren Hanf-litze durch einen konischen Dorn an die Muffenwand gepreßt werden. Untereinander werden die Litzenseile in bekannter Weise durch Spleißung verbunden. Für jede Spleißstelle sind etwa 2,5 bis 3 m Seil zu rechnen.

III. Mathematische Untersuchung des ausgespannten Seiles.

12. Die Kettenlinie, Seilfestwert.

Es handelt sich jetzt darum, die infolge des Eigengewichtes, des Winddruckes und der Belastung in einem ausgespannten Seil auftretenden Kräfte und die Form, welche es hierbei annimmt, zu bestimmen. Die ge-naue Untersuchung ist eine recht umständliche und ihre Ergebnisse stellen sich in einer Form dar, die ihre Benutzung für die Zwecke der Praxis ungeeignet macht. Im folgenden wird darauf nur soweit eingegangen werden, wie es nötig ist, um praktisch bequeme Annäherungsgleichungen zu erhalten.

Im allgemeinen wird das Seil auf zwei ungleich hohen Stützen auf-liegen. Sieht man von seiner elastischen Formänderung ab, die stets inner-halb so geringer Grenzen bleibt, daß ihr Einfluß auf das in der Praxis doch abgekürzte Endergebnis stets verschwindet, dann gilt für das nur durch sein Eigengewicht belastete Seil bekanntlich die Gleichung

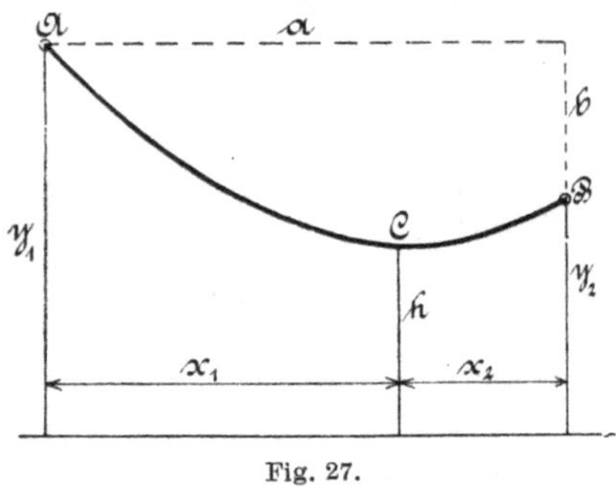

Fig. 27.

$$y = \frac{h}{2} \cdot \left(e^{\frac{x}{h}} + e^{-\frac{x}{h}} \right)$$

oder unter Benutzung der Hyperbel-funktionen

$$y = h \operatorname{\mathfrak{Cof}} \frac{x}{h} \qquad (2)$$

bzw. umgekehrt

$$\frac{x}{h} = \operatorname{\mathfrak{Ar Cof}} \frac{y}{h} ; \qquad (2a)$$

hierin ist h die Entfernung des Scheitels der Kettenlinie von einer wage-rechten Nullinie (Fig. 27).

Die an einer beliebigen Stelle des Seiles wirkende Spannkraft ergibt sich, wenn sein auf 1 m Länge bezogenes Gewicht mit q bezeichnet wird, zu

$$S = q \cdot y . \tag{3}$$

Sie wird also am größten an der oberen Auflagerstelle

$$S_{\max} = q \cdot y_1 , \tag{3a}$$

während am Scheitel die kleinste, wagerecht gerichtete Spannkraft

$$H = q \cdot h \tag{3b}$$

auftritt.

Bedeutet ferner:

F den Materialquerschnitt des Seiles in qcm,

K_z die Zerreißfestigkeit des Seilmaterials in kg/qcm,

$\mathfrak{S}$ den Sicherheitsgrad, der bei der größten Beanspruchung innegehalten wird,

γ das spezifische Gewicht des Drahtes in kg/cdm,

ξ den Verseilungsfaktor, der angibt, wieviel länger die verwendeten Drähte sind als das fertige Seil,

so besteht der Zusammenhang

$$S_{\max} = \frac{F K_z}{\mathfrak{S}} \quad \text{und} \quad 10\, q = F \gamma \xi .$$

Durch Verbindung beider Gleichungen erhält man

$$S_{\max} = q \, \frac{10\, K_z}{\mathfrak{S}\, \xi\, \gamma} \tag{4}$$

Aus dem Vergleich mit Gleichung (3a) ergibt sich

$$y_1 = \frac{10\, K_z}{\mathfrak{S}\, \xi\, \gamma} = C , \tag{5}$$

das ist diejenige Länge, die das senkrecht herabhängende Seil haben müßte, um die Spannkraft $S_{\max}$ in seinem obersten Querschnitt hervorzurufen.

Da in Gleichung (5) nur Zahlen vorkommen, welche die Konstruktion des Seiles und das Drahtmaterial betreffen, so gilt die ermittelte Seilkurve für alle Seile von gleicher Konstruktion und Materialbeschaffenheit, die mit demselben Sicherheitsgrad verlegt werden; $y_1 = C$ kann demnach als Seilfestwert bezeichnet werden. Damit erhält man

$$S_{\max} = q \cdot C . \tag{6}$$

Für die im vorhergehenden Abschnitt besprochenen Seile sind die in Frage kommenden Konstruktionsangaben in der nachstehenden Tabelle zusammengestellt. Das spezifische Gewicht des Stahldrahtes ist darin zu $\gamma = 7{,}8$ kg/cdm angenommen worden. Der hohe, bei den Litzenseilen erscheinende Verseilungsfaktor ξ rührt davon her, daß die

obige Gleichung für das Seilgewicht q das Gewicht der Litzen- und Seil-
seele außer acht läßt. Für die vorliegenden Zwecke ist der Fehler ohne
Einfluß.

Seilfestwerte.

Konstruktion des Seiles	Bruch-festig-keit des Stahles K_z	Verseilungsfaktor ξ	Sicher-heits-grad $\mathfrak{S}$	Seilfestwerte $C \sim \dfrac{10\,Kz}{\mathfrak{S}\,\xi\,\gamma}$
Spiralseil	6 000 12 000 14 500	1,075	6	1200 2400 2900
Verschlossenes Seil mit einer Lage keilförmiger Drähte	5 700 9 500 12 000	1,115	6	1100 1800 2300
Simplexseil	5 700 9 500	1,07	6	1150 1900
Verschlossenes Seil mit Runddrahtkern	5 700 9 500	1,09 (20 — 28 mm $\varnothing$) 1,07 (29 — 46 mm $\varnothing$)	6	1100 1900
Halbverschlossenes Seil	9 500	1,15 (20—28 mm $\varnothing$) 1,105 (29—40 mm $\varnothing$)	6	1800
Litzenseil im Albertschlag (6 Litzen von je 7 Drähten) mit Hanfseele	12 000 15 000 18 000	1,233	8	1550 1950 2350
Flachlitziges Seil (45 drähtig)	12 000	1,55	8	1250

Bei sechs- bzw. achtfacher Sicherheit, die meist genommen wird, ist
der abgerundete Seilfestwert die in der letzten Spalte angegebene Zahl.
Wird mit größerer oder kleinerer Sicherheit $\mathfrak{S}'$ gerechnet, so ist der angegebene Wert von C mit dem Verhältnis $\dfrac{\mathfrak{S}}{\mathfrak{S}'}$ zu multiplizieren.

Mit den Bezeichnungen der Fig. 27 erhält man nun

$$y_2 = y_1 - b \,. \tag{7}$$

Wird ferner noch in die aus der Figur folgende Beziehung

$$x_1 + x_2 = a$$

die Gleichung (1a) eingesetzt, so hat man die Bestimmungsgleichung für h:

$$\frac{a}{h} = \mathfrak{Ar}\mathfrak{Cof}\frac{y_1}{h} + \mathfrak{Ar}\mathfrak{Cof}\frac{y_2}{h} \,. \tag{8}$$

Hieraus läßt sich mit Hilfe der Regula falsi die Ordinate des tiefsten
Seilpunktes unter Benutzung der in der „Hütte" abgedruckten Tafeln
der Hyperbelfunktionen mit hinreichender Genauigkeit bestimmen. Ist
dies geschehen, so ergibt sich seine wagerechte Entfernung von den Auf-

hängungspunkten aus Gleichung (2a), und nach Gleichung (2) kann dann die ganze Kurve aufgezeichnet werden.

Zu beachten ist noch, daß bei einem stark geneigten Seil (Fig. 28) der dem Parameter h entsprechende Scheitelpunkt C außerhalb der Strecke AB liegt. Die Gleichung, nach der h berechnet wird, lautet dann

$$x_1 - x_2 = a$$

bzw.

$$\frac{a}{h} = \operatorname{Ar\,Cos}\frac{y_1}{h} - \operatorname{Ar\,Cos}\frac{y_2}{h}. \qquad (8a)$$

Ergibt Gleichung (8) keinen Wert für h, so ist Gleichung (8a) zu benutzen.

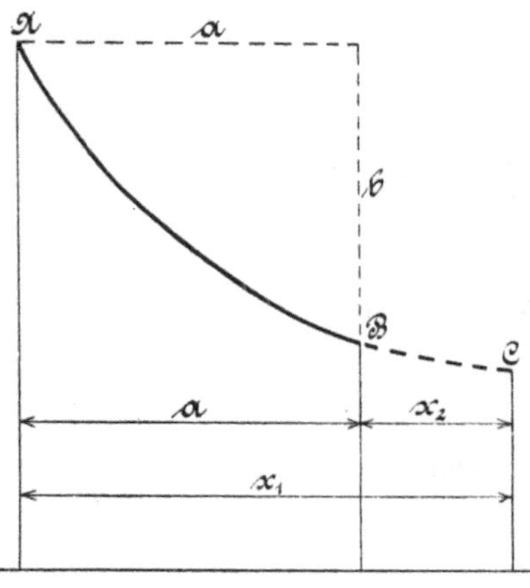

Fig. 28.

Das Verfahren ist für die Praxis jedoch zu umständlich, wenn man auch graphische Tabellen zur Hilfe nehmen wollte[1]).

13. Die Näherungsparabel.

Für praktische Rechnungen benutzt man den Umstand, daß die Seillänge sich auch bei verhältnismäßig großem Durchhang nur wenig von der geraden Verbindungslinie l der beiden Auflagerpunkte A und B unterscheidet (Fig. 29), und daß infolgedessen das gesamte Seilgewicht mit großer Annäherung zu $q \cdot l$ erhalten wird. Die Gleichgewichtsbedingungen für das System ergeben dann, daß die wagerechte Seitenkraft H der Seilspannung an beiden Auflagern und folglich im ganzen Seil dieselbe ist, ferner die Beziehungen:

$$V_1 + V_2 = ql$$

und

$$V_1 \cdot a = Hb + ql\,\frac{a}{2}.$$

Aus beiden Gleichungen folgen die lotrechten Seitenkräfte der Seilspannung:

$$V_1 = \frac{ql}{2} + H\,\frac{b}{a}$$

$$V_2 = \frac{ql}{2} - H\,\frac{b}{a}.$$

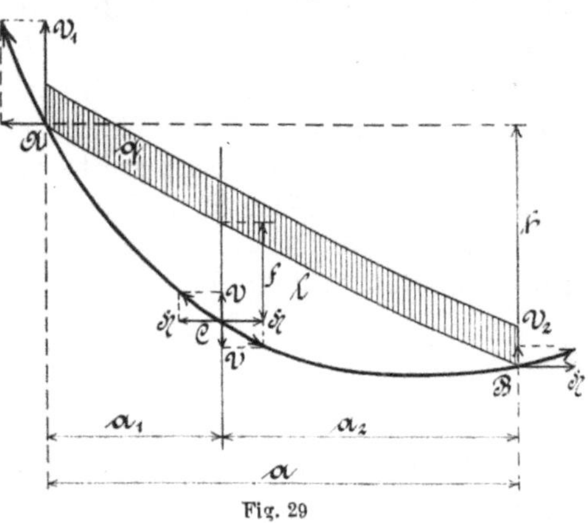

Fig. 29

[1]) **Babu**, Annales des mines, 1895, S. 621 ff.

Wird nun in der Entfernung a_1 vom Punkte A ein Schnitt geführt, so ergibt die Momentgleichung für den Punkt C:

$$V_1\,a_1 - H\left(b\,\frac{a_1}{a} + f\right) - q l\,\frac{a_1}{a}\cdot\frac{a_1}{2} = 0\,,$$

woraus man nach Einsetzung von V_1 den Durchhang an der betreffenden Stelle erhält:

$$f = \frac{q l}{2 H}\left(a_1 - \frac{a_1^2}{a}\right)$$

oder nach einer einfachen Umformung

$$f = \frac{q l}{2 H}\cdot\frac{a_1\,a_2}{a}\,. \tag{9}$$

Der Durchhang in der Mitte bei C' ist demnach:

$$f_1 = \frac{1}{8}\,\frac{q}{H}\,\frac{l}{a}\,a^2\,. \tag{9a}$$

Man sieht, die Seilkurve ist eine Parabel, die bequem aus den drei Punkten A, B, C' mit Hilfe der bekannten Tangentenkonstruktion aufgezeichnet werden kann, wenn H gegeben ist:

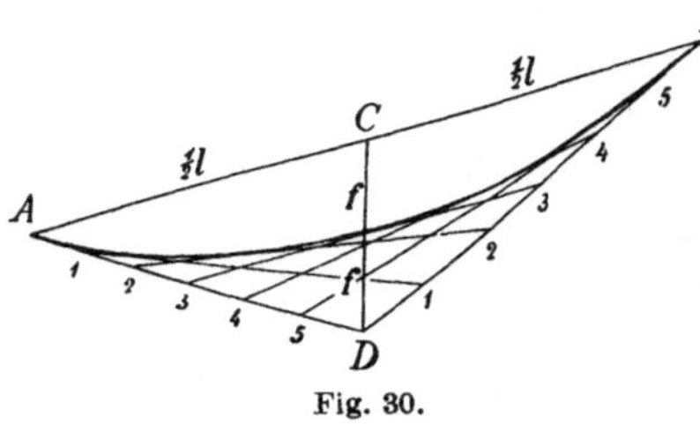

Fig. 30.

Man trägt in der Mitte C der Strecke $A B$ das Maß $2 f_1$ senkrecht nach unten bis D ab und zieht $A D$ bzw. $B D$ (Fig. 30). Dann wird jede dieser Strecken in gleichviel gleiche Teile zerlegt, worauf die Punkte miteinander verbunden werden, welche dieselbe Zahlenbezeichnung haben. Die Verbindungslinien hüllen die gesuchte Parabel ein; die Linien $A D$ und $B D$ tangieren sie in den Endpunkten.

Fast immer besteht jedoch die Bedingung, daß an der oberen Befestigungsstelle A des Seiles (Fig. 29) eine bestimmte Spannkraft S nicht überschritten werden soll, die sich aus der Zerreißfestigkeit des Drahtmaterials und dem gewählten Sicherheitsgrad ergibt. Greift man wieder auf die Kettenlinie (Figg. 27 und 28) zurück, die durch die Näherungsparabel ersetzt worden ist, so erhält man mit Hilfe von Gleichung (3) die an der Befestigungsstelle A herrschende Spannkraft zu

$$S = H + q\cdot b\,.$$

Die Gleichung ist insofern ungenau, als die senkrechte Entfernung des Scheitelpunktes C der Kettenlinie von der durch A gezogenen Wagerechten gleich dem Abstand b der unteren Auflagestelle B von derselben Wagerechten gesetzt worden ist. Der dadurch gemachte Fehler ist jedoch, wie die nachfolgende Zusammenstellung zeigt, ein äußerst geringer, so daß die eine besonders bequeme und einfache Formel ergebende Vernachlässigung des tatsächlichen Höhenunterschiedes zwischen B und C durchaus gerechtfertigt ist.

Wird der obige Ausdruck für S in Gleichung (9a) eingesetzt, so folgt

$$f_1 = \frac{1}{8} \frac{q}{S - qb} \frac{l}{a} a^2$$

oder mit Benutzung der Gleichung (6)

$$f_1 = \frac{1}{8} \frac{1}{C - b} \frac{l}{a} a^2 . \tag{10}$$

Mit dem hieraus erhaltenen Wert von f_1 wird die Parabel nach der in Fig. 30 gegebenen Konstruktion gezeichnet.

Sie schließt sich der Kettenlinie um so genauer an, je kleiner das in Betracht kommende Stück, d. h. je geringer die Spannweite des Seiles ist. Bleibt der Höhenunterschied der beiden Stützpunkte A und B nur klein, so kann b dem Wert C gegenüber vernachlässigt werden, ebenso ist dann das Verhältnis $\dfrac{l}{a}$ sehr nahe gleich 1, und man erhält die vereinfachte Formel für den Durchhang in der Mitte:

$$f_1 = \frac{1}{8} \frac{1}{C} a^2 . \tag{10a}$$

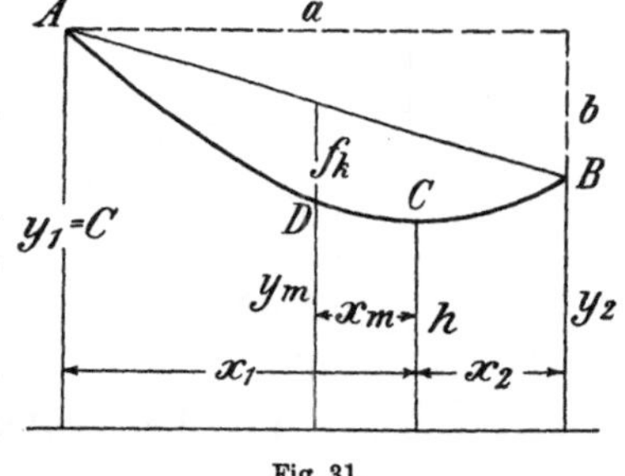

Fig. 31.

Um den Fehler festzustellen, den die Ersetzung der Kettenlinie durch die Parabel bei großen Spannweiten verursacht, wurden beide Kurven mit dem an häufigsten vorkommenden Seilfestwert $C = 1900$ für die Spannweite $a = 1000$ m berechnet und zwar für verschiedene Höhenunterschiede b. Der Durchhang f_k der Kettenlinie ergibt sich mit den Bezeichnungen der Fig. 31 aus der Gleichung

$$f_k = C - y_m - \tfrac{1}{2} b . \tag{11}$$

Das Ergebnis ist in der umstehenden Tabelle niedergelegt. Wie man sieht, liegt der Scheitelpunkt der Kettenlinie bei allen größeren Neigungen nahezu in derselben Höhe wie der untere Auflagerpunkt.

Für alle praktischen Fälle liefert demnach die Gleichung (10) hinreichend genaue Werte des Durchhanges, ohne daß es nötig ist, die recht unbequemen Zahlenrechnungen mit den Formeln für die Kettenlinie durchzuführen, während andererseits die sonst vielfach auch bei großen Höhenunterschieden angewendete einfache Formel (10a) viel zu geringe Werte ergibt.

Vergleich von Kettenlinie und Parabel für die Spannweite $a = 1000$ m.

Lage des Punktes B unterhalb $A: b$ m	0	100	200	300	400	500	600	700
Ordinate des Punktes B: $C - y_2$ m	1900	1800	1700	1600	1500	1400	1300	1200
Parameter der Kettenlinie: h m	1831,5	1769,5	1691	1593	1498	1391	1282	1174
Seine Entfernung vom Punkte A: x_1 m	500	670	830	980	1074	1156	1214	1246
Seine Entfernung vom Punkte B: x_2 m	500	330	170	20	74	156	214	246
Durchhang der Kettenlinie in der Mitte: f_k m	68,5	71	76	82	91	99	114	130
Durchhang der Parabel in der Mitte: f_p m	69,5	69,8	75,1	81,7	89,8	99,8	112,3	127
Fehler in v. H. des Parabelwertes	+1,4	—1,7	—1,2	—0,4	—1,3	+0,8	—1,9	—2,4

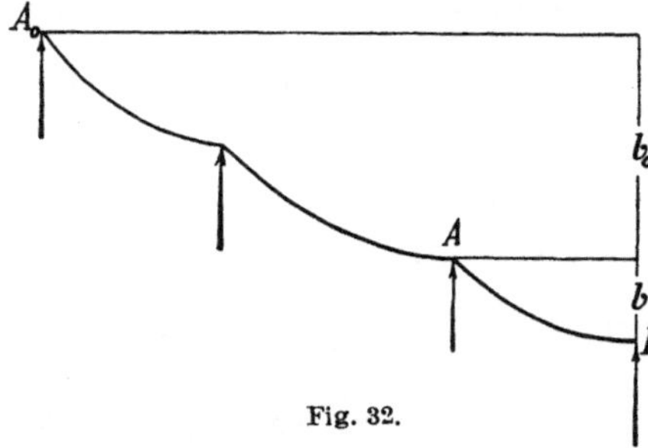

Fig. 32.

Bei Berechnung eines Seilabschnittes $A B$, dessen oberster Punkt A um die Strecke b_0 unterhalb des höchsten Auflagerpunktes A_0 des ganzen Seiles liegt (Fig. 32), ist naturgemäß zur Bestimmung des Durchhanges f die Länge $b + b_0$ von dem Seilfestwert C in Abzug zu bringen.

14. Der Einfluß des Winddruckes.

Der Einfluß des Windes auf die ausgespannten Seile wird gewöhnlich bei modernen Ausführungen gar nicht berücksichtigt. Wird der ungünstigste Fall, daß der Wind senkrecht zur Richtung des Seiles weht, in Betracht gezogen, so ist der auf 1 m Seillänge kommende Winddruck in kg

$$q_w = \tfrac{2}{3} p d \, .$$

Hierin ist d die Seilstärke in m und p der auf 1 qm kommende Winddruck in kg/m. der sich aus der Windgeschwindigkeit v angenähert bestimmt zu

$$p = 0{,}122 \, v^2 \, .$$

Wird dies in den vorstehenden Ausdruck eingesetzt, so folgt

$$q_w \sim \frac{1}{1250} \, v^2 d \; \text{kg/m} \, , \tag{12}$$

worin v in m/Sek. und d in cm gegeben ist.

Das Seilstück von 1 m Länge wird belastet durch das senkrecht nach unten wirkende Eigengewicht q und den wagerecht gerichteten Winddruck q_w. Es schwingt also seitlich aus um den Winkel α, der sich ermittelt aus der Gleichung

$$\operatorname{tg}\alpha = \frac{q_w}{q}\,.$$

Der Winkel ist naturgemäß um so kleiner, je größer das Eigengewicht q des Seiles ist: die leichteren Tragseile für die leer zurückkehrenden Wagen werden also weiter seitlich abgelenkt als die schwereren für die vollbeladenen Wagen.

Bei mehreren an der Küste Kaledoniens ausgeführten Bahnen mit großer freier Spannweite, die regelmäßig während einiger Stunden des Tages durch den Seewind von der Seite getroffen werden, wurde das Leerseil über das Vollseil vom Wind abgetrieben (Fig. 33), so daß die beladenen Wagen sich in dem Seil verfingen und der Betrieb fast täglich während einiger Stunden ruhen mußte. Wäre für das Vollseil ein verschlossenes Seil mit dem Festwert $C \sim 1800$ bis 1900 genommen worden und für die Leerseite ein Spiralseil mit $C = 2400$, so wäre der Durchhang des letzteren im Verhältnis $\dfrac{1800}{2400} = 0{,}75$ kleiner ausgefallen und dementsprechend auch die seitliche Ablenkung, so daß das Leerseil oberhalb des Vollseils geblieben wäre und die in Fig. 33 angedeutete Schleife vermieden worden wäre. Wird beispielsweise als größte während des Betriebes der Bahn vorkommende Windgeschwindigkeit $v = 25$ m/Sek. eingesetzt, so ergibt sich aus Gleichung (12) für ein verschlossenes Seil mit Runddrahtkern von $d = 3{,}2$ cm Stärke $q_w = 1{,}6$ kg/m bei dem Eigengewicht $q = 5{,}4$ kg/m. Damit

Fig. 33.

wird $\operatorname{tg}\alpha = \dfrac{1{,}6}{5{,}4} \sim 0{,}3$. Für das Spiralseil auf der Leerseite von $d = 2{,}5$ cm Stärke beträgt die Ablenkung $\operatorname{tg}\alpha = \dfrac{1{,}25}{3{,}13} = 0{,}4$.

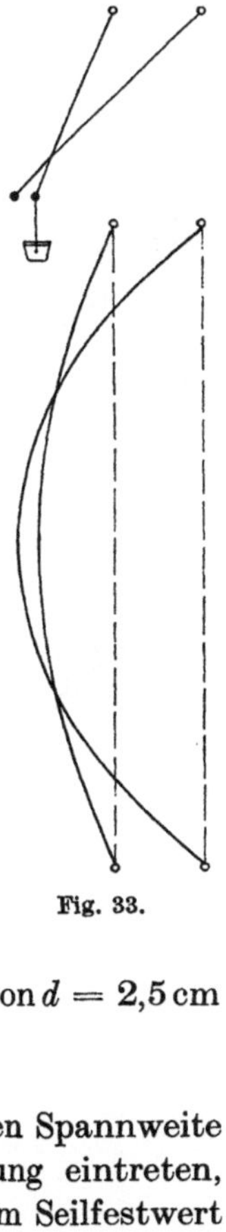

Bei großem Durchhang der Seile in einer bedeutenderen Spannweite kann demnach leicht die oben angeführte Schleifenbildung eintreten, wenn nicht für das Leerseil eine Konstruktion mit größerem Seilfestwert gewählt wird, was immer durch geeignete Festsetzung der Sicherheitsgrade möglich ist. Allerdings besteht bei Anlagen nach Absatz 58 mit nur einem Wagen auf jedem Seil die Gefahr, daß das Zugseil sich mit dem Wagen auf der anderen Seite verfängt, weil es verhältnismäßig gering angespannt ist und deshalb vom Winde wesentlich weiter abgelenkt wird. Wenn man in solchen Fällen den Betrieb

nicht einstellen will, so müssen Zugseiltragrollen am Tragseil aufgehängt werden, ähnlich wie in Fig. 138.

15. Der Einfluß der Wagenlasten.

Die an dem Seil hängenden Wagen vergrößern noch den infolge des
Eigengewichtes auftretenden Durchhang. Wird das Seil hier gewichtlos
gedacht, so stellt es sich unter der Wirkung einer Einzellast P so ein,
daß die drei Kräfte P, S_1, S_2 im Gleichgewicht sind (Fig. 34); aus der
Figur erhält man demnach die folgenden Gleichgewichtsbedingungen:

$$S_1 \sin(\alpha + \gamma) + S_2 \sin(\beta - \gamma) = P , \qquad (13\,\mathrm{a})$$

$$S_1 \cos(\alpha + \gamma) = S_2 \cos(\beta - \gamma) , \qquad (13\,\mathrm{b})$$

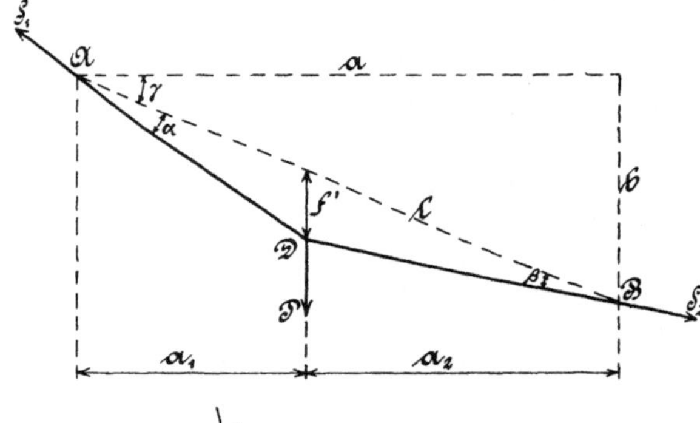

$$Pa_1 = S_2 \frac{a}{\cos \gamma} \sin \beta$$

bzw.

$$Pa_2 = S_1 \frac{a}{\cos \gamma} \sin \alpha \qquad (14)$$

Ferner bestehen die geo-
metrischen Beziehungen:

$$\operatorname{tg} \gamma = \frac{b}{a} \qquad (15)$$

$$f' = a_1 \frac{\sin \alpha}{\cos \gamma \cos(\alpha + \gamma)}$$

und

$$f' = a_2 \frac{\sin \beta}{\cos \gamma \cos(\beta - \gamma)} . \qquad (16)$$

Aus der Verbindung der Gleichungen (14) und (16) folgt mit
Berücksichtigung von Gleichung
(13 b):

Fig. 34.

$$f' = \frac{P}{S_1 \cos(\alpha + \gamma)} \cdot \frac{a_1 a_2}{a} = \frac{P}{S_2 \cos(\beta - \gamma)} \cdot \frac{a_1 a_2}{a}$$

oder

$$f' = \frac{P}{H} \cdot \frac{a_1 a_2}{a} , \qquad (17)$$

worin H die überall gleichbleibende wagerechte Seitenkraft der Seilspannung ist, die wieder durch

$$H = S_{\max} - q\,b$$

ersetzt werden kann. Die Gleichung (17) entspricht in der Form genau
der Gleichung (9), und man ersieht daraus, daß die Last P beim Übergang

über das gewichtlose Seil eine Parabel beschreibt, die sich aus dem Durchhang in der Mitte

$$f_2 = \frac{1}{4} \frac{P}{q} \frac{a}{C - b} \qquad (17\,\text{a})$$

sofort bestimmen läßt. Auch hier ist zutreffenden Falles noch der lotrechte Abstand des Anfangspunktes des in Frage stehenden Seilabschnittes von der oberen Befestigungsstelle des Seiles von C abzuziehen (vgl. Fig. 32).

Mit Gleichung (10) erhält man den einfachen Zusammenhang zwischen f_2 und f_1:

$$\frac{f_2}{f_1} = \frac{2\,P}{q\,l}.$$

Befinden sich auf dem Seil mehrere Einzellasten P_1, P_2, P_3 in gewissen, annähernd gleichen Abständen c (Fig. 35), so findet offenbar der größte Durchhang dann statt, wenn eine Last, z. B. P_2, in der Mitte, im Punkte D steht. Die Last P_1 bewirkt dann, daß die Mitte sich um die Strecke

$$f_m = \frac{P_1}{H} \cdot \frac{\left(\tfrac{1}{2} a + c_1\right)\left(\tfrac{1}{2} a - c_1\right)}{a} \cdot \frac{\tfrac{1}{2} a}{\tfrac{1}{2} a + c_1}$$

oder

$$f_m = \frac{1}{4} \cdot \frac{P_1}{q\,(C - b)} \cdot \frac{\tfrac{1}{2} a - c_1}{\tfrac{1}{2} a} \cdot a$$

senkt.

Nun ist

$$P_1 \cdot \frac{\tfrac{1}{2} a - c_1}{\tfrac{1}{2} a}$$

die Belastung, die Punkt D erhalten würde, wenn die Last P_1 auf

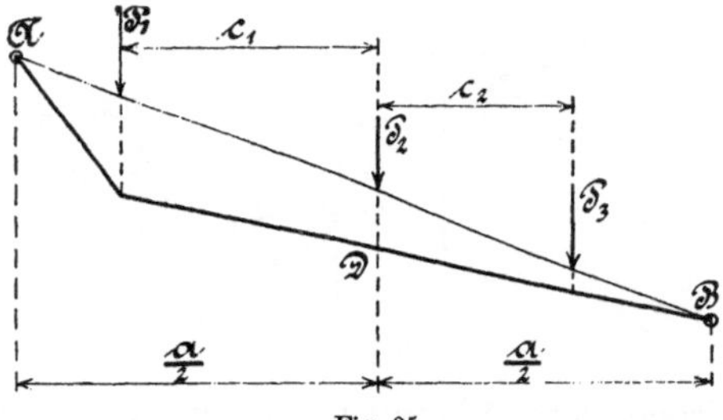

Fig. 35.

die beiden Stützpunkte A und D eines starren Balkens $A\,D$ verteilt würde, im übrigen hat die Gleichung für f_m dieselbe Form wie Gleichung (17a). Dasselbe gilt für die Last P_3 usw. Man erhält hieraus die Regel: die Parabel, welche den Weg der Lasten bezeichnet, wird aus dem nach Gleichung (17a) ermittelten Durchhang in der Mitte konstruiert, wenn P die Belastung der Mitte bedeutet, die sich durch Reduktion aller Einzellasten auf die Mitte ergibt.

16. Die Seillänge.

Die Länge eines zwischen zwei, um die Strecke l voneinander entfernten Stützpunkten ausgespannten Seiles ergibt sich nach der für die Parabel geltenden Näherungsformel

$$L = l\left[1 + \frac{2}{3}\left(\frac{2 f_0}{l}\right)^2\right],$$

worin f_0 der lotrecht zu l gemessene Durchhang ist. Wird der senkrechte Durchhang mit f bezeichnet, so ist (Fig. 36)

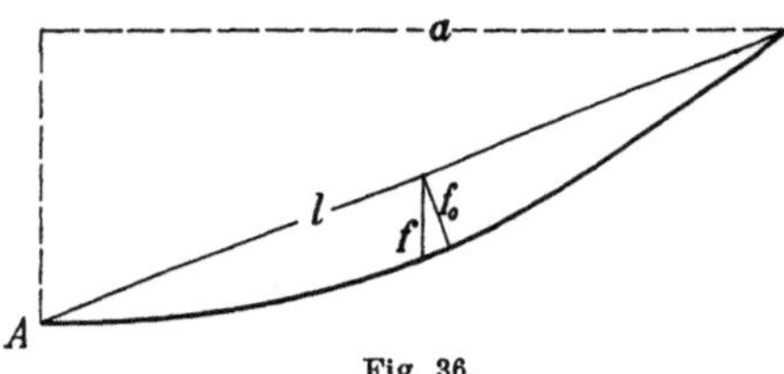
Fig. 36.

$$f_0 = f\frac{a}{l}$$

und somit

$$L = l + \frac{8}{3}\frac{f^2}{l}\left(\frac{a}{l}\right)^2. \tag{18}$$

17. Die Sicherung gegen Abheben von den Stützen.

Damit die Bahn sich in Tälern dem Gelände nach Möglichkeit anschließt, werden die Unterstützungspunkte in einer Parabel angeordnet, die flacher ist als die Seilkurve, die der Breite des Tales und der benutzten Seilkonstruktion entspricht. Die Parabel muß nun so bestimmt werden, daß ein Abheben des Seiles von den Stützen unmöglich ist, auch wenn durch einen Zufall nur auf einer Hälfte der Strecke Wagen stehen, während die andere leer ist (Fig. 37).

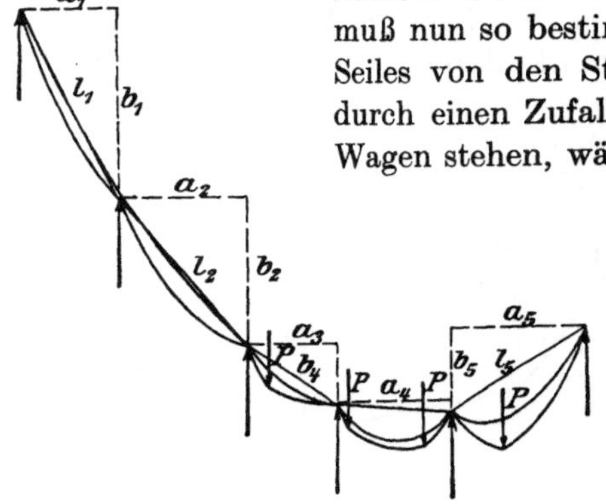
Fig. 37.

Es muß also der Unterschied der aus Gleichung (18) hervorgehenden Bogenlänge L und der geradlinigen Stützpunktentfernungen l auf der unbelasteten Seite noch größer sein als der Unterschied der durch die Einzellasten vergrößerten Parabelbögen L' auf der Lastseite gegen die ursprünglichen vom Eigengewicht hervorgerufenen Bögen. Dies ergibt die Beziehung

$$\sum_{\text{leer}}(L - l) > \sum_{\text{voll}}(L' - L). \tag{19}$$

Nun ist nach Gleichung (18)

$$L - l = \frac{8}{3}f_1^2\frac{a^2}{l^3},$$

worin

$$f_1 = \frac{1}{8}\frac{1}{C - \Sigma b}\,l\,a$$

und

$$l = \sqrt{a^2 + b^2} = a\left(1 + \frac{b^2}{a^2}\right)^{\frac{1}{2}} \sim a\left(1 + \frac{1}{2}\frac{b^2}{a^2}\right)$$

einzusetzen ist. Hiermit folgt

$$L - l = \frac{1}{24}\frac{a^3}{(C - \Sigma b)^2}\frac{1}{1 + \frac{1}{2}\frac{b^2}{a^2}}. \tag{20}$$

Ebenso ist

$$L' - L = \frac{8}{3} \frac{a^2}{l^3} [(f_1 + f_2)^2 - f_1^2] \,,$$

wobei für die wirkliche Seilkurve mit Knickpunkten die etwas zu große Umhüllungsparabel des Lastweges gesetzt wird, was die Sicherheit der Rechnung erhöht.

Mit

$$f_1 = \frac{1}{8} \frac{a^2}{C - \Sigma b} \left(1 + \frac{1}{2} \frac{b^2}{a^2}\right)$$

und

$$f_2 = f_1 \frac{2P'}{qa \left(1 + \dfrac{1}{2} \dfrac{b^2}{a^2}\right)}$$

ergibt sich

$$L' - L = \frac{1}{24} \frac{a^2}{(C - \Sigma b)^2} \cdot \frac{4P'}{q} \cdot \frac{1 + \dfrac{P'}{qa\left(1 + \frac{1}{2}\frac{b^2}{a^2}\right)}}{\left(1 + \dfrac{1}{2}\dfrac{b^2}{a^2}\right)^2} \cdot \tag{21}$$

Durch Einsetzen der Ausdrücke (20) und (21) in die Gleichung (19) erhält man, wenn noch berücksichtigt wird, daß $\dfrac{1}{2} \dfrac{b^2}{a^2}$ von Null nur sehr wenig verschieden ist, als abgekürzte Bedingungsgleichung

$$q \sum_{\text{leer}} \frac{a^3}{(C - \Sigma b)^2} > 4 \sum_{\text{voll}} P' \frac{a^2}{(C - \Sigma b)^2} \left(1 + \frac{P'}{qa}\right). \tag{22}$$

Hierin bedeutet P' die auf die Mitte reduzierte Belastung jeder Spannweite. Oft kann auch noch $(C - \Sigma b)^2$ als nahezu konstant angesehen werden, so daß sich die Gleichung noch mehr vereinfacht:

$$q \sum_{\text{leer}} a^3 > 4 \sum_{\text{voll}} P' a^2 \left(1 + \frac{P'}{qa}\right). \tag{22a}$$

Es folgt aus der Gleichung, daß die Stützenentfernungen auf dem steileren Ast der von dem Seil gebildeten Kurve wesentlich größer zu nehmen sind als auf der anderen flacheren Seite. Diese Notwendigkeit erhellt auch deutlich aus Fig. 37 (deren Höhen im 15fachen Maßstab des der Längen gezeichnet sind), denn auf dem steileren Ast schließen sich die vom unbelasteten Seil gebildeten Bögen der geraden Verbindung der Stützpunkte viel näher an, als auf der flachen Seite. Infolgedessen ist bei der Proberechnung auch stets die steilere Strecke des fraglichen Bahnabschnittes als leer anzunehmen.

Um die Rechnung möglichst einfach zu gestalten, wurde dabei vorausgesetzt, daß die selbsttätige Spannvorrichtung des Seiles nicht nachgibt und ferner die Reibung an den Auflagerstellen fortfällt, die einer Verschiebung entgegenwirkt. Da in den Fällen, wo diese Rechnung über-

haupt zu machen ist, das Seil nur auf den beiden Endstützen mit großem
Druck aufliegt, und die Zwischenstützen verhältnismäßig wenig zu tragen
haben, so ist die letztere Vernachlässigung ebenso zulässig, wie die der
immer nur geringen Nachgiebigkeit der Spannvorrichtung. Bei Bahnen,
auf denen die Wagen in dichter Folge verkehren, genügt es, wenn man
das Seil nur mit der Hälfte oder bei großen Strecken nur mit einem Drittel
aller Wagen, die bei der Volleistung auf dem betreffenden Seilabschnitt

Fig. 38.

stehen würden, belastet denkt, denn man wird auch bei verhältnismäßig
geringen Leistungen den Wagenabstand möglichst gleichmäßig halten.
Wertvoll ist die Rechnung bei stark geneigten Anlagen, auf denen nur
wenige schwer belastete Wagen laufen.

In der Praxis begnügt man sich meist mit der Regel, die Stützpunkte
nicht tiefer zu legen als in einer Parabel, deren Durchhang bei Litzenseilen nicht größer als $\frac{1}{2}$ der der Seilspannung entsprechenden ist, während bei Spiral- und Simplexseilen $\frac{2}{3}$ und bei den verhältnismäßig schweren verschlossenen und halbverschlossenen Seilen $\frac{3}{4}$ des größten Durch-

hanges genommen werden. Bei falscher Wahl der Stützentfernungen kann jedoch schon hierbei ein Abheben des Seiles eintreten, wie es z. B. Fig. 38 zeigt. Da die betreffende Stütze nachträglich nicht mehr gehoben werden konnte, wie es sonst wohl in solchen Fällen geschieht, sind, damit das Seil nicht vom Auflager herunterfällt, pendelnde Vorreiber angeordnet worden, die von dem Wagen angehoben werden. Andererseits ist es bisweilen unter Benutzung der Gleichung (22) möglich, die Seilkurve noch mehr dem Gelände anzupassen und so die am tiefsten gelegenen Stützen, die gewöhnlich eine bedeutende Höhe erreichen, wesentlich niedriger zu halten.

18. Die auf das Zugseil übertragbare Leistung.

Die von der Antriebsscheibe auf das Zugseil übertragene Umfangskraft berechnet sich nach der bekannten Gleichung

$$P = \frac{e^{\mu_0 \alpha} - 1}{e^{\mu_0 \alpha}} \cdot S , \tag{23}$$

worin μ_0 der Reibungskoeffizient zwischen Seil und Scheibe ist und α den vom Seil auf der Scheibe umspannten Winkel angibt. S ist die im gezogenen Seiltrum an der Scheibe herrschende Spannung.

Damit eine möglichst große Kraft übertragen werden kann, werden die Antriebsscheiben fast stets mit Hirnleder ausgelegt, für das nach den allerdings nur an Flachseilen

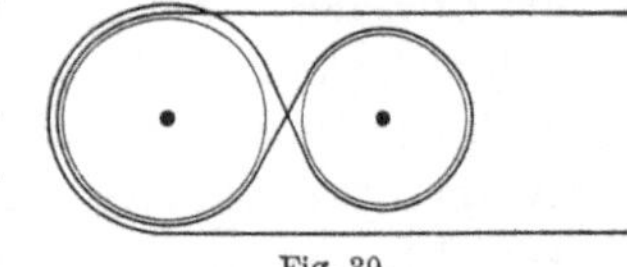

Fig. 39.

durchgeführten Versuchen von Koettgen bei feuchter Scheibe und in gewöhnlicher Weise geschmiertem Seil der Reibungskoeffizient $\mu_0 = 0{,}16$ zu setzen ist. Der Sicherheit halber werde bei den Rundseilen mit demselben Wert gerechnet, obwohl man beim Entwurf von trocken gehaltenen Transmissionen oft $\mu_0 \sim 0{,}25$ einsetzt.

Bei kurzen Bahnen, auf denen nur geringe Lasten befördert werden, umschlingt das Zugseil die Scheibe zur Hälfte. Werden in die Gleichung (23) die Zahlenwerte $\mu_0 = 0{,}16$ und $\alpha = \pi$ eingesetzt, so folgt

$$P = 0{,}41 \, S .$$

Die Anzahl der Pferdestärken, die hierbei übertragen werden können, ergibt sich nun zu $N = \dfrac{P \cdot v}{75}$, worin v die Fördergeschwindigkeit bedeutet, und wenn hierin die vorstehende Gleichung eingesetzt wird, so erhält man

$$N \sim \frac{5{,}5}{1000} \, S v . \tag{24}$$

Bei größeren Anlagen ist die auf das Zugseil so übertragbare Leistung zu gering, weshalb der Umfassungswinkel durch die in Fig. 39 gegebene

Anordnung auf etwa $2{,}75\,\pi$ vergrößert wird. Bei dem gleichen μ_0 erhält man dann als größte mit Sicherheit auf das Seil zu übertragende Leistung

$$N \sim \frac{1}{100}\, S\, v\,. \tag{25}$$

Ist die Antriebsstation so gelegen, daß S gleichzeitig die größte überhaupt im Zugseil auftretende Spannkraft ist, so kann in die vorstehenden Gleichungen der Zusammenhang (6) $S = C \cdot q$ eingeführt werden. Bei den Litzenseilen trifft ferner die Beziehung $q \sim \dfrac{1}{2}\dfrac{\pi}{4}\, d^2$ hinreichend genau zu. Damit folgt bei halber Umfassung der Scheibe

$$N \sim \frac{2{,}2\,C}{1000}\, d^2\, v \tag{24a}$$

oder bei der Anordnung der Fig. 39

$$N \sim \frac{4\,C}{1000}\, d^2\, v\,. \tag{25a}$$

Hierin ist der Seildurchmesser d in cm und die Fördergeschwindigkeit v in m/Sek. gegeben.

Die größte Leistung, die bei halber Umfassung der Antriebsscheibe auf ein Litzenseil von 1,5 cm Durchmesser mit einer Zerreißfestigkeit von 15000 kg/qcm bei 2,5 m/Sek. übertragen werden kann, berechnet sich nach Gleichung (24a) auf 19 PS und bei der üblichen Anordnung mit einer vorgelegten Scheibe auf 35 PS. Bei einem Zugseil gleicher Festigkeit von 1,2 cm Durchmesser beträgt die entsprechende Leistung noch immer 12 PS für 2,5 m/Sek. Fördergeschwindigkeit. Da man früher bei Anlagen nach dem deutschen System selten über 1,5 m/Sek. Fahrgeschwindigkeit ging und dann gewöhnlich Seile von nur 12000 kg/qcm Zerreißfestigkeit benutzte, so war die größte von der halbumspannten Scheibe auf das Seil mit Sicherheit übertragene Leistung nur gering: bei 12 mm Durchmesser knapp 6 PS. Obwohl inzwischen die Festigkeit, Stärke und Anspannung der Zugseile erheblich gestiegen ist, verwendet man auch heute noch in Deutschland fast allgemein die vorgelegte Scheibe, trotzdem die englischen Firmen schon seit Jahren gezeigt haben, daß die halbumspannte Antriebsscheibe für viele Fälle vollkommen ausreicht.

Wenn ausnahmsweise sehr große Antriebs- oder Bremsleistungen erforderlich werden, so ist die Antriebsscheibe mit drei Rillen und die vorgelegte mit zweien zu versehen. Da dann der umspannte Umfang etwa $5{,}5\,\pi$ beträgt, so ist die Hirnledereinlage in diesem Fall überflüssig.

19. Die Spannkräfte im Zugseil.

Es bezeichnen wieder:

L die in der Steigung gemessene Länge der Bahnlinie in m,

Q die stündliche Förderleistung der Anlage in t,

ferner

γ den mittleren Neigungswinkel der Bahn,

l die wagerechte Projektion der Bahnlänge in m,

h den Höhenunterschied der beiden Endpunkte,

p das Gewicht eines leeren Wagens in kg,

P das Gewicht der auf einen Wagen kommenden Nutzlast.

Erfolgt die Förderung nach oben und ist S die auf der Seite der vollen Wagen unten herrschende Spannkraft im Zugseil, so vergrößert sie sich bis oben hin einmal um das Eigengewicht der Projektion h des Seiles auf die Senkrechte $qh = qL \sin\gamma$, ferner um den Widerstand, den die n auf der Strecke befindlichen Lasten $n\,(p+P)$ und das dazu kommende Seilgewicht qL hervorrufen $[n\,(p+P)+qL]\cos\gamma\cdot\mu$ und

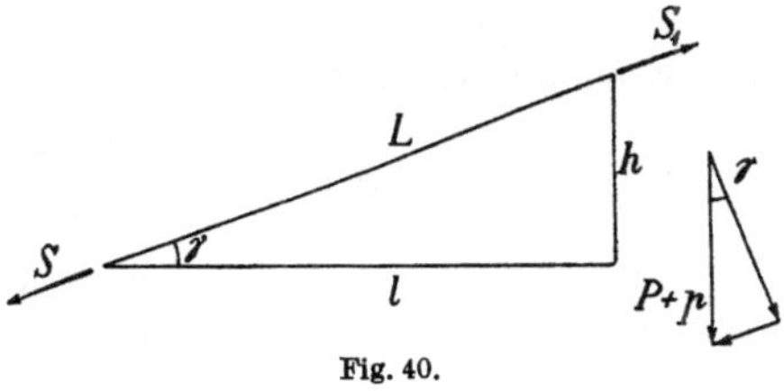

Fig. 40.

schließlich um das direkte Gewicht $n\,(p+P)\sin\gamma$ dieser Lasten, wie aus Fig. 40 abgelesen werden kann. Man erhält somit als größte Spannkraft

$$S_1 = S + [qL + n\,(p+P)]\,(\sin\gamma + \mu\cos\gamma)\,.$$

Werden die entsprechenden Spannkräfte auf der Leerseite mit S' und S_1' bezeichnet, so gilt die Gleichung

$$S_1' = S' + [qL + np]\,(\sin\gamma - \mu\cos\gamma)\,,$$

denn die Gewichtswirkung bleibt genau dieselbe, und nur der Reibungswiderstand wirkt jetzt nach unten, weshalb er mit negativem Vorzeichen einzuführen ist.

Erfolgt die Förderung nach abwärts, so ergibt sich ebenso

$$S_1 = S + [qL + n\,(p+P)]\,(\sin\gamma - \mu\cos\gamma)$$

bzw.

$$S_1' = S_1 + [qL + np]\,(\sin\gamma + \mu\cos\gamma)\,.$$

Mit den Beziehungen

$$\cos\gamma = \frac{1}{\sqrt{1+\operatorname{tg}^2\alpha}} = \left(1 + \frac{h^2}{l^2}\right)^{-\frac12} \sim 1 - \frac12\,\frac{h^2}{l^2}\,,$$

$$\sin\gamma = \frac{\operatorname{tg}\alpha}{\sqrt{1+\operatorname{tg}^2\alpha}} \sim \frac{h}{l}\left(1 - \frac12\,\frac{h^2}{l^2}\right)$$

geht der zweite Faktor dieser Gleichungen über in

$$\sin\gamma \pm \mu\cos\gamma = \left(1 - \frac12\,\frac{h^2}{l^2}\right)\left(\frac{h}{l} \pm \mu\right)\,.$$

Der einfache Zusammenhang $nPv = \dfrac{Q}{3{,}6}\,L$ liefert

$$n = \frac{QL}{3{,}6\,Pv}\,, \tag{26}$$

so daß der erste Faktor sich umformen läßt in

$$qL + n\,(p + P) = qL + \frac{QL}{3{,}6\,Pv}\,(p + P) = QL\left[\frac{q}{Q} + \frac{0{,}28}{v}\left(1 + \frac{p}{P}\right)\right],$$

worin noch gesetzt werden kann

$$L = \sqrt{l^2 + h^2} = l\left(1 + \frac{h^2}{l^2}\right)^{\frac{1}{2}} \sim l\left(1 + \frac{1}{2}\,\frac{h^2}{l^2}\right).$$

Damit ergibt sich allgemein für den Unterschied der Spannkräfte an den beiden Endpunkten

$$S_1 - S = Ql\left[\frac{q}{Q} + \frac{0{,}28}{v}\left(1 + \frac{p}{P}\right)\right]\left(\frac{h}{l} \pm \mu\right), \qquad (27)$$

wenn noch beachtet wird, daß $\left(1 + \frac{1}{2}\,\frac{h^2}{l^2}\right) \cdot \left(1 - \frac{1}{2}\,\frac{h^2}{l^2}\right)$ sich von 1 nur sehr wenig unterscheidet.

Für die Förderung nach aufwärts gilt das positive Zeichen, für die nach abwärts das negative. Für die Leerseite fällt der Summand 1 der die Einzellasten enthaltenden Klammer fort, falls dort nicht etwa auch Lasten P' zurückbefördert werden; im letzteren Falle ist statt 1 zu setzen $\dfrac{P'}{P}$.

Die größte Spannkraft tritt am höchsten Punkte der Bahn auf, falls darauf nicht eine längere Gegenneigung von sehr geringem Gefälle folgt, so daß der Wert von μ größer ist als der Bruch $\dfrac{h}{l}$ für diesen Teil der Bahn. Die Gleichung liefert direkt den Spannungsunterschied zwischen den beiden Endstationen, gleichgültig, ob und wieviel Gefällwechsel dazwischen liegen.

Befindet sich nun der Antrieb bzw. die Bremsvorrichtung oben, so besteht zwischen den beiden Spannkräften auf jeder Seite der Scheibe die Gleichung $S_1' = S_1 e^{-\mu\alpha}$ und mit $\mu = 0{,}16$ und $\alpha = \pi$ bzw. $2{,}75\,\pi$

$$S_1' \sim 0{,}6\,S_1 \text{ bei halber Umfassung}, \qquad (28)$$

$$S_1' \sim 0{,}25\,S_1 \text{ bei der Anordnung mit vorgelegter Scheibe}. \qquad (29$$

Liegt der Antrieb unten und befindet sich oben nur eine Umführungsscheibe, so gilt annähernd

$$S_1' \sim 1{,}02\,S_1 \sim S_1 \qquad (30)$$

und die größte im Seil auftretende Spannkraft ist S', die man erhält als Summe aus S_1' und der aus Gleichung (27) für die Leerseite folgenden Spannungsdifferenz.

Gleichung (27) werde noch einmal niedergeschrieben und zwar für beide Seiltrume bei Abwärtsförderung:

$$S_1 - S = Ql\left[\frac{q}{Q} + \frac{0,28}{v}\left(1 + \frac{p}{P}\right)\right]\left(\frac{h}{l} - \mu\right),$$

$$S_1' - S' = Ql\left[\frac{q}{Q} + \frac{0,28}{v}\left(\frac{P'}{P} + \frac{p}{P}\right)\right]\left(\frac{h}{l} + \mu\right).$$

Die auf die untere Scheibe wirkende Zugkraft der Spannvorrichtung verteilt sich nahezu gleichmäßig über beide Seiltrume, demnach ist $S \sim S'$. Werden nun beide Gleichungen voneinander subtrahiert, so ergibt sich

$$S_1 - S_1' = Ql\left[\frac{0,28}{v}\left(1 - \frac{P'}{P}\right)\frac{h}{l} - \frac{0,28}{v}\left(\frac{q}{Q}\frac{v}{0,14} + 1 + \frac{P'}{P} + \frac{2p}{P}\right)\mu\right]. \quad (31)$$

Überwiegt S_1, so daß die Differenz > 0 ist, so geht die Bahn selbsttätig. Als Bedingung für Selbstbetrieb gilt also:

$$\frac{h}{l} > \mu \frac{1 + \dfrac{P'}{P} + \dfrac{2p}{P} + \dfrac{q}{Q}\dfrac{v}{0,14}}{1 - \dfrac{P'}{P}}, \quad (32)$$

oder, wenn mit P oben und unten multipliziert wird:

$$\frac{h}{l} > \mu \frac{P + P' + 2p + P\dfrac{q}{Q}\dfrac{v}{0,14}}{P - P'}. \quad (32\,a)$$

Da in den Gleichungen die Reibungsverluste in den Endstationen nicht berücksichtigt sind und bei zu schwachen Neigungen die Fahrtgeschwindigkeit auf dem ersten Teil der Strecke zu klein bleibt, so kann auf Grund praktischer Erfahrungen Selbstbetrieb für gesichert gehalten werden, wenn $\dfrac{h}{l}$ mindestens das 1,10fache des Wertes der rechten Seite ist.

B. Das englische Seilbahnsystem.

I. Seilbahnen nach Hodgson.

20. Die Kupplung des Wagens mit dem Seil.

Bei dem englischen Seilbahnsystem, wie es von Hodgson eingeführt worden ist, werden die Lasten gleichzeitig von dem Litzenseil getragen, das sie fortbewegt. Zu dem Zweck legt sich auf das Seil ein Auflagerschuh, an dem vermittels eines Schmiedeeisenbügels ein Kübel oder dergleichen hängt, der die Last aufnimmt (vgl. Fig. 43). Damit der Kübel unter dem Einfluß des Windes oder auf Neigungen nicht durch seine schiefe Stellung gegenüber dem Zugseil die Auflagerung lockert, wird er gewöhnlich am unteren Teil des Tragbügels frei beweglich aufgehängt. Zur Sicherheit wird dieser Bügel im Auflagerschuh seinerseits noch beweglich gelagert. Nur ausnahmsweise geht man von der doppelten Beweglichkeit der Last ab, wie z. B. bei der Ausführung in Fig. 41, wenn die Einzellasten besonders schwer sind und dadurch schon eine gewisse Gewähr gegen zu starkes Pendeln infolge von Winddruck oder dergl. bieten. Auch für den sicheren Übergang über die Tragrollen der Unterstützungen ist es notwendig, daß der Auflagerschuh nicht von der Last schief gestellt wird.

Da der Schuh von dem Zugseil nur durch die an der Auflagerfläche auftretende Reibung mitgenommen wird, so muß diese Fläche aus einem Stoff bestehen, dessen Reibungskoeffizient bei der Berührung mit dem geschmierten Seil möglichst groß ist. Man versah den Schuh deshalb zuerst mit einer Holzeinlage, die den Vorzug bot, überall und jederzeit leicht ersetzbar zu sein, später, namentlich bei größeren Neigungen der Linie, verwendete man Kautschukeinlagen. Man kann im letzteren Falle bei einem reichlich geschmierten Seil den Reibungskoeffizienten nicht höher als $\mu = \frac{1}{6}$ annehmen, da man noch einen gewissen Sicherheitsspielraum haben muß, um etwaige Stöße usw. zu berücksichtigen, wie sie z. B. immer beim Übergang über die Tragrollen stattfinden, die ja eine Lockerung der Auflagerung und damit eine erhebliche Verringerung der Reibung bewirken.

Unter Umständen ist die verhältnismäßig lose Verbindung des Förderkübels mit dem Seil sogar angenehm, wie z. B. bei der in Fig. 41 veranschaulichten, von der Firma Bullivant & Co. in London gebauten Anlage. Die Bahn dient zum Transport von Koke von dem Ufer der Themse nach einer Zementfabrik, und zwar befindet sich auf jeder Stütze eine Entladebühne. Wenn auch die Umlaufsgeschwindigkeit des Seiles eine geringe, nur 0,5 m/Sek., ist, so erleichtert die einfache und nachgiebige Auflagerung des Schuhes die Arbeit doch ganz erheblich. Natürlich ist der Verschleiß der Einlagen ein der Behandlung entsprechender.

Fig. 41.

An dem Auflagerschuh sitzen noch kleine Laufrollen, die in den Stationen auf Tragschienen auflaufen, deren Beginn in entsprechender Entfernung neben dem Zugseil liegt. Die Wagen können dann leicht von Hand weiter gestoßen werden. Bei neueren Ausführungen erhält die Mittelebene dieser Rollen eine geringe Neigung, so daß sie gerade durch den Aufhängungspunkt des Förderkübels geht. Dadurch wird verhindert, daß die Last beim Übergang vom Seil auf die Tragschienen bzw. umgekehrt ins Pendeln gerät. Damit dieser Übergang möglichst sanft erfolgt, wird der äußerste Teil der Tragschienen keilförmig zugeschärft, wie Fig. 45 deutlich erkennen läßt.

21. Die Seilbeanspruchung und Seilstärke.

Obwohl bei dem Entwurf der Linienführung auf die oben angeführten Umstände entsprechende Rücksicht genommen wird, tritt doch noch häufig genug Rutschen des Auflagerschuhes ein, und das Seil erfährt dadurch im Laufe der Zeit eine ganz erhebliche Abnutzung der äußersten Drähte, wie z. B. die Gegenüberstellung eines neuen und eines abgenutzten Seiles in Fig. 42 zeigt. Das von B ullivant & Co. hergestellte Seil war zwei Jahre hindurch dauernd in Betrieb und hatte in dieser Zeit 165000 Tonnen Eisenerz in Einzellasten von 300 kg befördert; seine Zerreißfestigkeit, die beim neuen Seil 29,05 Tonnen betrug, war dabei auf 27,5 Tonnen heruntergegangen: demnach hat sich der Querschnitt nur

Fig. 42.

um 5,3 v. H. verkleinert, so daß es trotz der erheblichen Abnutzung der Außendrähte sicher noch eine Zeitlang hätte liegen können.

Die Figur läßt ferner eine andere Eigentümlichkeit erkennen, die allen Litzenseilen anhaftet. Das Seil längt sich im Betriebe wie jedes Zugorgan derart, daß es gewöhnlich mehrfach verkürzt werden muß, bis es durch ein neues zu ersetzen ist. Dabei erleidet es eine ganz bedeutende Verringerung des Durchmessers, indem sich die inneren Drähte immer mehr in die weiche Hanfseele hineindrücken.

Eine weitere, recht erhebliche Beanspruchung erfährt das Seil beim Übergang über die Tragrollen und die Umführungsseilscheiben in den Stationen infolge der dabei eintretenden Biegung. Nach Gleichung (1) Seite 21 erleidet ein Litzenseil von 16 mm Durchmesser, das aus 42 Drähten von 1,8 mm Stärke zusammengesetzt ist, beim Übergang über eine Umführungsscheibe von 2 m Durchmesser die Biegungsbeanspruchung

$$k_b = 0,36 \cdot 2200000 \cdot \frac{1,8}{2000} \sim 710 \text{ kg/qcm.}$$

Die Anspannung wird nun gewöhnlich so gewählt, daß auf der freien
Strecke 8fache Sicherheit besteht; demnach beträgt sie für Stahldraht
von 15000 kg/qcm Zerreißfestigkeit $k_z = 1880$ kg/qcm, also die Gesamtbeanspruchung $1880 + 710 = 2590$ kg/qcm, so daß die tatsächliche
Sicherheit nur noch das $\dfrac{15000}{2590} = 5{,}8$ fache ist. Es empfiehlt sich deshalb unter allen Umständen, bei stärkeren Seilen nachzurechnen, ob nicht
die 5fache Sicherheit, unter die man nur ausnahmsweise heruntergeht,
bereits überschritten wird.

Für die Wahl der Seilstärke ist neben den im vorstehenden erörterten
Festigkeitsbedingungen, die wohl immer hinreichend erfüllt werden, die
zugelassene Abnutzung maßgebend, die wieder von der Größe und Anzahl der Einzellasten abhängt. Den meist vorkommenden Verhältnissen
entspricht die Vorschrift, den Querschnitt des Seiles in qmm bei kleinen
Nutzlasten bis zu 130 kg etwa ebenso groß zu wählen, als die Nutzlast
in kg beträgt; bei größeren Einzellasten können schwächere Seile genommen werden, so daß einer Nutzlast von 350 kg ein Seil von 23 bis
24 mm Stärke entspricht. Man kommt dabei auf Abnutzungsverhältnisse,
wie sie die Fig. 42 darstellt.

22. Die Unterstützung auf der Strecke.

Die Seile werden von großen, fliegend gelagerten Tragrollen unterstützt, deren Durchmesser gewöhnlich 0,6 m beträgt. Sie müssen ziemlich
groß gewählt werden, damit das darüberlaufende Seil nicht zu stark
auf Biegung beansprucht wird, wenn es sich auch wegen seiner Steifheit
der Rundung der Tragscheiben nur wenig anschließt (vgl. Fig. 41).
Das harte Stahlseil greift die Gußeisenrollen stark an, weshalb sie bei
den meisten Ausführungen eine weiche Schmiedeeiseneinlage in der Rille
erhalten, die leicht ausgewechselt werden kann (vgl. Fig. 51).

Die Stützen werden gewöhnlich aus Holz hergestellt, außer in den
Tropen, wo hölzerne Stützen in kurzer Zeit zerstört werden würden.
Eine von Bullivant & Co. häufig ausgeführte Stützenkonstruktion stellt
die Fig. 43 dar. Vier in die Erde gegrabene Rundholzpfosten sind durch
Diagonalstreben miteinander versteift und tragen oben einen Querbalken,
auf dem die Lager für die Stützrollen befestigt werden. Ein Schaubild
einer ähnlichen Stütze ist bereits in Fig. 41 gegeben. Eine Anlage mit
eisernen Stützen, deren Unterbau aus Flußeisenröhren in der Art der
bekannten englischen Pierkonstruktionen hergestellt ist, zeigt die Fig. 44,
ebenfalls nach einer Ausführung von Bullivant & Co. Die betreffende
Bahn dient zum Transport von Dynamit von einer isoliert gelegenen
Ladestelle im Hafen von Port Elisabeth nach dem Lager.

Die Entfernung der beiden Tragrollen voneinander schwankt gewöhnlich zwischen 1,8—2,5 m, sie wird durch die in Absatz 20 erörterten

Rücksichten auf die Biegungsbeanspruchung des Seiles beim Übergang über die Endseilscheiben festgelegt. Ausnahmsweise kommen auch aus besonderen Gründen weitere Abstände vor, wie z. B. bei der in Fig. 45

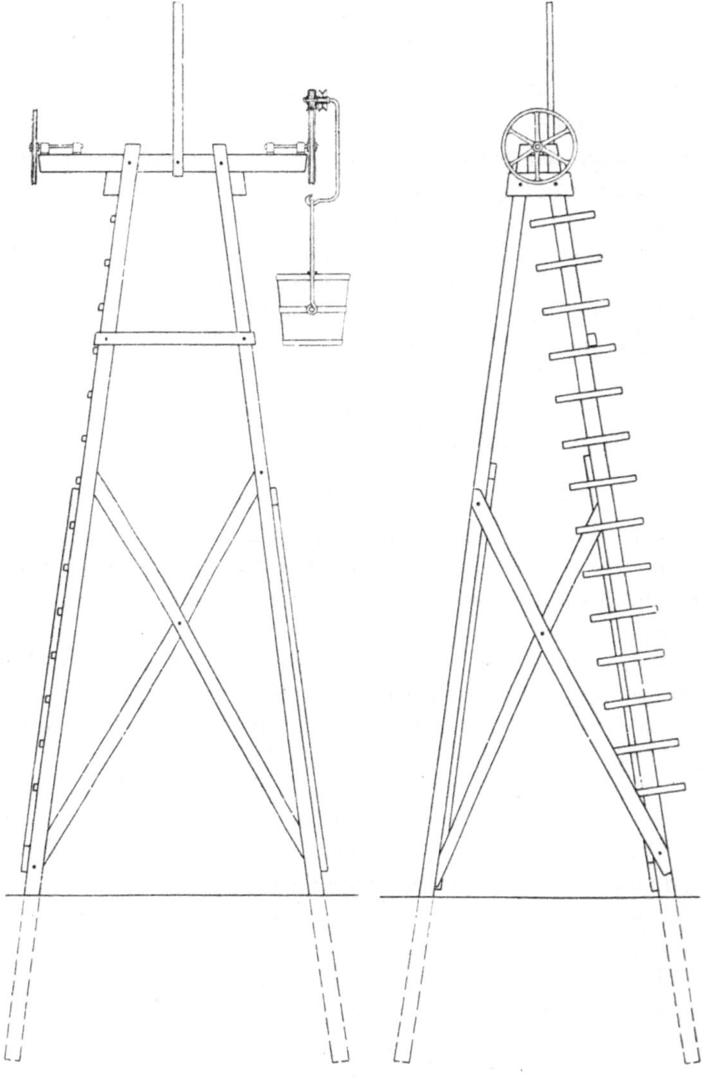

Fig. 43.

dargestellten Anlage der Firma Bullivant & Co. Sie diente nur zur Beförderung von Beton zum Bau einer Eisenbahnbrücke in Liverpool, und zur besseren Verteilung des Betons über die ganze Brückenbreite

Fig. 44.

Fig. 45.

mußten die beiden Seiltrume einen erheblich größeren Abstand, als sonst
üblich, erhalten. Die Ausführung der Stützen läßt auch deutlich den
provisorischen Charakter der ganzen Anlage erkennen, noch mehr das
schwache Förderseil bei der großen Leistung von 40 t/St in Einzellasten
von 400 kg.

23. Die Linienführung.

Die größte mit Sicherheit zu überwindende Seilneigung ergibt sich
bei Verwendung des in Absatz 19 beschriebenen Auflagerschuhes aus
der Bedingung $\mathrm{tg}\,\gamma < \mu$, worin $\mu \sim \frac{1}{6}$ zu setzen ist. Da bei den üblichen Anordnungen der Winkel γ durch den Seildurchhang infolge des
Eigen- und Wagengewichtes nur wenig vergrößert wird, wie auch die
Fig. 45 deutlich zeigt, so kann als größte Bahnneigung, die bei nicht zu
ungünstigen Witterungsverhältnissen befahren werden kann, etwa das
Verhältnis 1:7 gelten. In nördlichen Gegenden, wo das Seil im Winter
öfters vereist, muß die größte vorkommende Neigung erheblich kleiner
sein. Es ist dies mit ein Grund, weshalb derartige Anlagen in südlichen
Ländern mehr Einführung gefunden haben als bei uns.

Voraussetzung ist dabei, daß die Stützen im allgemeinen nicht weiter
voneinander entfernt sind, als der mittlere Wagenabstand beträgt. Man
kommt so im allgemeinen auf mittlere Stützenentfernungen von 50—70 m,
doch können dazwischen je nach den Terrainverhältnissen auch einzelne
Spannweiten von 100 m und mehr vorkommen. Wenn die Errichtung
der Stützen besondere Schwierigkeiten verursacht, wie z. B. bei den in
Fig. 44 dargestellten, so läßt man als normalen Abstand etwa 100 m zu
und nimmt die dabei eintretende größere Beanspruchung des Seiles beim
Übergang über die Tragrollen als unvermeidliches Übel mit in Kauf.
Als äußerste freie Spannweite, die bei nur wenig geneigten Bahnen anwendbar ist, betrachtet man etwa 180 m. Jedoch wird der Durchhang
des Seiles unter der Wagenlast dann schon so groß, daß sie leicht ins
Rutschen gerät. Außerdem erfährt das Seil dabei schon eine recht erhebliche Biegung, indem es sich der Tragrolle auf einen größeren Bogen
anschmiegt.

Wie man hieraus ersieht, ist das System von Hodgson nur für geringe Leistungen vorteilhaft verwendbar, denn es ist unmöglich, sich
bei größeren Terraineinschnitten dem Gelände mit der Linienführung so
anzupassen, daß man mit normalen Stützenhöhen auskommt. So ergeben
sich vielfach Ausführungen mit einer Reihe hoher Stützen, wie sie bei
anderen Systemen nur vereinzelt vorkommen (Fig. 46). Die Figur läßt
ferner erkennen, das die Auflagerstellen aller Stützen in einer geraden
Linie liegen. Würde man nämlich die Punkte A und B in Fig. 47 durch
eine Parabel verbinden, so müßten die Stützen noch wesentlich höher
ausfallen, als wenn bei der Linienführung ACB an der Stelle C eine

Fig. 46.

sogenannte vertikale Ablenkungsstation eingeschaltet wird. Das Schema
einer solchen Station zeigt Fig. 48. Jedes Seiltrum läuft beim Eingang
und Austritt aus der sich recht kurz bauenden Station über eine gewöhn-
liche Tragrolle und wird dann nach unten weiter geführt, wo es über zwei
große Umführungsscheiben geht. Der Wagen rollt inzwischen selbsttätig

mit seinen Laufrollen auf einer neben dem Seil verlegten Schiene herunter.

Bei Bruchpunkten auf der Spitze einer Bergkuppe werden zwei Tragrollen in etwa 2 bis 2,5 m Abstand hintereinander angeordnet, um einen zu scharfen Knick im Seil zu vermeiden.

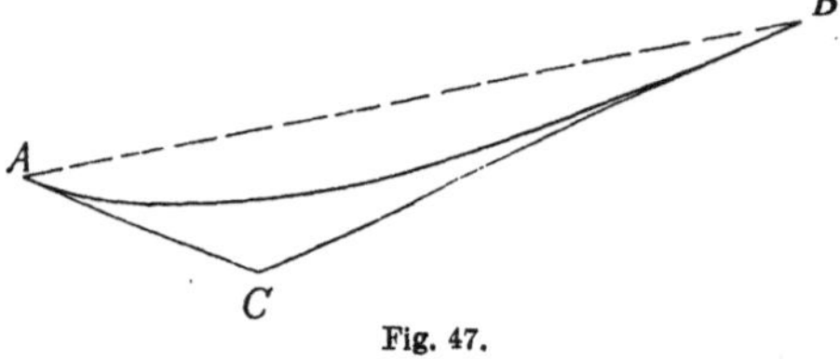
Fig. 47.

In ähnlicher Weise lassen sich Winkelstationen mit wagerechter Ablenkung ausbilden, indem sich das Seil um eine Scheibe von etwa 2 m Durchmesser oder besser um zwei oder drei von entsprechend kleinerem Durchmesser legt, während der Wagen auf daneben angeordneten Schienen von Hand bis zum Auslauf geschoben werden muß.

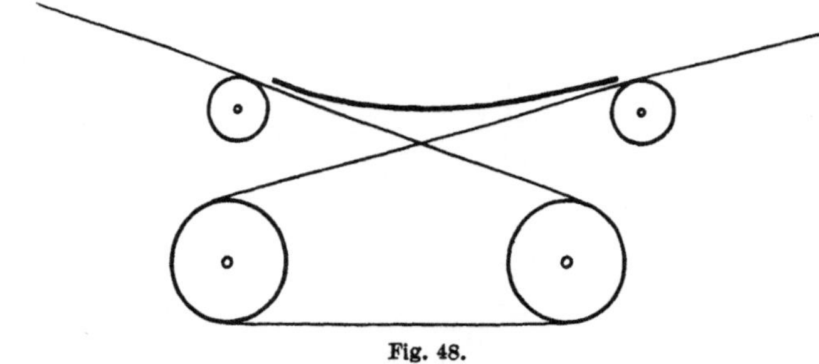
Fig. 48.

Um den Durchhang des Seiles so klein wie möglich zu halten, wird es straff gespannt. Als größte Sicherheit auf der Strecke dürfte etwa $\mathfrak{S} = 10$ gelten, vielfach rechnet man mit noch weniger, unterschreitet jedoch die 5fache Sicherheit bei Berücksichtigung der Biegung auf den Seilscheiben nicht.

24. Die Endstationen.

Am einfachsten macht sich die Anordnung der Endstationen, wenn in der einen höher gelegenen die Umführungsseilscheibe angetrieben wird, während die Scheibe in der zweiten Station durch ein Gewicht oder einen Flaschenzug so festgehalten wird, daß das Zugseil die richtige Anspannung erfährt. Gewöhnlich erfolgt der Antrieb vermittels Kegelräder von einer Transmission aus.

Eine solche Antriebsstation zeigt die Fig. 49 nach einem Entwurf des Ropeways Syndikate in London. Die Wagen werden auf Schienen von einer Seite nach der anderen herumgeschoben und dabei entweder von Hand oder aus Füllrümpfen beladen. Als Schienen dienen fast allgemein bei den Ausführungen englischer Firmen Flacheisen von 150 bis 180 mm

Höhe und 10 bis 13 mm Stärke, die oben abgerundet sind. Sie werden mit kleinen Gußeisenwinkeln auf den Tragbalken festgeschraubt oder an gußeisernen Hängeschuhen aufgehängt.

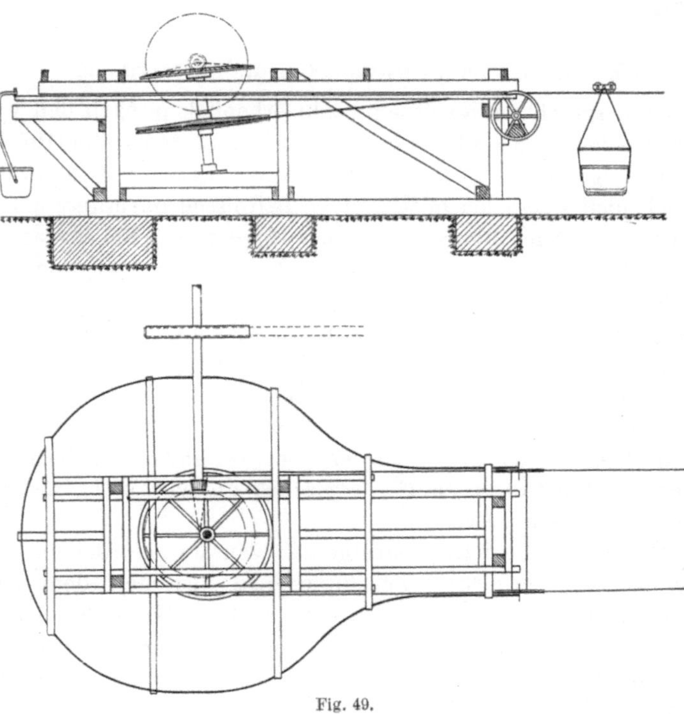

Fig. 49.

Vielfach wird der Antrieb und die Spannvorrichtung in dieselbe Station zusammengelegt, weil dann beide Vorrichtungen unter der Aufsicht des Maschinisten stehen. Die Umführungsscheibe in der zweiten Station ist dann festgelagert. Eine derartige Anordnung, wie sie Bullivant & Co. oft ausführen, ist in Fig. 50 skizziert. Das einlaufende Seil geht über die senkrecht stehende Antriebsscheibe und von da über eine nahezu wagerecht liegende Spannscheibe, die auf einer wenig ge-

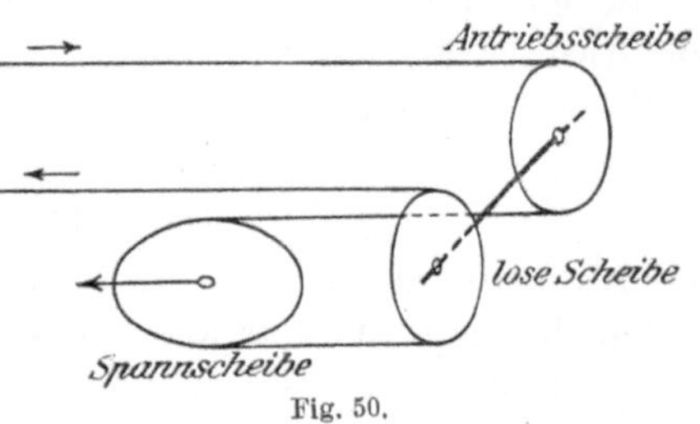

Fig. 50.

neigten Gleitebene beweglich gelagert ist, zu einer auf der Achse der Antriebsscheibe sitzenden losen Scheibe, von der es die Station wieder verläßt. Die Spannscheibe wird durch einen Flaschenzug angezogen. Letzteres hat den Nachteil, daß die Spannvorrichtung nicht selbsttätig

wirkt; vielmehr wird das Seil nur dann nachgespannt, wenn es sich zu
sehr gelängt hat. Da sich aber der Seildurchhang bei der dichten Stützen-
stellung unter dem Einfluß der beweglichen Last kaum ändert, so hat
dies wenig Bedeutung.

25. Die Fördergeschwindigkeit und Fördermenge.

Die Fördergeschwindigkeit schwankt erheblich je nach den Umständen. Als Höchstgeschwindigkeit bei kleineren Lasten unter 100 kg und
verhältnismäßig großem Stützenabstand kommt etwa $v = 4$ m/Sek. vor.
Gewöhnlich bleibt man bei mittleren Verhältnissen darunter; als normal
kann etwa $v = 1,8$ bis 2 m/Sek. angesehen werden. Bei Anlagen nach
den Figg. 41 und 45, wo die Gefäße während der Bewegung entladen
werden, ist $v = 0,5$ m/Sek.

Auf dem Kontinent steigert man die Nutzlast bei einem mittleren
Wagengewicht von 50 kg nicht gern über 150 kg, als gebräuchlichster
Mittelwert ist etwa 100 bis 120 kg anzunehmen. Die englischen und
amerikanischen Konstrukteure gehen damit wesentlich höher, bis zu
300 kg und bei provisorischen Anlagen sogar bis 450 kg. Allerdings wird
bei den hohen Belastungen die Fördergeschwindigkeit auf 1,5 bis herunter
auf 1,25 m/Sek. herabgesetzt.

Der Wagenabstand hängt naturgemäß von der geforderten täglichen
Leistung ab; als geringsten Zeitunterschied zwischen dem Ablassen
zweier aufeinander folgender Wagen kann man 20 Sekunden annehmen.
Gewöhnlich ist die Zwischenzeit größer; als normal gelten etwa 30 Sek.

Mit dem Wageninhalt von 120 kg und dem Zeitabstand von 30 Sek.,
entsprechend einer Fördergeschwindigkeit von etwa 2 m/Sek., erzielt
man eine stündliche Leistung von

$$Q = \frac{120}{1000} \cdot \frac{60}{30} \cdot 60 \sim 14,5 \text{ t/St.}$$

Bei einem Wageninhalt von 300 kg und dem Zeitabstand von 20 Sek.,
dem etwa die Fahrtgeschwindigkeit 1,25 m/Sek. entspricht, erreicht man
die Förderleistung

$$Q = \frac{300}{1000} \cdot \frac{60}{20} \cdot 60 = 54 \text{ t/St.}$$

Ersteres kann als normale Leistung einer solchen Anlage bezeichnet
werden, letzteres etwa als die höchst erreichbare.

Zu diesen großen Fördermengen ist man freilich erst in letzter Zeit
übergegangen. Man half sich früher in solchen Fällen damit, zwei oder
gar drei Bahnen von derselben Bauart an einem Gestänge nebeneinander
anzubringen (vgl. Fig. 46). Der Vorgang, der sich bei den Eisenerz-
gruben Nordspaniens mehrfach wiederholte, war gewöhnlich der, daß
zuerst bei Inbetriebsetzung der Grube die erste Bahn auf dem gleich für

die volle Leistung hergerichteten Gestänge montiert wurde und dann,
wenn der Absatz gestiegen und demgemäß die Mittel zum weiteren Aus-
bau vorhanden waren, eine zweite und sogar dritte hinzugefügt wurde.
Die Anlage- und Betriebskosten sind natürlich wesentlich höher, als
wenn von vornherein eine einzige Bahn für die Gesamtleistung erstellt
worden wäre; doch war der nicht zu unterschätzende Vorteil erreicht
worden, daß die betreffenden Gruben mit einem verhältnismäßig geringen
Anfangskapital auskamen und die späteren Ausgaben aus den Einnahmen
decken konnten. Durch eine dem Bedarf entsprechende Vermehrung der
nebeneinanderstehenden Gestänge ist man bei Bilbao zu drei Gruppen
von je drei derartigen, dicht beieinander liegenden Bahnen gekommen,
deren Gesamtleistung nur 2500 t für den Tag beträgt.

26. Die Antriebsleistung.

Der Leistungsbedarf einer Seilbahn nach Hodgson mit wagerechter
Linienführung berechnet sich in folgender Weise. Sind auf jedem Seiltrum n Wagen vorhanden vom Eigengewicht p kg und beträgt die Ladung
eines Wagens P kg, so ist der auf die Gesamtheit der Tragrollen vom
Durchmesser d_1 entfallende Druck einschließlich des Seiles vom Eigengewicht q kg/m bei L m Bahnlänge:

$$D = 2q\,L + 2p\,n + Pn\,,$$

worin

$$n = \frac{QL}{3,6\,Pv}$$

aus Gleichung (26) einzusetzen ist. Man erhält damit

$$D = \frac{QL}{1,80} \left(\frac{1}{2} + \frac{p}{P} + 3,6\,\frac{q}{Q}\,v \right).$$

Wird der Koeffizient der Rollenreibung mit s bezeichnet, so ist die Größe
der auftretenden Rollenreibung $D \cdot \dfrac{2s}{d_1}$. Dabei kann der Wert von s,
da das Seil sich auf einer ziemlichen Länge an die Tragrollen anlegt,
zu 0,003 bis 0,006 m angenommen werden. Die Größe des Wertes wächst
mit der Belastung des Seiles; bei einer Nutzlast von 100 bis 120 kg in
einem Wagen würde die erstere Zahl zu wählen sein, während die letztere
bei etwa 300 kg zutrifft.

Die beiden Zapfendrücke der fliegend gelagerten Rollen addieren
sich bei den üblichen Ausführungen zu etwa 1,6 D, so daß mit dem Zapfen-
reibungskoeffizienten μ_1, der bei gewöhnlicher Schmierung zu 0,07 gesetzt werden kann, und dem Zapfendurchmesser d_2 sich als Wert des
Zapfenreibungswiderstandes, bezogen auf den Umfang der Rollen, ergibt

$$1,6\,D \cdot \frac{\mu_1 d_2}{d_1}\,.$$

Durch Addieren beider Widerstände erhält man mit der Seilgeschwindigkeit v die zum Antrieb erforderliche Leistung aus der Gleichung

$$N = \frac{\mu D v}{75}$$

zu $$N = \frac{QL}{135}\left(\frac{1}{2} + \frac{p}{P} + \frac{3,6\,q}{Q}\,v\right)\frac{2\,s + 1,6\,d_2}{d_1} \qquad (33)$$

Hierzu ist noch ein mit der Länge und Fördermenge der Bahn wachsender Zuschlag von 0,5 bis 2 PS für die Reibungsarbeit in den Stationen usw. zu machen. Hat die Bahn Gefälle, so kommt bei der Aufwärtsbeförderung noch die Leistung hinzu, die zur Hebung der sekundlichen Fördermenge um die Höhendifferenz der beiden Stationen nötig ist; bei der Bewegung nach unten wäre dieser Betrag in Abzug zu bringen.

Nach Einsetzung der angegebenen Zahlen erhält man unter Annahme von $d_1 = 0,6$ m und $d_2 = 0,045$ m den Zahlenfaktor der Gleichung (33) zu

$$\mu = \frac{2\,s + 1,6\,d_2}{a\,s} = \frac{19}{1000} \text{ bis } \frac{28}{1000}\,, \qquad (34)$$

je nach der Leistung der Anlage, und damit

$$N = \frac{QL}{135}\left(\frac{1}{2} + \frac{p}{P} + \frac{3,6\,q}{Q}\,v\right)\mu\,. \qquad (35)$$

Wird beispielsweise noch das Seilgewicht $q \sim 1$ kg , das Wagengewicht $p = 50$ kg und die Nutzlast $P = 100$ kg eingeführt, so ergibt sich bei wagerechter Förderung mit der Seilgeschwindigkeit $v = 2$ m/Sek.:

$$N = 0,14\,L'\,(Q + 7,2) + 0,5 \text{ bis } 2\,\text{PS}\,, \qquad (35a)$$

worin die Bahnlänge L' in km einzusetzen ist.

Zu bemerken ist, daß bei schlechter Unterhaltung der Bahn, d. h. mangelhafter Schmierung der Tragrollenlager und des Seiles, oder bei besonders ungünstigen Witterungsverhältnissen die so ermittelte Antriebsleistung manchmal erheblich überschritten werden kann.

II. Seilbahnen nach Roe.

27. Die Kupplungsvorrichtung und der Wagen.

Das englische Seilbahnsystem erfuhr eine wesentliche Verbesserung durch die von Roe eingeführte Kupplung des Wagens mit dem Seil, die dessen Bestreben benutzt, sich unter dem Einfluß der Zugkraft etwas aufzudrehen. Der Sattel besteht aus einem als Hohlgußkörper hergestellten Gußeisenhebel, in dem zwei Tragschuhe in der Längsrichtung frei beweglich angebracht sind, so daß sie sich jeder Neigung des Seiles bequem anpassen können (Fig. 51); auch nach oben und unten besitzen

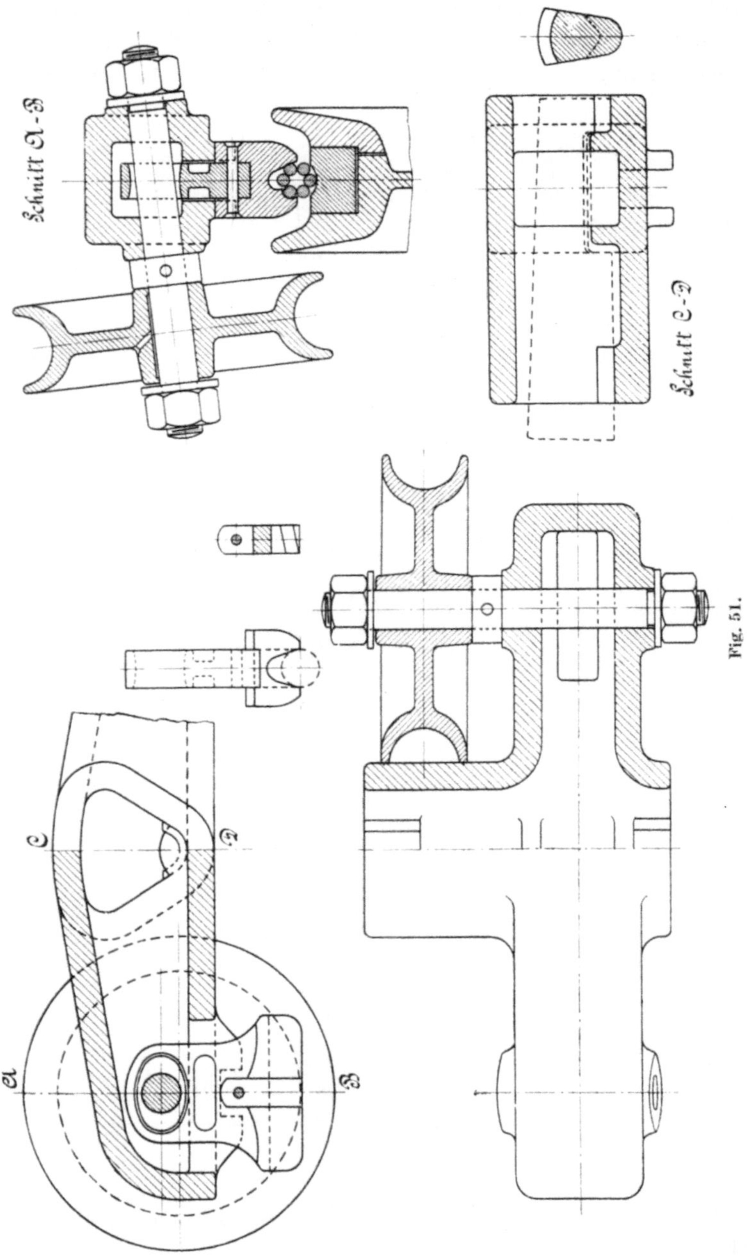

sie eine gewisse, allerdings geringere Beweglichkeit. In die Schuhe ist nun eine nur 1,5 cm breite Stahlnase eingesetzt, die zwischen die Seillitzen greift und darin durch den Drall des Seiles und das Gewicht des

Förderkübels fast geklemmt wird. Die so einfache Klemmvorrichtung wirkt noch bei Neigungen von 1 : 2 mit genügender Sicherheit, jedoch überschreitet man gewöhnlich nicht das Verhältnis 1 : 2,5. Zu reichliche

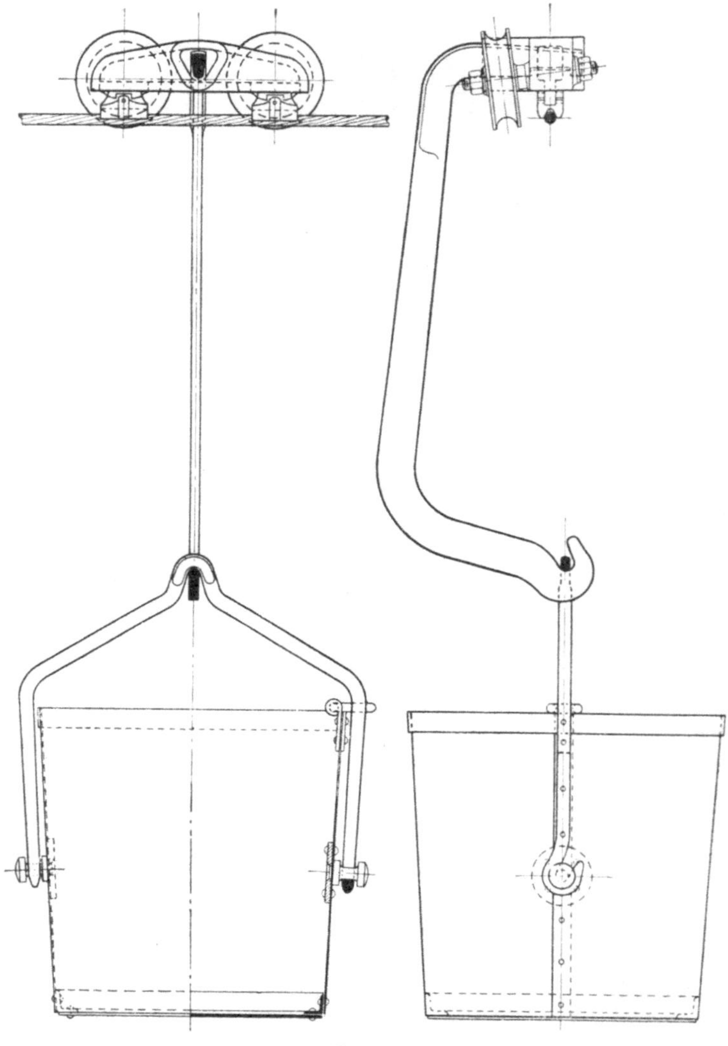

Fig. 52.

Schmierung des Seiles oder Vereisung haben nur geringen Einfluß auf die Wirkung des Apparates.

Die Figur zeigt ferner die recht einfache und doch vollkommen sichere Lagerung des Tragbügels für den Förderkübel in dem Querbalken des Wagens, die gestattet, daß der Tragbügel auch bei starker Neigung des Seiles genau senkrecht hängt. Eine Abbildung eines vollständigen Wagens mit Förderkübel für kleine Fördermengen gibt Fig. 52 nach einer Konstruktion von Ceretti & Tanfani in Mailand. Bei größeren Fördermengen ist, wie schon in Absatz 19 erwähnt wurde, die freie Beweglichkeit des Kübels an dem Aufhängebügel nicht erforderlich, außerdem bietet dann ein zylindrisches Gefäß zu wenig Inhalt, so daß man in solchen Fällen auf die schon in Fig. 41 dargestellte Anordnung übergeht.

Die Bestrebungen bei den Bahnen deutschen Systems, das Gewicht der Last zum Ankuppeln dienstbar zu machen (vgl. Absatz 42), brachten Etcheverry darauf, das gleiche bei dem Einseilsystem auszuführen: In einer Traverse befinden sich zwei Viertel-Kreissegmente, die um parallel zum Seil gelagerte Bolzen schwingen und deren Enden so ausgebildet sind, daß sie das Seil nahezu vollständig fassen (Fig. 53). Die Segmente führen sich mit einem Stift in entsprechenden Aussparungen der Traverse. Die Figur zeigt

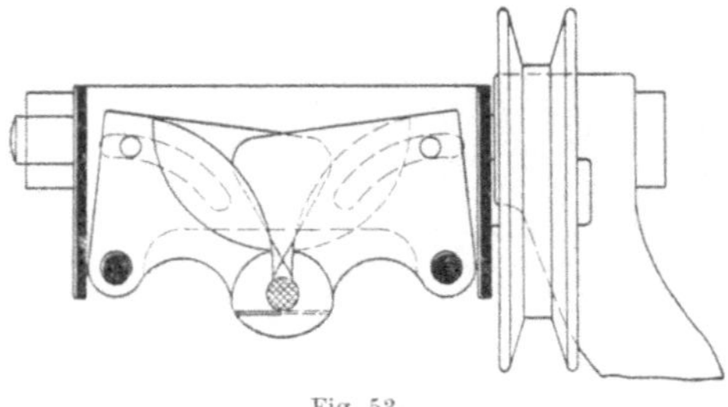

Fig. 53.

die Kupplung, von der zu beiden Seiten des Mittelbolzens je eine angeordnet ist, im geschlossenen Zustande. Läuft der Wagen mit den Tragrollen auf eine etwas erhöhte Schiene auf, so sinken die Segmente nach unten und die klauenförmigen Ansätze geben das Seil frei.

28. Die Unterstützungen.

Eine zweite, ebenso bedeutende Verbesserung Roes betrifft die Unterstützungen auf der Strecke. Bei größerem Durchhang des Seiles auf beiden Seiten der Tragrolle würde es sich dieser unzulässig stark anschmiegen. Die Folge wäre eine zu hohe zusätzliche Biegungsspannung und eine Vergrößerung der Seilreibung, da diese auch von der Länge des aufliegenden Seilstückes abhängt. Roe benutzt deshalb die einfache Tragrolle nur für die Leerseite der Bahn bei ziemlich dicht aufeinander folgenden Stützen in ebenem Gelände, für die belastete Seite ordnet er mindestens zwei Tragrollen nebeneinander an. Beide Rollen sind in einem Hebel gelagert, der sich seinerseits wieder entsprechend der Seilrichtung um eine wagerechte Achse einstellen kann. Bei größeren Spannweiten oder schwierigeren Terrainverhältnissen wird die Unterstützung durch zwei Rollen bereits für die Leerseite ausgeführt, und auf der Lastseite werden zwei derartige Rollenpaare an einem großen Schwinghebel drehbar befestigt (Fig. 54), so daß der Übergang des Seiles über die Stützen auch unter den ungünstigsten Verhältnissen durchaus glatt erfolgt. Die Schwinghebel sind, um das Gewicht bei möglichst einfacher Herstellung recht niedrig zu halten, wieder als Hohlgußkörper aus Stahlguß ausgeführt.

Ein Schaubild einer solchen Stütze in einer Neigung 1 : 2 gibt Fig. 55. Eine aus vier Rundholzpfosten bestehende Holzstütze mit der gleichen Trag-

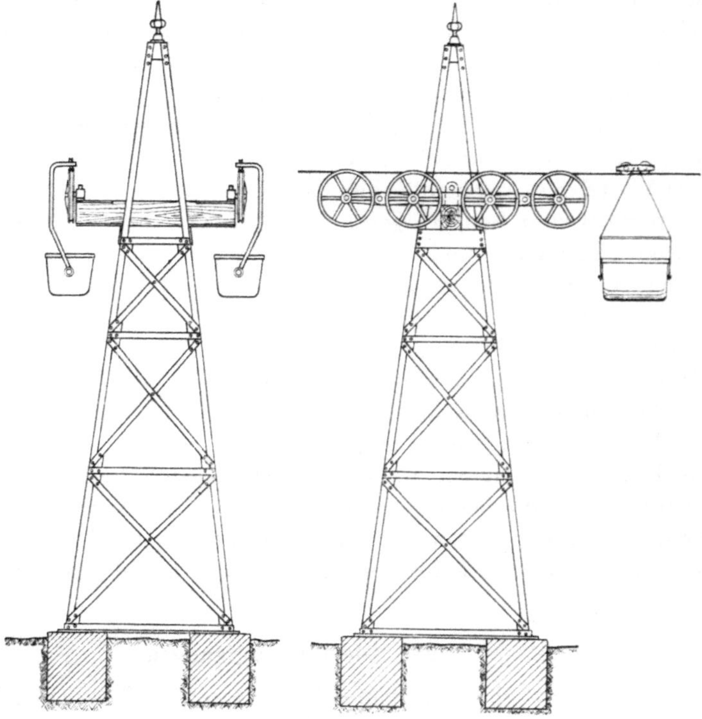

Fig. 54.

vorrichtung zeigt Fig. 56, woran auch deutlich der sanfte Übergang des Seiles in einem großen Bogen über die sich demgemäß einstellenden Rollen zu sehen ist. Bemerkenswert ist noch, daß die Pfosten nicht eingegraben, sondern zur Erhöhung der Lebensdauer mit Beton umgossen sind.

29. Die Linienführung.

Durch die vorbeschriebene Einrichtung ist es Roe und Bedlington, den beiden Konstrukteuren des Ropeways Syndicate, gelungen, freie Spannweiten bis 600 m zu überbrücken und die Linie im übrigen dem Gelände vollkommen anzuschließen. Ein besonders interessantes Beispiel hierfür bietet das Längsprofil Fig. 3 auf Tafel 1 einer Bahn, die bei der Gesamtlänge von 3750 m nur 17 Stützen benötigt und zwei Spannweiten

Fig. 56.

Fig. 55.

von je 600 m enthält. Allerdings ist die
Förderleistung eine sehr geringe, nur 5 t/St.
bei einem Wageninhalt von 200 kg, wobei sich
die Wagen in Abständen von ca. 400 m folgen.

Fig. 57 gibt das Längsprofil einer anderen
Anlage von 2600 m Länge für eine Leistung
von 30 t/St. in Einzellasten von 500 kg, die
auf der ganzen Länge 19 Stützen besitzt. Man
sieht auch hier, wie sich die Linienführung der
Bahn genau dem Gelände anpaßt und durchweg
ganz niedrige Stützen erzielt, indem die Auflagerpunkte in einer Parabel angeordnet werden, deren Durchhang in der Mitte etwa die
Hälfte des der Gesamtlänge des betreffenden
Abschnittes und der zugehörigen Seilspannung
entsprechenden beträgt.

Als normale Stützenentfernung kann etwa
der Abstand von 100 m angesehen werden.
Naturgemäß richtet sich die Wahl der Unterstützungspunkte im übrigen ganz nach dem
gegebenen Terrain. Um einen guten Anschluß
der Linie an das Gelände zu erreichen, wird
das Seil nicht so straff angezogen wie bei dem
System Hodgson. Die Wahl des Sicherheits-
faktors S richtet sich zum Teil nach dem ge-
wünschten Pfeil der die Auflagerpunkte ver-
bindenden Parabel.

30. Die Endstationen.

Die einfache Antriebsstation der Roeschen
Ausführung unterscheidet sich in keiner Weise
von der in Fig. 49 gezeichneten. Hat die Bahn
hinreichendes Gefälle, so vollzieht sich der Betrieb selbsttätig. Bei größeren Neigungen muß
die Umführungsscheibe in der oberen Station
noch gebremst werden, um die Fahrgeschwindigkeit in normalen Grenzen zu halten. Man
verwendet fast ausschließlich für diese Zwecke
Bandbremsen und gießt oft die Bremsscheibe
mit der Umführungsscheibe aus einem Stück,
wie Fig. 58 angibt. Zur Sicherheit werden
immer zwei solcher Bremsbänder angeordnet,

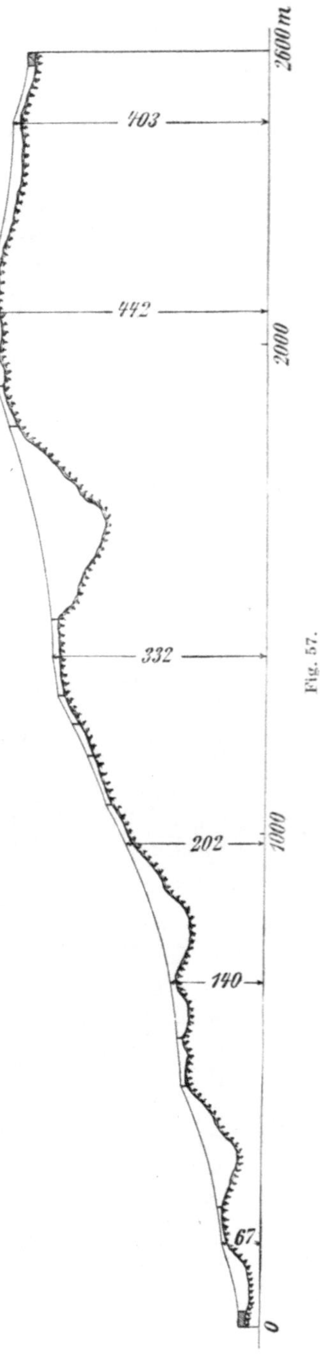

die vermittels eines Handrades und einer Schraube je nach den Umständen mehr oder weniger angezogen werden.

Bei den erheblichen Spannweiten und der dadurch bedingten Veränderung der Länge jedes Seilabschnittes unter dem Einfluß einer über die Spannweite hinwegbewegten Einzellast ist hier die Nachgiebigkeit der Endscheibe unumgänglich notwendig. Letztere bewegt sich deshalb mit ihrem Lager auf einer wagerechten Gleitbahn, die einfach durch Flachschienen hergestellt ist, die auf die Tragbalken geschraubt werden

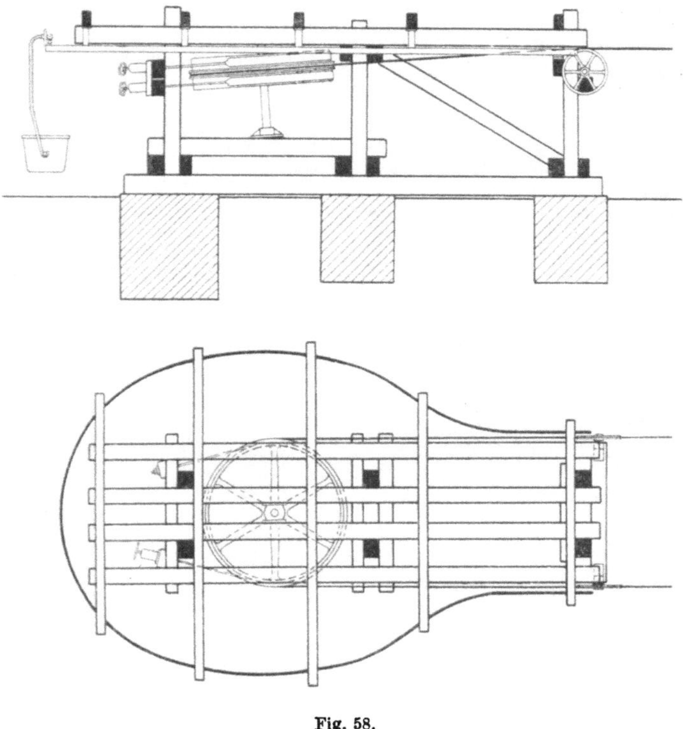

Fig. 58.

(Fig. 59). An den Lagern der anzuspannenden Seilscheibe greifen nun Zugstangen an, die an einem Gleitbock befestigt sind, der eine Achse mit zwei losen Rollen trägt. Ein dünndrähtiges Kabelseil, dessen beide Enden an dem durch die schräge Strebe gehaltenen Querbalken zwischen zwei Gußeisenplatten festgeklemmt sind, läuft nun über die Rollen des verschiebbaren Lagerbockes und von da über ein festgelagertes Rollenpaar am Ende der Gleitbahn nach dem Spanngewicht, das oben eine lose Rolle trägt, mit der es in die so gebildete Seilschleife eingehängt wird. Durch diese Anordnung wird erreicht, daß das Spanngewicht nur halb so groß ausfällt als der von den beiden umlaufenden Seiltrumen der

Bahn auf die Umführungsscheibe ausgeübte Zug, und das Kabelseil nur mit ¼ dieser Kraft beansprucht wird. Infolgedessen kommt man mit einem schwachen Seil aus, für das auch wieder kleine Umführungsrollen von etwa 0,8 m Durchmesser ausreichen. Genau genommen ist noch der Wirkungsgrad der Seilrollen zu berücksichtigen. Wird er für eine halb-

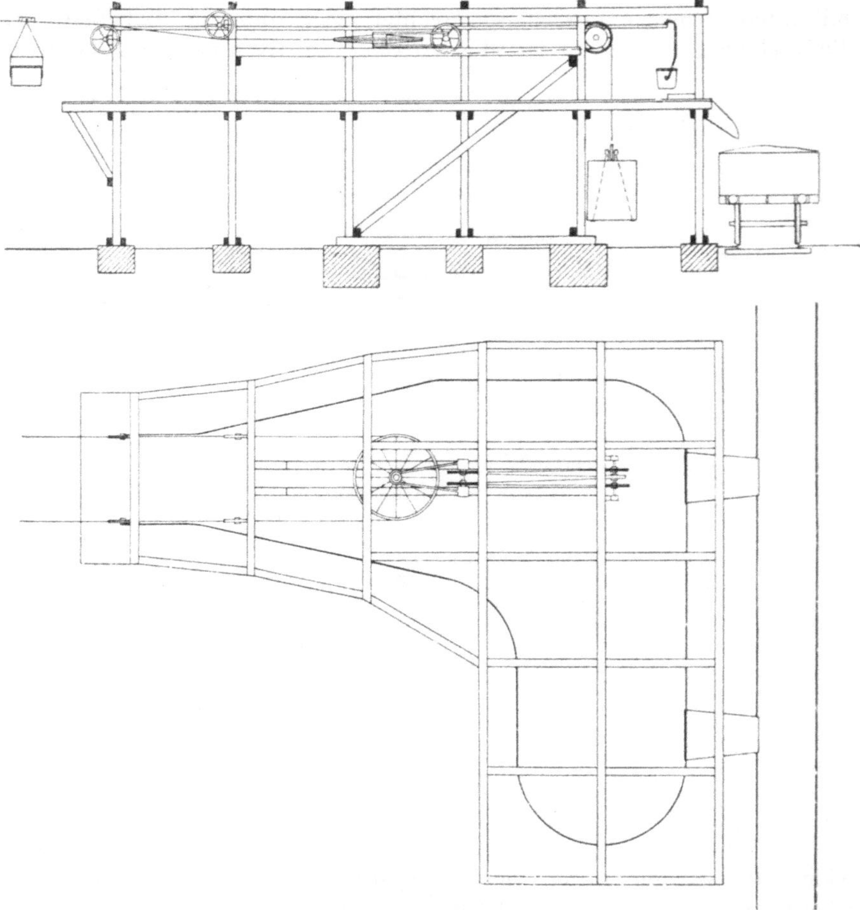

Fig. 59.

umspannte Rolle zu $\eta \sim 0,96$ geschätzt und für die viertelumspannte zu $\eta \sim 0,98$, so erhält man als Größe des Spanngewichtes

$$G = 0,96 \cdot 0,98 \cdot 0,96 \cdot \frac{Q}{2} \sim 0,45\,Q \,,$$

wenn Q die Größe der die Umführungsscheibe zurückhaltenden Zugkraft ist.

Im übrigen enthält die Station nichts Bemerkenswertes. Sie ist so hoch gebaut, daß die Fördergefäße im hinteren Teil der Station vermittels Schüttrinnen direkt in darunter stehende Eisenbahnwagen entladen werden können.

31. Besondere Konstruktionsangaben.

Die Seile werden nicht in der Weise durch Gleiten des Auflagerschuhes auf Abnutzung beansprucht wie bei dem System Hodgson, infolgedessen kommt man mit schwächeren Drähten und dünneren Seilen aus. Naturgemäß muß auch hier berücksichtigt werden, daß große Einzellasten stärkere Drähte fordern, da sie sonst durch die zwischen die Litzen greifenden Stahlnasen sehr bald zerdrückt würden. Für Nutzlasten bis zu 150 kg genügt gewöhnlich eine Drahtstärke von 1,3 bis 1,5 mm, entsprechend dem Seildurchmesser 12 bis 14 mm; für Nutzlasten von 300 kg wählt man meist ein Seil von 2 mm Drahtstärke, also 18 mm Durchmesser, für solche von 450 kg wird ein Seil von etwa 2,2 mm Drahtstärke, entsprechend 20 mm Durchmesser genommen, und für noch größere Lasten bis zu 600 kg etwa ein Seil von 22 bis 23 mm Durchmesser.

Auch die Fördergeschwindigkeit wird abhängig gemacht von der Größe der Nutzlast; bei kleineren Einzellasten bis zu 200 kg geht man bis zu 2,5 m/Sek. und darüber, für Lasten von 350 kg beträgt die Geschwindigkeit meist nur noch 1,5 m/Sek. und für große Lasten von 500 kg selten mehr als 1 m/Sek.

Die zum Antrieb erforderliche Leistung berechnet sich nach Gleichung (35) in Absatz 26:

$$N_1 = \frac{Q\,l}{135}\left(\frac{1}{2} + \frac{p}{P} + \frac{3,6\,q}{Q}\,v\right)\mu\,,$$

nur ist für den Widerstandskoeffizienten μ ein anderer Wert als dort einzuführen: Als Zahlenwert des Rollenreibungskoeffizienten kann allgemein $s = 0,003$ m angenommen werden, der Rollendurchmesser d_1 beträgt gewöhnlich, wie bei dem System Hodgson, 0,6 m, während der Zapfendurchmesser d_2 im Mittel 0,05 m ist; damit wird unter Fortfall des Zahlenfaktors, da die Zapfen fest in den Schwinghebel gelegt sind,

$$\mu = \frac{2 \cdot 0,003 + 0,07 \cdot 0,05}{0,6} = \frac{16}{1000}\,. \tag{36}$$

Dazu kommt bei dem Höhenunterschied $h\,m$ der beiden Endstationen noch die Leistung

$$N_2 = \frac{Q\,h \cdot 1000}{75 \cdot 3600} = \frac{Q\,h}{270}\,\text{PS}\,,$$

die positiv zu rechnen ist, wenn die Förderung nach aufwärts erfolgt, und negativ bei Abwärtsförderung. Schließlich ist noch ein Zuschlag zu machen:

$$N_3 = 0,5 - 1,5\,\text{PS}\,,$$

der die in den Stationen bei den verschiedenen Ablenkungen des Seiles und im Antriebsvorgelege auftretenden Verluste berücksichtigt.

III. Seilbahnen mit festen Gefäßen.

32. Die konstruktive Ausbildung.

Für kleine Gesamtförderleistungen und Einzellasten wird das englische System bisweilen in der Weise abgeändert, daß die meist plattformartig ausgebildeten Förderkübel fest mit dem Seil verbunden sind und auf beiden Endstationen mit um die Endseilscheibe laufen. Die Befestigung der Fördergefäße am Seil erfolgt bei neueren Ausführungen fast ausschließlich dadurch, daß eine Schraubenklemme das Seil faßt und das Lastgehänge gleich an dem Schraubenbolzen vermittels eines Auges aufgehängt ist, wie Fig. 60 nach einer Ausführung von Bullivant & Co. angibt. Von Zeit zu Zeit müssen die Gefäße versetzt werden, damit das Seil in der Klemmvorrichtung, wo es nicht geschmiert werden kann, nicht rostet.

Da die Last mit dem Seil sicher verbunden ist, so kann eine derartige Anlage bedeutende Steigungen überwinden. Andererseits kann man die Linienführung dem Gelände vollständig anpassen, indem man das Seil entsprechend wenig spannt. Große Spannweiten gestattet die Befestigung des Fördergefäßes nicht, da das Seil dann infolge des bedeutenden Durch-

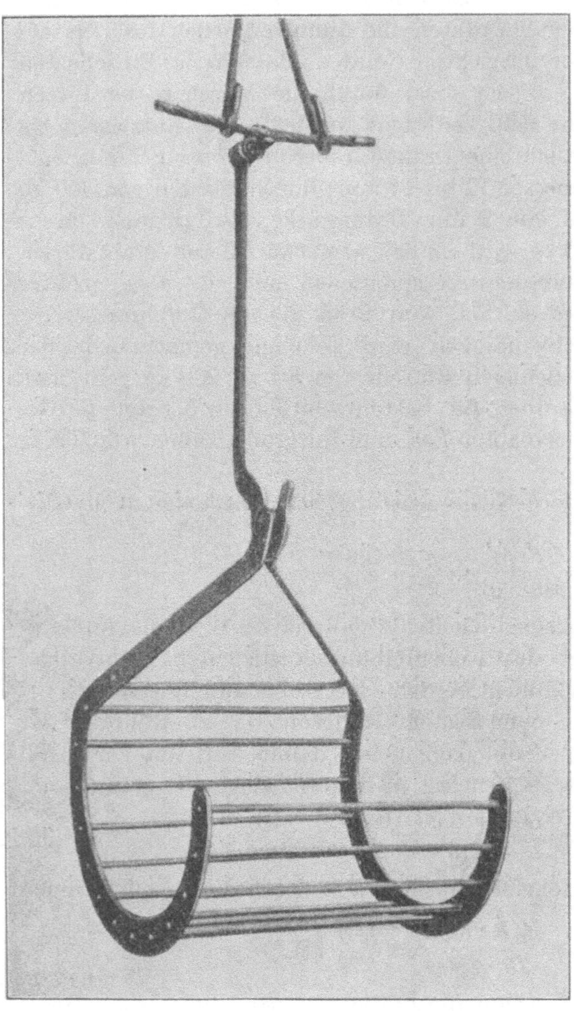

Fig. 60.

hanges an der ja nur sehr kurzen Angriffsstelle der Last nahezu geknickt würde. So ergeben sich als mittlere Stützenentfernungen je nach dem Abstand der Lasten 50—75 m, die in Einzelfällen bis auf etwa 120 m vergrößert werden können. Schließt man sich mit der Linienführung dem Tal zu sehr an, so kann leicht bei einzelnen Stützen Abheben des Seiles eintreten. Um das zu verhüten, erhalten die gefährdeten Stützen auf jeder Seite der Tragscheibe eine kleinere Druckrolle.

Wenn die Be- und Entladung von Hand erfolgen soll, wobei die Last entsprechend verpackt sein muß, so wird gewöhnlich die Förder-

Fig. 61.

geschwindigkeit auf 0,5 m/Sek. ermäßigt. Als größte Geschwindigkeit gilt etwa 1 m/Sek., wobei die Entladung schon durch Auskippen des Förderkübels bewirkt werden muß. Voraussetzung ist dabei, daß die Förderlasten immer noch handlich ausfallen, also 50 kg keinesfalls überschreiten. Fig. 61 läßt die Auskippvorrichtung deutlich erkennen. Der dargestellte Teil einer von Bullivant & Co. in Ceylon ausgeführten Bahn enthält auch einige ziemlich bedeutende Spannweiten, die nur durch das verhältnismäßig geringe Gewicht der Einzellast (Teeblätter in Säcken) ermöglicht wird. Trotzdem erleidet das Seil schon dicht bei der Stütze einen deutlich erkennbaren Knick.

Die Umführungsscheibe in der tiefer gelegenen Station muß verschiebbar gelagert sein. Die Spannvorrichtung kann entweder selbsttätig wirken, oder auch, wie bei vielen Bullivantschen Ausführungen, aus einem von Hand anzuziehenden Flaschenzug bestehen.

Die Stärke des Förderseiles ist im allgemeinen 12 bis 13 mm.

33. Die Förder- und Antriebsleistung.

Wird bei der Seilgeschwindigkeit 1 m/Sek. und der größten Einzellast von 50 kg mit einer Wagenfolge von 30 m Abstand gerechnet, die bei dem beschriebenen System wohl als dichteste Folge gelten dürfte — gewöhnlich ist der Abstand 50 m und mehr —, so ergibt sich als größte stündliche Förderleistung $Q = 2 \cdot 60 \cdot 50 = 6000$ kg. Man erkennt, daß diese Ausführungsform nur untergeordnete Bedeutung hat.

Die Antriebsleistung berechnet sich nach den Angaben in Absatz 31. Als Widerstandskoeffizient ist für Ausführungen nach Hodgson etwa $\mu = \dfrac{25}{1000}$ und für solche nach Roe $\mu = \dfrac{16}{1000}$ einzusetzen.

C. Das deutsche Seilbahnsystem.

I. Zweigleisige Bahnen mit ständig umlaufendem Zugseil.

34. Die Stärke der Tragseile.

Man wählt die Konstruktion und Stärke der Tragseile mit Rücksicht auf die Größe der darüberrollenden Lasten und ihre Häufigkeit; auch die größte freie Spannweite spielt dabei insofern eine Rolle, als bei großen Spannweiten die Seile oft um 2 bis 3 mm verstärkt werden. Da hier nur rollende Reibung auftritt, so findet auch bei langjährigem Betrieb nur ein ganz geringer Verschleiß statt, wenn das Seil richtig bemessen wird.

Das von den leeren Wagen befahrene Seiltrum wird meist in Spiralkonstruktion ausgeführt. Unter gewöhnlichen Betriebsverhältnissen, d. h. bei Belastung mit Wagen von etwa 150 bis 200 kg Gewicht und einer Folge von etwa zwei Wagen in der Minute, wird es 22 bis 23 mm stark genommen; wiegen die leeren Wagen nur etwa 110 kg, so kommt man mit einem Seil von 20 mm Stärke aus. Bei Belastung mit 200 bis 250 kg, also mit Wagen für große Einzellasten, erhält das Seil 24 bis 25 mm Durchmesser, bei noch größeren Lasten geht man bis 28 mm Stärke, der eine Belastung von 350 kg einschließlich des ja von den Wagen getragenen Zugseilgewichtes entspricht. Verkehren auf dem Seiltrum häufig Wagen, die Güter nach der Ausgangsstation zurückbringen, so werden die Seile auf 30 bis 32 mm Durchmesser verstärkt, letzteres wenn regelmäßig größere Lasten zurückbefördert werden.

Das Seiltrum für die beladenen Wagen wird bei Nutzlasten von 200 kg meist 30 mm stark gewählt, bei 250 bis 350 kg gewöhnlich 32 bis 33 mm, bei Lasten von 500 bis 600 kg 35 bis 36 mm und bei noch höheren bis zu etwa 800 kg 38 mm stark.

Dabei ist die Ausführung als Spiralseil gedacht; verschlossene Seile können 2 mm schwächer gehalten werden, außer wenn die Linie über Bergkuppen oder dergl. führt, wo infolge der starken Richtungsänderung von dem am Wagen befestigten Zugseil ein ganz erheblicher Druck auf die Laufbahnen ausgeübt wird. Wird in solchen Fällen ausnahmsweise nicht die verschlossene Konstruktion genommen, so ist das Seil etwa 2 bis 3 mm zu verstärken und natürlich die ganz hart gezogene Stahlqualität von 14500 kg/qcm Zerreißfestigkeit zu verwenden. Bei vorübergehenden Anlagen, wie sie z. B. bei größeren Bauten vorkommen, können die obigen Zahlen, die Mittelwerte aus zahlreichen Ausführungen deutscher Firmen bilden, um einige Millimeter unterschritten werden; dagegen ist eine Erhöhung notwendig, wenn die Wagen sehr dicht hintereinander folgen.

Allerdings wird die Wahl der Seilstärke oft noch durch andere Gesichtspunkte beeinflußt. Wenn für eine Anlage nur ein sehr geringes Kapital zur Verfügung steht, so weicht man natürlich, um den Bau überhaupt zu ermöglichen, von den obigen Angaben nach unten ab. Auch Konkurrenzrücksichten spielen bisweilen dabei eine große Rolle, weswegen man im Auslande oft etwas schwächere Seile verlegt.

Größere Nutzlasten als 800 kg in einem Wagen nimmt man bei Seillaufbahnen nur ungern, einerseits weil dann auch bei der verschlossenen Konstruktion schon ein größerer Verschleiß der Seile bemerkbar wird, und andererseits weil die Durchbiegung auf der freien Strecke dann oft zu groß ausfällt. Auf einige Ausnahmen wird in Absatz 58 näher eingegangen werden.

35. Die Auflagerschuhe.

Die Tragseile werden auf gußeisernen Tragschuhen gelagert, die nach einem möglichst großen Halbmesser gekrümmt sind und je nach dem auf die Stützen übertragenen Druck und der zu erwartenden Durchbiegung des Seiles 0,6 bis 0,9 m Länge haben. Eine Abbildung eines

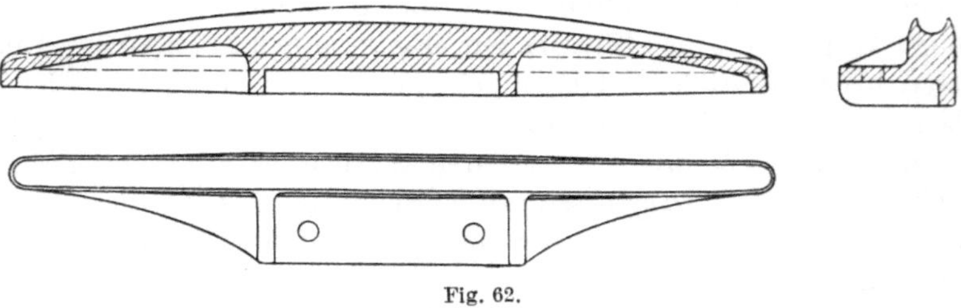

Fig. 62.

solchen Schuhes von 0,6 m Länge, der etwa 20 kg wiegt, gibt Fig. 62. Bei großen Spannweiten oder bedeutenden Richtungsänderungen des Seiles werden naturgemäß die längeren Tragschuhe angewendet.

Immerhin legt sich bisweilen, besonders bei großen Einzellasten, das Seil in einem Knick gegen die Spitze des Schuhes, wodurch an der Stelle eine recht erhebliche Abnutzung und sogar ein Seilbruch eintreten kann. Th. Otto & Comp. in Schkeuditz haben deshalb für solche Fälle einen pendelnden Auflagerschuh konstruiert, dessen Grundgedanke dem der Roeschen Seilunterstützung entspricht. Der Schuh ist drehbar auf einem

Zapfen gelagert, der seinerseits mit der Unterstützung verschraubt ist
(Fig. 63). Zur Sicherung gegen Abgleiten von dem Zapfen greift ein
Sperrstück in eine Ausdrehung des Zapfens ein. Die Figur zeigt noch,
wie die Wagenräder auf dem entsprechend überhöhten Tragschuh laufen.
Dadurch wird erreicht, daß das Tragseil nicht seitlich von der Stütze

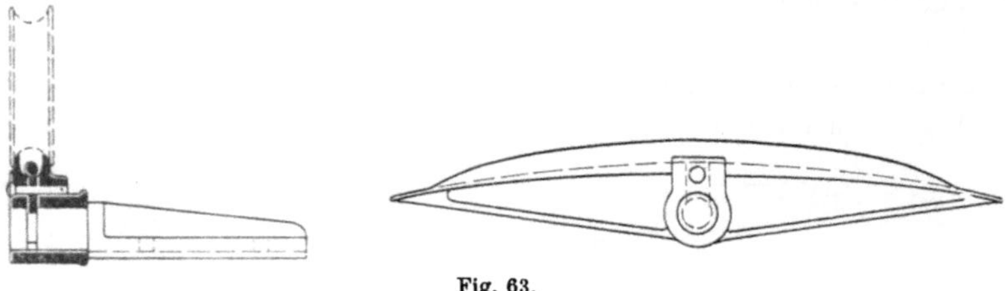

Fig. 63.

herabfallen kann, und ferner wird es wie auf der freien Strecke nur auf
einer Seite beansprucht.

Eine ganz andere Art der Auflagerung verwendet die Firma R. White
& Sons in Widnes, Lancashire. Um in der Linienführung vollständig

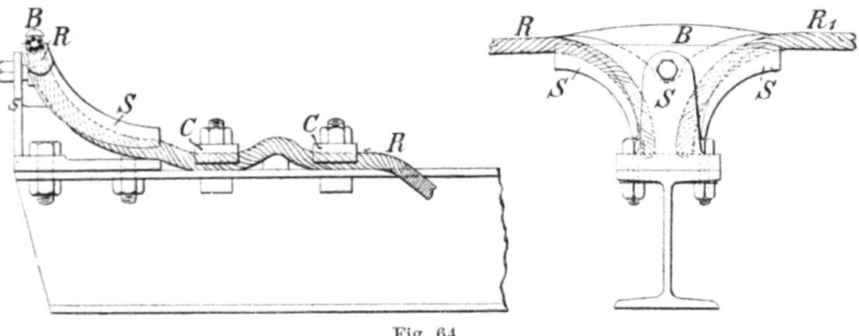

Fig. 64.

freie Hand zu haben, ohne Rücksicht auf scharfe Bruchpunkte oder seitliche Ablenkungen nehmen zu müssen, legt die Firma das Seil auf jeder
Stütze fest. Die beiden Seilenden R und R_1 werden über einen Gußeisen-
sattel S gelegt und dann mit Hilfe von Klammern C an der Unterstützung
befestigt (Fig. 64). Um die Wagen von einem Seilende auf das andere
überzuleiten, befindet sich dazwischen ein pendelndes, an beiden Seiten
zugeschärftes Laufstück B.

36. Die Stützen.

Die Stützpfosten werden gewöhnlich, außer wenn es sich um große
Höhen oder besonders schwere Lasten handelt, oder wo auf ein gefälliges
Aussehen Wert gelegt wird, aus Holz hergestellt; häufig in der Weise,
daß die Hauptpfähle etwa 1,5 m tief in das Erdreich eingegraben und dann
fest umstampft werden. Zweckmäßig ist es, sie auf gemauerte Funda-

mente zu setzen, da hierdurch die Lebensdauer nahezu verdoppelt wird.
Eine Zeichnung einer derartigen Stütze von etwa 10 m Höhe gibt Fig. 65
nach einer Ausführung von Th. Otto & Comp. Der Holzbedarf hierfür
stellt sich auf etwa 2,5 cbm Rundholz und 1 cbm Kantholz; dazu kommen
noch etwa 40 kg Eisen als Verbandschrauben, Anker, Ankerplatten und
Unterlagescheiben.

Eine hölzerne Stütze von 25 m Höhe mit gußeisernen Schuhen für
die Hauptpfosten und gußeisernen Konsolen für den oberen Querriegel
zeigt Fig. 66 nach einer Konstruktion von J. Pohlig. Die vier Pfosten

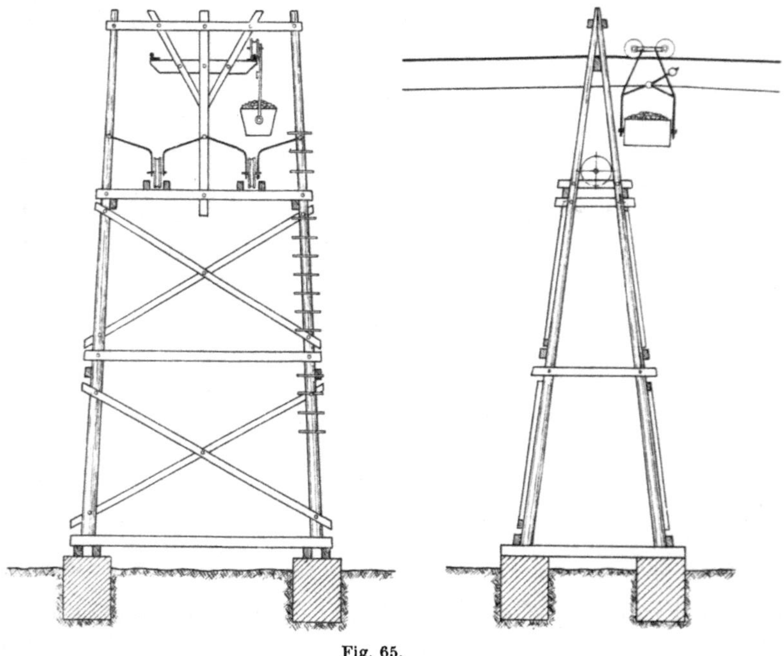

Fig. 65.

sind durch Querhölzer und Rundeisendiagonalen miteinander in sicherer
Weise verbunden. Eine recht einfache Anordnung, die von J. Pohlig
oft zur Verminderung der Beschaffungskosten ausgeführt wurde, ist in
Fig. 67 dargestellt. Die zwei miteinander durch Querhölzer verbundenen
Tragpfosten werden durch acht, in vier Mauerblöcken verankerte Spann-
seile in ihrer Stellung gesichert.

Eine besonders schwere Stützenkonstruktion für einen langen Trag-
schuh, der in einem scharfen Bruchpunkt nach einer größeren freien
Spannweite angeordnet ist, zeigt Fig. 68 nach einer Ausführung von
Carstens & Fabian in Magdeburg. Eine ganz niedrige Stütze mit
pendelnden Auflagerschuhen gibt Fig. 69 nach einer Ausführung von
Th. Otto & Comp.

Eiserne Stützen können in ähnlicher Weise montiert werden, wie die
in Fig. 67 gezeichnete Holzstütze, nur werden gewöhnlich die aus U-Eisen
gebildeten Pfosten mit Fundamentblöcken aus Stampfbeton umgeben.

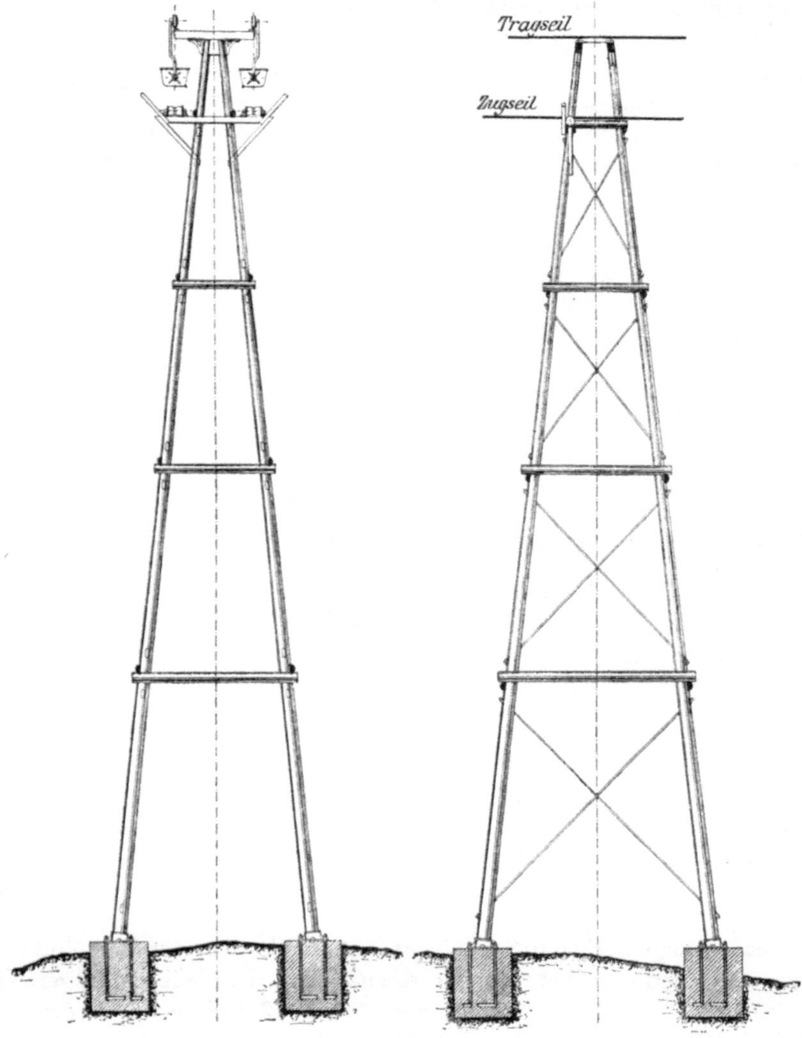

Fig. 66.

Die üblichste Form der eisernen Unterstützungen ist die in Fig. 70 dargestellte mit vier aus Winkeleisen bestehenden durchgehenden Pfosten,
die durch L-Schienen und Flacheisendiagonalen miteinander verbunden
werden. Das Gewicht derartiger Stützen beträgt bei normalen Ausführungen für Höhen zwischen 6 und 15 m etwa 160 kg/m; muß die Stütze

aus besonderen Gründen kräftiger ausgeführt werden, wie z. B. in scharfen Bruchpunkten, so vergrößert sich das Gewicht je nach der Höhe um etwa 150 bis 350 kg. Eine Stütze von 4 m Höhe wiegt bei normaler Ausführung 750 kg, eine solche von 25 m Höhe 6000 kg.

Bei leichten aber sperrigen Lasten können die im Winde pendelnden Wagen an die nach Fig. 70 gebaute Stütze anschlagen. Man muß deshalb in solchen Fällen eine weit auseinandergezogene Form wählen, die dem Oberbau der in Fig. 44 dargestellten Anordnung entspricht. Naturgemäß sind derartige Stützen wesentlich schwerer als die normale Konstruktion.

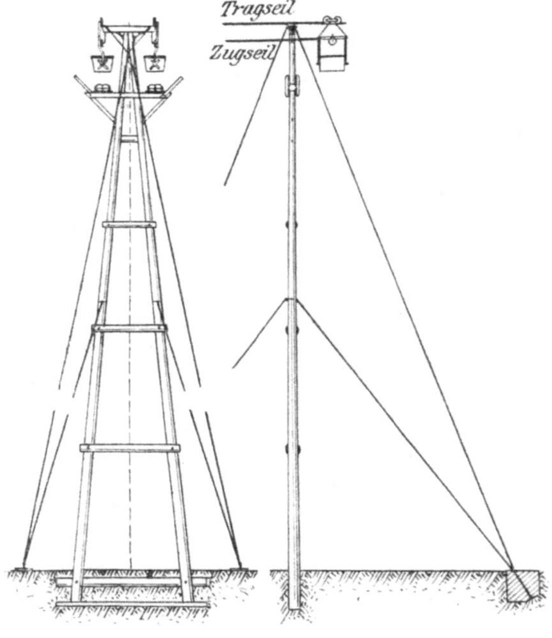

Fig. 67.

Beansprucht werden die Stützen durch das Gewicht der Seile und der Wagen, ferner durch den von der Anspannung der Seile herrührenden Druck, dessen Größe am Anfang des Absatz 13 berechnet worden ist und der in Bruchpunkten einen erheblichen Betrag erreichen kann, sowie schließlich in wagerechter Richtung durch die Reibungswiderstände der Tragseile in den Auflagerschuhen und den Winddruck. Da der Winddruck senkrecht zur Bahnrichtung, der auch auf die Seile wirkt, wesentlich größer ist als der in der Bahnrichtung verlaufende zuzüglich der Reibungskraft, falls nicht besondere Fälle vorliegen, so ist gewöhnlich mit Wind von der Seite zu rechnen.

Fig. 68.

Beispielsweise werde die statische Berechnung einer $h = 10$ m hohen
Eisenstütze nach Fig. 70 durchgeführt. Auf der einen Seite befinde sich eine
Spannweite von $l_1 = 150$ m, auf der anderen eine größere von $l_2 = 530$ m;
die erstere verlaufe wagerecht, die größere habe die Senkung $b = 25$ m. Die
Wagen von $p = 160$ kg Eigengewicht tragen eine Nutzlast von $P = 400$ kg
und folgen sich in Abständen $c = 120$ m. Das verschlossene Tragseil
für die beladenen Wagen von $d_1 = 35$ mm Durchmesser wiege $q_1 = 7{,}10$ kg/m,
das Spiralseil für die leeren Wagen von $d_2 = 22$ mm Durchmesser
$q_2 = 2{,}42$ kg/m, das Litzenseil von $d_3 = 14$ mm Durchmesser $0{,}72$ kg/m.

Fig. 69.

Beide Tragseile von $K_z = 12000$ kg/qcm Zerreißfestigkeit werden mit
6facher Sicherheit im Abstand $e = 1{,}83$ m verlegt.

Befindet sich gerade ein Wagen auf der Stütze, der mit dem zugehörigen Zugseilstück $G = p + P + q \cdot c$ wiegt, so ist das auf den Auflagerschuh wirkende Wagengewicht

$$Q = G\left(1 + \frac{l_1 - c}{l_1} + \frac{l_2 - c}{l_2} + \frac{l_2 - 2c}{l_2} + \frac{l_2 - 3c}{l_2} + \frac{l_2 - 4c}{l_2}\right)$$

$$= G\left(1 + \frac{30}{150} + \frac{410}{530} + \frac{290}{530} + \frac{170}{530} + \frac{50}{530}\right) \sim 2{,}94\,G$$

Somit erfährt die Seite des beladenen Wagens den Druck

$$Q_1 = 2{,}94\,(160 + 400 + 0{,}72 \cdot 120) \sim 1910\ \text{kg},$$

die Seite der leeren Wagen

$$Q_2 = 2{,}94\,(160 + 0{,}72 \cdot 120) \sim 720\ \text{kg}\ .$$

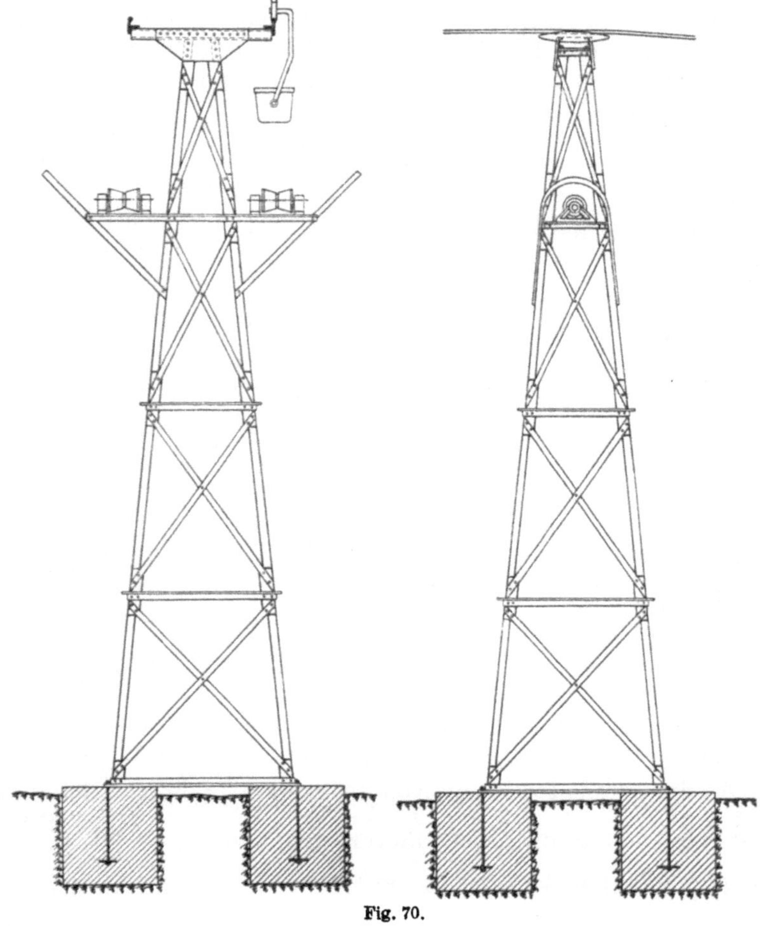

Fig. 70.

Nun ist der wagerecht gerichtete Seilzug $H = q \cdot C$; damit ergibt sich nach Absatz 13 der Stützendruck

$$V = \left(q\,\frac{l}{2} \pm q\,\frac{b}{a} \cdot C\right).$$

ür die Seite der beladenen Wagen erhält man daraus mit $C = 2300$

$$V_1 = 7{,}10\left(\frac{1}{2} \cdot 150 + \frac{1}{2} \cdot 530 + \frac{25}{530} \cdot 2300\right) \sim 3180\ \text{kg},$$

für die Leerseite mit $C = 2400$

$$V_2 = 2{,}42 \left(\frac{1}{2} \cdot 150 + \frac{1}{2} \cdot 530 + \frac{25}{530} \cdot 2400 \right) \sim 1100 \text{ kg.}$$

Dabei wird angenomemn, daß die Stütze an der höchsten Stelle der Bahn steht.

Zu diesen senkrechten Belastungen kommt die wagerechte durch den Winddruck. Als Druckfläche eines Wagens gelte das Rechteck $F_0 = 0{,}8 \cdot 0{,}75 = 0{,}6$ qm. Dann ist nach Absatz 14 der auf einen Wagen einschließlich Zugseil wirkende Winddruck

$$P' = 0{,}122 \, v^2 \cdot F_0 + \frac{1}{1250} \, v^2 \cdot d \cdot c \, ,$$

worin als größte Windgeschwindigkeit etwa $v \sim 35$ m/Sek. einzusetzen ist. Damit folgt

$$P' = 35^2 \left(0{,}122 \cdot 0{,}60 + \frac{1}{1250} \cdot 1{,}4 \cdot 120 \right) \sim 255 \text{ kg.}$$

Auf den Auflagerschuh wirkt demnach der wagerechte Druck

$$P = 2{,}94 \, P' + \frac{1}{1250} \, v^2 d \, \frac{l_1 + l_2}{2} \, ,$$

so daß auf die Lastseite kommt

$$P_1 = 2{,}94 \cdot 255 + \frac{1}{1250} \cdot 35^2 \cdot 3{,}5 \cdot \frac{150 + 530}{2} \sim 1910 \text{ kg}$$

und auf die Leerseite

$$P_2 = 2{,}94 \cdot 255 + \frac{1}{1250} \cdot 35^2 \cdot 2{,}2 \cdot \frac{150 + 530}{2} \sim 1480 \text{ kg.}$$

Die Verbindungsbleche an den oberen Querriegeln, auf welchen die Auflagerschuhe liegen, haben eine Breite von 1,2 m und eine Höhe von 0,4 m. An der Anschlußstelle, die von der Seilmitte rund $\lambda = 35$ cm entfernt ist, besteht also die größte Biegungsspannung $k_b = \dfrac{(Q_1 + V_1) \cdot \lambda}{W}$, woraus mit $k_b = 1000$ kg/qcm für Flußeisen das Widerstandsmoment folgt

$$W = \frac{(1910 + 3180) \cdot 35}{1000} = 178{,}2 \text{ cm,}$$

dem das Profil [ ] Nr. 14 mit $W = 172{,}8$ cm entspricht.

Infolge des seitlichen Winddruckes kommt dazu die geringe Zug- bzw. Druckbeanspruchung

$$k = \frac{P_1}{F} = \frac{1910}{2 \cdot 20{,}4} = 47 \text{ kg/qcm.}$$

Weil die Windkraft P_1 um etwa $6 + 7 = 13$ cm exzentrisch angreift, so ergibt das noch eine Zusatzspannung

$$k_b = \frac{P_1 \cdot 13}{W} = \frac{1910 \cdot 13}{172,8} = 144 \text{ kg/qcm}.$$

Da bei der größten Anspannung mit Berücksichtigung des Winddruckes $k = 1600$ kg/qcm zugelassen werden kann, so genügen die obigen Abmessungen vollkommen.

An der Stelle, wo die Verbindungsbleche aufhören, haben die vier Winkeleisen den Abstand $r = 0,4$ m, von Außenkante bis Außenkante gemessen. Es greift dort an die Druckkraft $Q = Q_1 + Q_2 + V_1 + V_2 + G'$, worin $G' \sim 110$ kg das Gewicht der Auflagerschuhe, Querriegel usw. ist: $Q = 7020$ kg .

Ferner wirkt auf Biegung das Lastmoment

$$M_1 = (Q_1 + V_1 - Q_2 - V_2) \frac{e}{2}$$

$$= (1910 + 3180 - 720 - 1100) \frac{183}{2} \sim 299000 \text{ cmkg}$$

und das Winddruckmoment

$$M_2 = (P_1 + P_2) \cdot 46 = (1910 + 1480) \, 46 \sim 157000 \text{ cmkg} ,$$

worin schon ein Zuschlag für den Winddruck auf das über dem Querschnitt liegende Stützenstück steckt.

Aus der Gleichung $k = \dfrac{Q}{F} + \dfrac{M_1}{F\frac{r}{2}}$ folgt mit $k = 1000$ kg/qcm

$$F = \left(7020 + \frac{299000}{20}\right) \frac{1}{1000} \sim 22 \text{ cm}.$$

Dies ergibt mit Berücksichtigung der Schwächung durch Nietlöcher vier Winkeleisen Nr. 5 von $F = 4 \cdot 6,56$ qcm. Das Winddruckmoment verursacht noch eine Zusatzspannung $k_b = \dfrac{M_2}{F\frac{r}{2}} = \dfrac{157000}{4 \cdot 6,56 \cdot 20} = 299$ kg/qcm , so daß die Abmessungen genügen.

Der unterste Querschnitt aus denselben vier Winkeleisen wird beansprucht durch die Druckkraft

$$Q + G = 6910 + 10 \cdot 160 \sim 8500 \text{ kg,}$$

das Biegungsmoment $M_1 \sim 299000$ cmkg,
die beiden Winddruckmomente

$$M_2' = (P_1 + P_2) \cdot 1000 = 3390000 \text{ cmkg}$$

und

$$M_2'' \sim (3 \cdot 0,05 \cdot 10 + 1,5 \cdot 0,05 \cdot 6,5 + 3 \cdot 0,05 \cdot 1,15) \cdot 0,122 \cdot 35^2 \cdot 500$$
$$\sim 277000 \text{ cmkg.}$$

In den Summanden gibt das erste Glied die Fläche der Winkeleisenpfosten, wobei die beiden hinteren nur halb gerechnet werden, das zweite

die der Querversteifungen und das letzte die der Diagonalen. Der Hebel-
arm ist, um die oberen Nebenteile noch zu berücksichtigen, zur Hälfte
der Höhe eingesetzt worden.

Damit erhält man den unteren Abstand aus $k = \dfrac{Q}{F} + \dfrac{M}{\frac{F'}{2}}$ zu

$$r = \frac{2\,M}{F\,k - Q} = \frac{2\,(299\,000 + 3\,399\,000 + 277\,000)}{4 \cdot 6{,}56 \cdot 1600 - 8500} \sim 240 \text{ cm},$$

so daß die Neigung der Streben 1 : 10 beträgt. Ohne Winddruck beläuft sich die Beanspruchung auf

$$k = \left(8500 + \frac{299\,000}{120}\right) \cdot \frac{1}{4 \cdot 6{,}56} = 420 \text{ kg/qcm.}$$

Die größte in einem Pfosten auftretende Knickkraft ist nun $P = F \cdot k_b$.
Damit folgt aus der Eulerschen Gleichung für auf einer Seite ein-
gespannte und auf der anderen frei geführte Stäbe die freie Länge

$$l = \sqrt{\frac{2\,\pi^2 \cdot E \cdot J \cdot \mathfrak{S}}{F \cdot k_b}} = \sqrt{\frac{2 \cdot \pi^2 \cdot 2\,150\,000 \cdot 6{,}02 \cdot 5}{6{,}56 \cdot 1600}} = 246 \text{ cm.}$$

Um bei höheren Stützen den Platzbedarf zu verringern, wird der
untere Teil aus stärkeren Winkeleisen hergestellt und noch durch ein
in der Mitte jeder Pyramidenseite angeordnetes ⌐-Eisen verstärkt, wie
Fig. 71 zeigt, die eine 40 m hohe Ausführung von J. Pohlig veranschaulicht. Dabei können dann die unteren Teile der Strebe steiler stehen
als die oberen.

Die vier quadratischen Fundamentblöcke werden 1,3 m tief und
1,25 m breit angenommen; ihr Gewicht ist dann

$$G_0 = 4 \cdot 1{,}25^2 \cdot 1{,}3 \cdot 1600 = 13\,000 \text{ kg.}$$

Dazu kommt das Gewicht $Q + G = 8500$ kg, so daß die Bodenbelastung
21 500 kg beträgt, die wegen der Biegungsmomente

$$M_1 = 299\,000 \text{ cmkg,}$$
$$M_2 = 3390 \cdot 1130 \sim 3\,831\,000 \text{ cmkg,}$$
$$M_3 = 277\,000 \cdot \frac{630}{500} \sim 349\,000 \text{ cmkg}$$

exzentrisch angreift um den Betrag

$$a = \frac{299\,000 + 3\,831\,000 + 349\,000}{21\,500} = 162 \text{ cm.}$$

Infolgedessen heben sich die auf der anderen Seite gelegenen Fundamente
vom Erdboden ab, und es liegt nur ein Streifen von der dreifachen Breite
der Entfernung zwischen Druckkraft und Druckkante fest auf[1]), also
die Fläche

$$2 \cdot 125 \cdot 3 \left(\frac{240 + 125}{2} - 162\right) = 16\,250 \text{ qcm.}$$

---

[1]) Stephan, Die technische Mechanik Bd. II, S. 99.

Damit erhält man als größte Kantenpressung

$$k = \frac{2 \cdot 21500}{16250} = 3{,}14 \text{ kg/qcm,}$$

was bei gutem Sandboden zulässig ist, da diese Belastung nur ausnahmsweise eintritt. Die Fundamente für besonders hohe Stützen werden,

Fig. 71.

wenn sie nicht auf Felsboden errichtet werden, vorteilhaft als geschlossene
Mauerquadrate von verhältnismäßig geringer Stärke, 3 bis 4 Steine,
ausgeführt.

Eine Stützenkonstruktion ohne Fundamente hat die Firma R. White
& Sons mehrfach für sogenannte transportable Seilbahnen ausgeführt

Die beiden, miteinander durch Diagonalen versteiften Streben, die aus einem Hängebahnschienenprofil gebogen sind, werden einfach auf einen Rahmen aus Holzbohlen festgeschraubt und durch darauf gelagerte Lasten und seitliche Spannseile gehalten.

37. Die Zugseiltragrollen.

Da das Zugseil bei den Bahnen nach deutschem System im allgemeinen nur wenig.gespannt ist, so hängt es zwischen den Wagen ziemlich weit durch und muß deshalb auf den Stützen oberhalb der ersten Querverbindung unter den Tragschuhen ebenfalls gelagert werden.

Die Art der Unterstützung ist bereits durch die vorhergehenden Figuren mehrfach erläutert. Um das Seil unter allen Umständen auf das

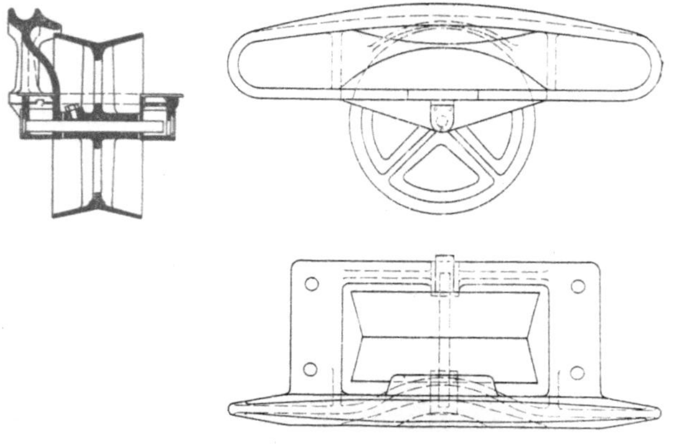

Fig. 72.

Tragrollen zu bringen, dienen die Rundeisenführungen in Fig. 68 oder die Flacheisenbügel bzw. Holzlatten der Fig. 70 und 66.

Die Gußeisenrollen erfahren nun eine starke Abnutzung, weshalb man sie entweder ganz besonders leicht ausführt, etwa nach Fig. 74, so daß die Erneuerung nur geringe Kosten verursacht, oder um eine längere Haltbarkeit zu erzielen, eine recht schwere Konstruktion mit starkem Laufmantel wählt, die in der Mitte noch durch einen Wulst verstärkt ist (vgl. Fig. 72). Das Gewicht einer solchen Schutzrolle mit den Lagern beträgt etwa 25 kg.

Als zweckmäßigste Ausführung hat sich eine Verbindung beider Gesichtspunkte herausgestellt, eine gußeiserne Rolle mit schwerem Laufmantel, der in der Mitte, wo das Seil am stärksten angreift, mit einem leicht auswechselbaren Schmiedeeiseneinsatz versehen ist. Da die normalen Wagen je nach dem Inhalt des Wagenkastens eine von Oberkante Tragseil bis Unterkante des Wagenkastens gemessene Höhe von 1,75 bis

1,90 m haben, so ist damit die Höhenlage der Zugseiltragrollen festgelegt, die naturgemäß so hoch als möglich angeordnet werden sollen.

Die Rollen sind auf schmiedeisernen Achsen festgekeilt, deren Zapfen in Gußeisenlager laufen, die mit konsistentem Fett geschmiert werden; vielfach werden die Lager noch mit Weißmetall ausgegossen. Der Durchmesser der Rollen beträgt bei der Ausführung mit breitem Mantel etwa 0,2 m, bei der leichten Ausführung etwa 0,25 bis 0,3 m. Th. Otto & Comp. verwenden bei scharfen Übergängen große Zugseilrollen von 0,6 m Durchmesser mit schmiedeisernen Speichen.

Besondere Auflagerkonstruktionen für das Zugseil werden bei der Ottoschen Anordnung nötig, wo das Zugseil oberhalb des Laufseiles mit dem Wagen ver

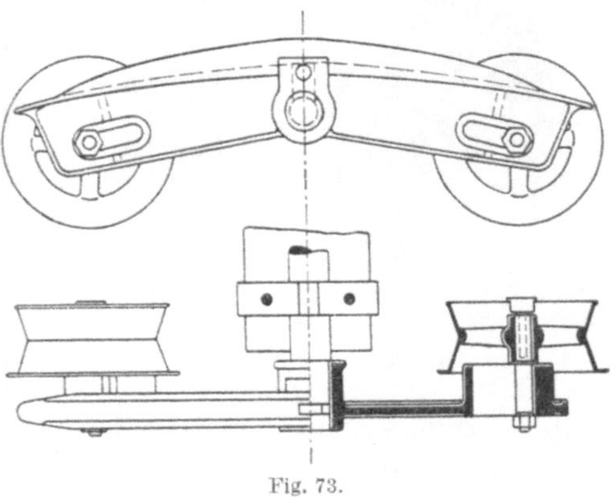

Fig. 73.

bunden wird und zwischen den Tragseilen läuft. Beide Seile müssen dann nahezu in gleicher Höhe gelagert werden und die Verbindung der Zugseiltragrollen mit dem festen Auflagerschuh zeigt Fig. 72. Bei den pendelnden Auflagerschuhen befindet sich an jedem Ende des Schuhes eine solche Zugseiltragrolle, die dort je nach den Anforderungen in dem Lagerschlitz verstellt werden kann (Fig. 73). Die Tragrollenachsen sind aus Gußstahl und zur Schmierung innen hohl.

38. Die Tragseilspannvorrichtung.

Die Tragseile werden in der einen Endstation fest verankert und am anderen Ende meist durch angehängte Gewichte gespannt. Bei neueren Ausführungen zieht man sie fast immer nach der Mitte der Bahn zusammen (vgl. Fig. 76), wozu am Eingang der betr. Station sogenannte Ablenkungsschuhe statt der gewöhnlichen Auflagerschuhe verwendet werden.

Da das Seil zur Führung über die nötigen Ablenkungsscheiben zu steif ist, so wurde es früher mit Hilfe einer Endkupplung, deren Konstruktion ganz den Zwischenkupplungen entspricht, mit einer über die Ablenkungsrollen gehenden Kette verbunden, an der das Gewicht hängt. Weil nun die Kette ständige, wenn auch nur kleine Bewegungen macht, so nutzen sich die einzelnen Kettenglieder sehr schnell ab; man benutzt deshalb jetzt fast allgemein die flachlitzigen Seile von Felten & Guilleaume, die sich bei sehr glatter Oberfläche den Rollen gut anschmiegen. Allerdings können die Kettenrollen wesentlich kleiner ausgeführt werden — mit nur etwa 0,5 m Durchmesser — als die je nach der Seilstärke 0,8 bis 1,2 m messenden Seilscheiben. Zu beachten ist, daß die Anschluß-seile mit Berücksichtigung der Biegungsbeanspruchung immer noch dieselbe Sicherheit haben müssen wie das Tragseil.

Fig. 74.　　　Fig. 75.

Die Spanngewichte wurden früher allgemein und werden auch jetzt noch oft als Holz-kästen konstruiert, die mit Steinen oder Eisenbruch an-gefüllt werden. Besser nehmen sich die Mäntel alter Dampfkessel aus. Neuerdings werden die Ge-wichte auch aus Zementbeton-platten gebildet, die auf einer kleinen, gußeisernen Grundplatte, in deren Mitte eine Zugstange angreift, aufeinandergesetzt werden. Bisweilen findet man auch keine selbsttätige Spannvorrichtung, sondern die Tragseile

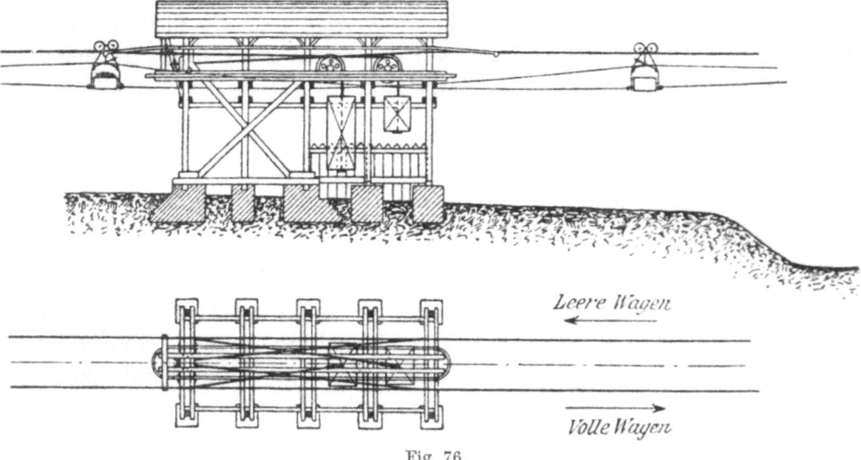

Fig. 76.

werden mit Hilfe eines eingeschalteten Flaschenzuges nach Bedarf durch eine Winde angezogen (vgl. Fig. 177). Für ganz kurze Bahnstrecken bis zu 120 m Länge genügt die Anspannung durch am Ende angebrachte Bufferfedern. Eine solche Federvorrichtung ist in Fig. 75 abgebildet.

Da die Auflagerschuhe der freien Bewegung der Tragseile, besonders bei Stützen, die durch den Seilzug stark belastet werden, einen gewissen

Widerstand entgegensetzen, für den der Reibungskoeffizient $\mu = 0{,}1$ angenommen werden kann, so ist es nötig, sobald die Bahn länger als 2,5 km ist, die Tragseile in Entfernungen von etwa 2 bis höchstens 3 km zu unter-

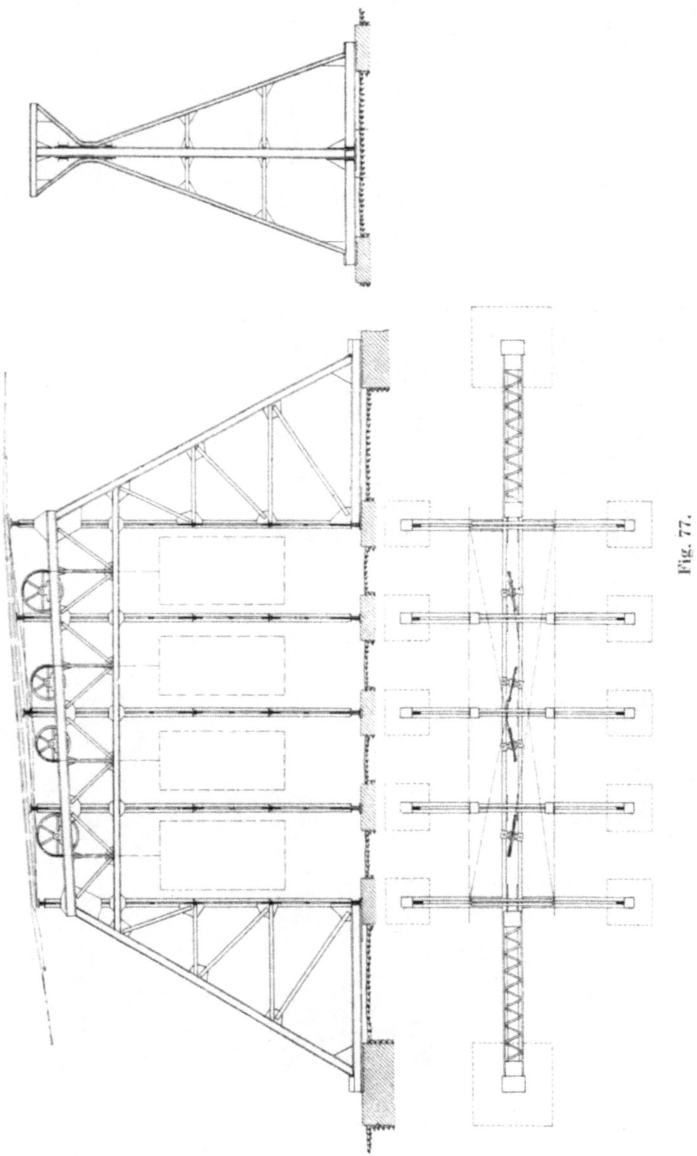

Fig. 77.

brechen und dort eine Spannvorrichtung anzuordnen. An der Unterbrechungsstelle laufen die Wagen auf Hängebahnschienen wie in den Stationen. Die Konstruktionseinzelheiten einer derartigen, in Holz aus-

geführten Spannvorrichtung gibt Fig. 76 nach einer Bauzeichnung von
Th. Otto & Comp. Die zu spannenden Tragseile sind durch nahezu wagerecht liegende Rollen nach der Mitte abgelenkt und werden vermittels
angeschlossener flachlitziger Seile durch die in hölzernen Kasten unter-
gebrachten Gewichte angezogen. Statt der Ablenkungsrollen werden von

einzelnen Firmen auch gebogene Schienen von großem Radius benutzt, die sorgfältig geglättet sind (vergl. Fig. 134). Bei langen Bahnen werden bisweilen, je nach den vorliegenden Verhältnissen, auch die Spanngewichte der anschließenden Strecke in dieselbe Spannstation gelegt, die dann als „doppelte Spannvorrichtung" bezeichnet wird. Fig. 77 gibt die Konstruktionseinzelheiten einer solchen, von der Firma Neyret-Brenier & Cie. in Grenoble in Eisen hergestellten an.

Um ein zu starkes Pendeln der Wagen beim Durchlaufen der Spannstation zu verhindern, sind im Falle der Fig. 76 noch besondere Führungsschienen angeordnet worden, die häufig auch weggelassen werden, wie z. B. in der von Th. Otto & Comp. gebauten Endstation (Fig. 78), die noch die vielfach getroffene Anordnung zeigt, daß die den Seildruck aufnehmenden Streben in Eisen ausgeführt sind.

Wenn große Spannweiten in der Strecke vorkommen, die unter der wechselnden Belastung größere Verschiebungen der Seile hervorrufen, so sind die Spannvorrichtungen in entsprechend kürzeren Abständen anzuordnen und immer in der Nähe der großen freien Spannweite.

39. Das Laufwerk der Wagen.

Das sogenannte Laufwerk besteht nach der von J. Pohlig im Jahre 1885 eingeführten und jetzt von allen Firmen angenommenen Konstruktion im wesentlichen aus zwei hintereinander gelagerten Rädern aus Tiegelgußstahl. Jedes andere Material hat sich beim Lauf über die harten und recht unebnen Spiralseile wegen zu starker Abnutzung als unzweckmäßig herausgestellt. Die Größe der Räder wird der Bruttolast des Wagens entsprechend gewählt, allerdings zwischen engen Grenzen. Kleinere Räder als von 20 cm Durchmesser in den Laufrillen kommen kaum vor, und über 30 cm geht man auch nicht, weil die Wagen bei noch größerem Radstand zu schwer durch die Kurven in den Endstationen laufen.

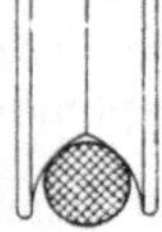

Fig. 79.

Die Räder erhalten gewöhnlich halbkreisförmige Laufrinnen, so daß ein Abgleiten, auch bei schiefer Stellung des Wagens etwa infolge starken Winddruckes oder dergl. ausgeschlossen ist. Da sie mit diesen Rillen das Laufseil nur in einer ganz schmalen Fläche berühren, so verwenden neuerdings Th. Otto & Comp. für schwere Lasten die doppelkonische Kehlung etwa nach Fig. 79, bei der die Auflagerung auf zwei Streifen verteilt wird. Wenn auch der auf jeden Auflagerstreifen kommende Druck etwas größer wird als die Hälfte des Normaldruckes bei der üblichen Konstruktion, so ist der erzielte Vorteil doch ein ganz bedeutender.

Die Räder sind zwischen zwei Flußstahlplatten gelagert, die durch ein in der Mitte eingenietetes oder eingeschraubtes Zwischenstück aus Gußeisen zu einem starren Gehäuse verbunden werden. Eine weitere Verbindung und Versteifung der Platten erfolgt durch die festliegenden

Tragzapfen der Räder, auf denen letztere sich lose drehen. Die Achsen sind hohl und werden mit konsistentem Fett gefüllt, das vorteilhaft mit etwas Flockengraphit gemischt wird. Das Fett dringt bei Erwärmung der Achsen durch die Reibung aus radialen Löchern auf die mit mehreren Schmiernuten versehene Oberfläche aus (vgl. Fig. 113). Das Material der Achsen ist gewöhnlich eine harte Phosphorbronze, nur bei großen Lasten wird von einigen Firmen zur Verminderung der Abnutzung Stahlguß genommen. Da die Radnaben nur an der unteren Seite mit Druck anliegen, so können die Achsen nach größerer Abnutzung halb herum gedreht werden, wodurch ihre Lebensdauer nahezu verdoppelt wird.

Die ältere Ausführung des Laufwerkes, die man jetzt nur noch bei ganz alten Anlagen sieht, läßt die beiden Räder fliegend auf Zapfen laufen, die in einer seitlich angeordneten Gußeisentraverse angebracht sind. Die Beanspruchung der freitragenden Achsen war eine wesentlich ungünstigere. Der größte Übelstand war der, daß die verhältnismäßig kurzen Radnaben bei stärkerer Abnutzung eine recht erhebliche Schiefstellung des Laufwerkes zuließen.

Da das Laufseil ziemlich starr ist, so kann bei richtiger Wahl des Raddurchmessers der Koeffizient der rollenden Reibung zu $s = 0{,}75$ mm angenommen werden; der Zapfenreibungskoeffizient ist bei der Schmierung mit konsistentem Fett und neuen Wagen etwa $\mu_0 = 0{,}063$, er sinkt bei eingelaufenen Wagen allerdings auf die Hälfte dieses Wertes. Wird mit dem meist gebräuchlichen Laufraddurchmesser $D = 25$ cm und dem Zapfendurchmesser $d_1 \sim 3{,}5$ cm gerechnet, so ergibt sich der Widerstandskoeffizient $\mu = \dfrac{2s + d_1}{D} \sim \dfrac{1}{100}$ bei eingelaufenen Wagen und $\sim \dfrac{1}{70}$ bei neuen Wagen.

Zur Verminderung des Widerstandes hat J. Pohlig ein Rollenlager eingeführt, das neben dem sehr geringen Schmiermittelverbrauch den Vorzug eines besonders leichten Ganges bietet. Man erreicht damit den geringen Widerstandskoeffizienten $\mu = \dfrac{1}{150}$, der auch bei neuen Laufwerken wegen der naturgemäß besonders sorgfältigen Bearbeitung nur unwesentlich größer ist. Der allgemeinen Verwendung steht leider der hohe Preis entgegen; jedoch wird bei langen Bahnen, die eine größere Antriebsleistung erfordern, die Mehrausgabe durch die Betriebsersparnisse in wenigen Jahren gedeckt.

Für reine Hängebahnanlagen, die nicht mit einer Seilbahn in Verbindung stehen, pflegt man neuerdings ein Laufwerk zu verwenden, das aus vier Laufrädern besteht, die auf den Flanschen eines I-Trägers laufen (vgl. Fig. 98). Man erzielt dadurch den Vorteil, daß der kräftige I-Träger nicht so häufig zu unterstützen ist wie die verhältnismäßig leichte Hängebahnschiene.

40. Das Wagengehänge.

An dem Laufwerke ist an einem zwischen den Rädern gelegenen
Bolzen das Wagengehänge derart befestigt, daß es in der Fahrtrichtung
frei ausschwingen kann.　Seine Formgebung richtet sich nach dem jeweiligen Verwendungszweck und der Art der Kupplung des Wagens mit
dem Zugseil.　So ergeben sich sehr verschiedene Ausführungen, doch

Fig. 80.

ist fast allen die Herstellung der Hauptteile aus kräftigen Flacheisen
gemeinsam, wie die nachfolgenden Figuren erkennen lassen.　Ausnahmen
bilden das Gehänge des in Fig. 86 dargestellten Wagens von 8 hl Inhalt
der Benrather Maschinenfabrik, das aus zwei miteinander verbundenen U-Eisen gebogen ist, damit die sonst übliche Querversteifung
bei der Beladung nicht hinderlich wirkt und das des zum Aschetransport
dienenden Wagens der Fig. 84, der in niedrigen Aschekanälen verkehrt.

Wird der Kupplungsapparat an dem Gehänge selbst angebracht, so muß es entsprechend stärker ausgeführt werden, um den Zug des Seiles und besonders beim Übergang über Bergkuppen den nach unten gerichteten Zugseildruck auf die Wagenräder zu übertragen. Den Gegensatz zeigen deutlich die Fig. 80 und 81, die Konstruktionen derselben Firma wiedergeben. Bei der letzteren trägt das Gehänge den Kupplungsapparat, bei der ersten, deren Kasten für eine größere Last berechnet ist, liegt er im Laufwerk. Bei der Ausführung nach Fig. 80 sind die Flacheisen oben so verdreht, daß sie bequem die Kremplersche Patentweiche

Fig. 81.   Fig. 82.

(vgl. Absatz 53) passieren können, die nur einen schmalen Schlitz für das Gehänge frei läßt.

In sehr starken Steigungen wirkt das Gewicht des sich stets lotrecht einstellenden Gehänges hauptsächlich auf das zweite Wagenrad, wenn es in üblicher Weise frei um den Aufhängebolzen drehbar ist, und das erste Rad ist nahezu entlastet. A. Bleichert & Co. verbinden deshalb bei derartigen Anlagen das Gehänge fest mit dem Tragbolzen und ordnen dicht darunter ein Gelenk an, um das sich der untere Teil wie gewöhnlich dreht (Fig. 82). Man erreicht so eine gleichmäßige Belastung beider Räder oder sogar eine Vergrößerung des Vorderraddruckes. Für die Abwärtsförderung ist diese Abänderung natürlich unzweckmäßig, wenn auch auf der Seite der leeren Wagen ohne Belang.

41. Die Transportgefäße.

Am häufigsten sind stückige Materialien wie Kohle, Erze, Steine und dergl. zu befördern. Zu ihrer Aufnahme dienen gewöhnlich rechteckige Kasten, die an kurzen, angenieteten Zapfen in den Endhaken des Gehänges drehbar gelagert sind. Die Sicherung gegen Umkippen wird dadurch bewirkt, daß eine am Wagenkasten befindliche Klammer das Gehänge umfaßt (Fig. 81 und 83), die von Hand herumgeschlagen wird und dann den unterhalb seines Schwerpunktes aufgehängten Kasten frei gibt. Bei anderen Ausführungen, wie z. B. bei Fig. 80 und 95, ist ein Daumen

Fig. 83.

Fig. 84.

am Gehänge drehbar befestigt und greift in die am Kasten fest angeordnete Gabel. Wird der am Gehänge drehbare Teil, Gabel oder Daumen, mit einem entsprechend gekrümmten Hebel versehen, der gegen einen an der Auskippstelle angebrachten Anschlag stößt, so kann das Auskippen vollständig selbsttätig erfolgen. Um den umgestürzten Kasten bequem wieder aufrichten zu können, besitzt er auf jeder Seite einen Handgriff.

Die Verwendung eines gewöhnlichen Kippkübels der schmalspurigen Kippwagen auf einer Hängebahn zeigt Fig. 83 in einer Ausführung von J. Pohlig. Fig. 84 stellt einen von derselben Firma gebauten Wagen zum Aschentransport dar, dessen Kübel soweit außerhalb des Schwerpunktes aufgehängt ist, daß er nach der Entleerung von selbst wieder in die aufrechte Stellung zurückgeht. Er wird ohne die Zuhilfenahme von Klauen durch die Ketten in der Beladestellung festgehalten.

Die Benrather Maschinenfabrik verbindet oft den Kasten fest mit dem Gehänge und läßt die Entleerung durch Öffnung des nach den beiden Längsseiten auseinander klappenden Bodens erfolgen (Fig. 85). Durch Umschlagen des an der Seite befindlichen und mit einem Hand-

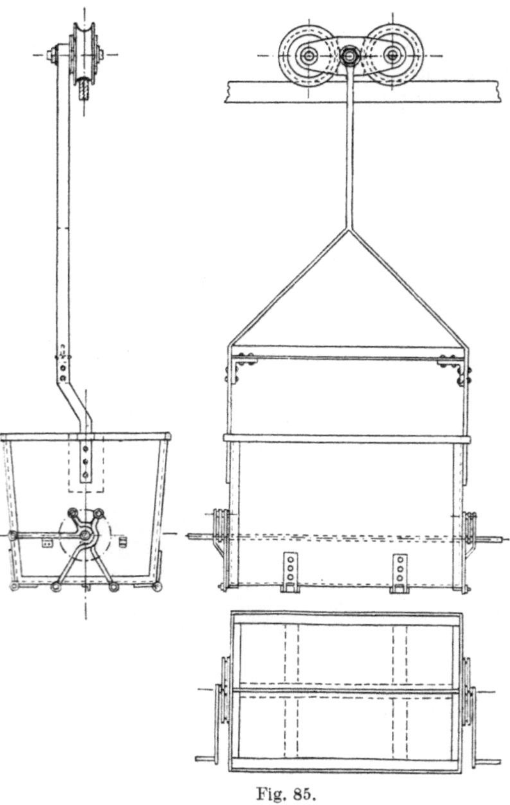

Fig. 85.

griff versehenen Hebels werden die Bodenklappen geöffnet und auch wieder geschlossen. Für die selbsttätige Entleerung bei schweren Lasten hat die Benrather Maschinenfabrik eine andere Anordnung getroffen (Fig. 86). Der Kasten entleert sich durch schrägstehende Bodenklappen nach beiden Seiten, sobald die seitliche Druckrolle angehoben wird und so durch das Hebelgestänge die die Klappen festhaltenden Nasen herunterdrückt. Die Klappen müssen hier wieder von Hand geschlossen werden, was durch einfaches Andrücken geschieht.

Zum Transport von pulverigem Gut, das nicht naß werden darf, erhalten die Kasten aufklappbare Deckel, wie Fig. 87 zeigt. Für Mehlsäcke und dergl. empfiehlt sich die Ausführung des Kastens nach Fig. 88, die gegen Regen usw. hinreichenden Schutz gewährt und eine bequeme Be- und Entladung gestattet. Bei Zuckersäcken und dergl. erhält der Kasten vorn noch schrankartige Türen. Sonst werden vielfach Säcke zwischen einem Doppelseil befördert, das an zwei Haken aufgehängt wird (Fig. 89). In ähnlicher Weise können Fässer aufgehängt werden (Fig. 90). Die Laufwerke in den beiden letzten Figuren besitzen Ösen, um die Wagen mit Hilfe eines Kranes aus einem Schiff, wo sie beladen werden, auf die Seilbahn zu setzen und umgekehrt (vgl. Fig. 175).

Kisten und Ballen werden meist auf Plattformwagen befördert, die sehr verschieden ausgebildet werden können. Eine besonders einfache

Konstruktion von Plattformen für große Ballen war bereits in Fig. 61 wiedergegeben worden. Eine Ausführung für Kisten zeigt Fig. 91, eine solche zum Transport von Holzschliff und dgl. Fig. 92.

Große Baumstämme, Schienen und dgl. werden auf zwei dicht hintereinander folgende Wagen gelegt, deren Gehänge in einem großen, die Last aufnehmenden Haken endigt (Fig. 93). Die vorstehenden Abbildungen sind nach Ausführungen von A. Bleichert & Co. und J. Pohlig aufgenommen worden[1]). Einen von Cerretti & Tanfani für Personenbeförderung konstruierten Wagen zeigt Fig. 94.

Fig. 86.

Vielfach ist es zur bequemen Beladung erforderlich, die Kasten von der hochgelegenen Hängebahn herunterzulassen, ohne daß man, wie bei den Fig. 89 und 90, den ganzen Wagen mit Hilfe eines Kranes abhebt. In solchen Fällen wird der Kasten mit Ketten am Gehänge aufgehängt und durch eine damit fest verbundene Winde auf und ab gesenkt. Eine derartige Ausführung zum Transport von Reinigermasse aus den Reinigerkästen einer Gasanstalt gibt Fig. 95 nach einer Konstruktion der

---

[1]) H. Rasch, Die Industrie- und Gewerbeausstellung in Düsseldorf 1902. Z. d. V. d. Ing. 1902, Seite 1525 bzw. 1770 ff.

Fig. 87.

Fig. 88.

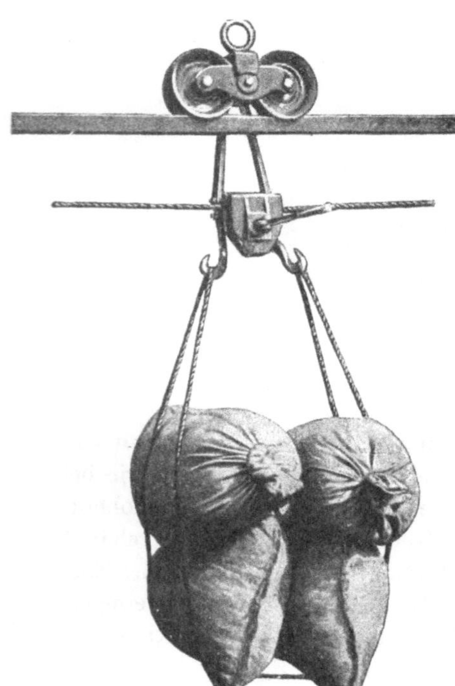

Fig. 89.

Fig. 90.

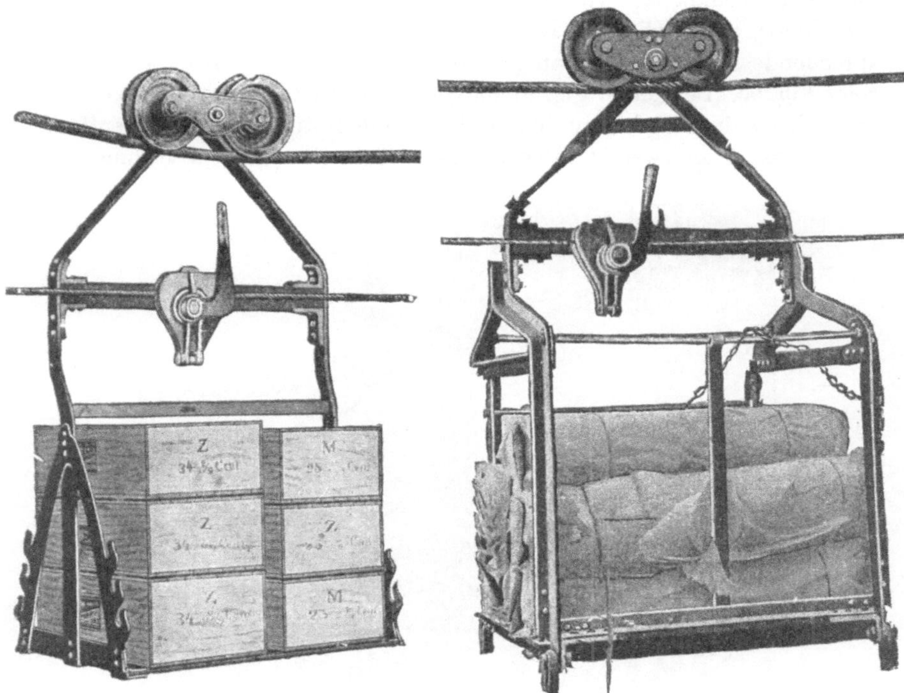

Fig. 91.　　　　　　　　　　Fig. 92.

Fig. 93.

Berlin-Anhaltischen Maschinenbau-A.-G.[1]) Durch die herabhängende Handkette wird der Schneckenflaschenzug bewegt, der die
Krankette, an welcher der Kasten hängt, auf- und abwindet. Eine entsprechende Konstruktion von A. Bleichert & Co. für Roheisenmasseln
zeigt Fig. 96. Bei der in Fig. 97 dargestellten Ausführung von Carstens
& Fabian in Magdeburg hängt der ziemlich tief herunterzusenkende
Wagenkasten an zwei Drahtseilen, die auf je eine in dem Rahmen des

Fig. 94.

Gehänges angeordnete Windentrommel aufgewickelt werden. Auf ihrer
Achse sitzt ein Schneckenrad und die darin eingreifende Schnecke wird
von einem fahrbaren Elektromotor aus mit Hilfe einer einlegbaren
Cardanwelle angetrieben. Zur Sicherheit greift noch ein Haken unter den
Querriegel des Kastengehänges.

Bei diesen Ausführungen schwankt der Kasten frei hin und her,
wenn er nicht mehr von der Führungsschiene, die das Gehänge verlängert,

---

[1]) G. v. Hanffstengel, Neuerungen im Bau von Transportanlagen in
Deutschland. Dinglers polytechn. Journal 1906, Seite 374.

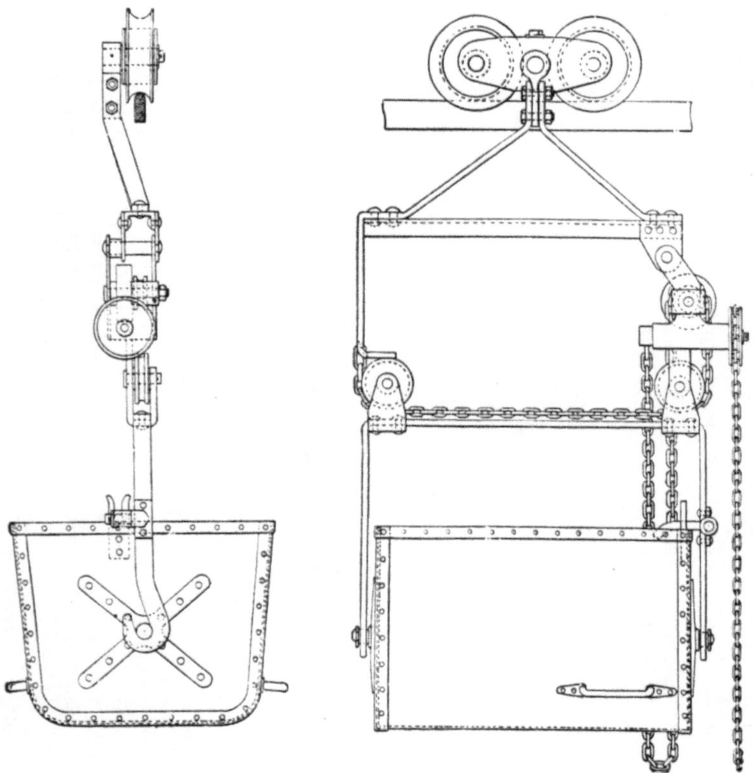

Fig. 95.

geführt wird. Die Firma Beck & Henkel versieht deshalb derartige
Wagen mit Hebewerk mit einer Schere, die auch bei großem Hub noch
eine sichere Führung bietet (Fig. 98). Ihre beiden Befestigungspunkte
am Laufwerk sind weit genug voneinander
entfernt, so daß auch die Verbindung in der
Bewegungsrichtung hinreichend starr ist[1]). Die
Schere ist aus leichten Flacheisenstäben hergestellt und vergrößert das tote Gewicht des
Wagens nur wenig, z. B. bei etwa $3\frac{1}{2}$ m Hub
um 30 kg.

Bei den Wagen für spezielle Zwecke ergibt sich die Größe der in einem Wagen auf-
zunehmenden Nutzlast gewöhnlich von selbst.
Bei Kastenwagen hängt die Wahl des Inhaltes

Fig. 96.

---

[1]) G. v. Hanffstengel, Neuerungen im Bau
von Transportanlagen in Deutschland. Dinglers polytechn. Journal 1906, Seite 374.

Fig. 97.

eines Kastens von der Gesamtfördermenge der Anlage ab und zum Teil
von den Einrichtungen der Endstationen. Im allgemeinen wird man die
zeitliche Wagenfolge so annehmen, daß in jeder Endstation nicht mehr als
zwei Wagenschieber zum Empfang, Umführung der Wagen, Entladung

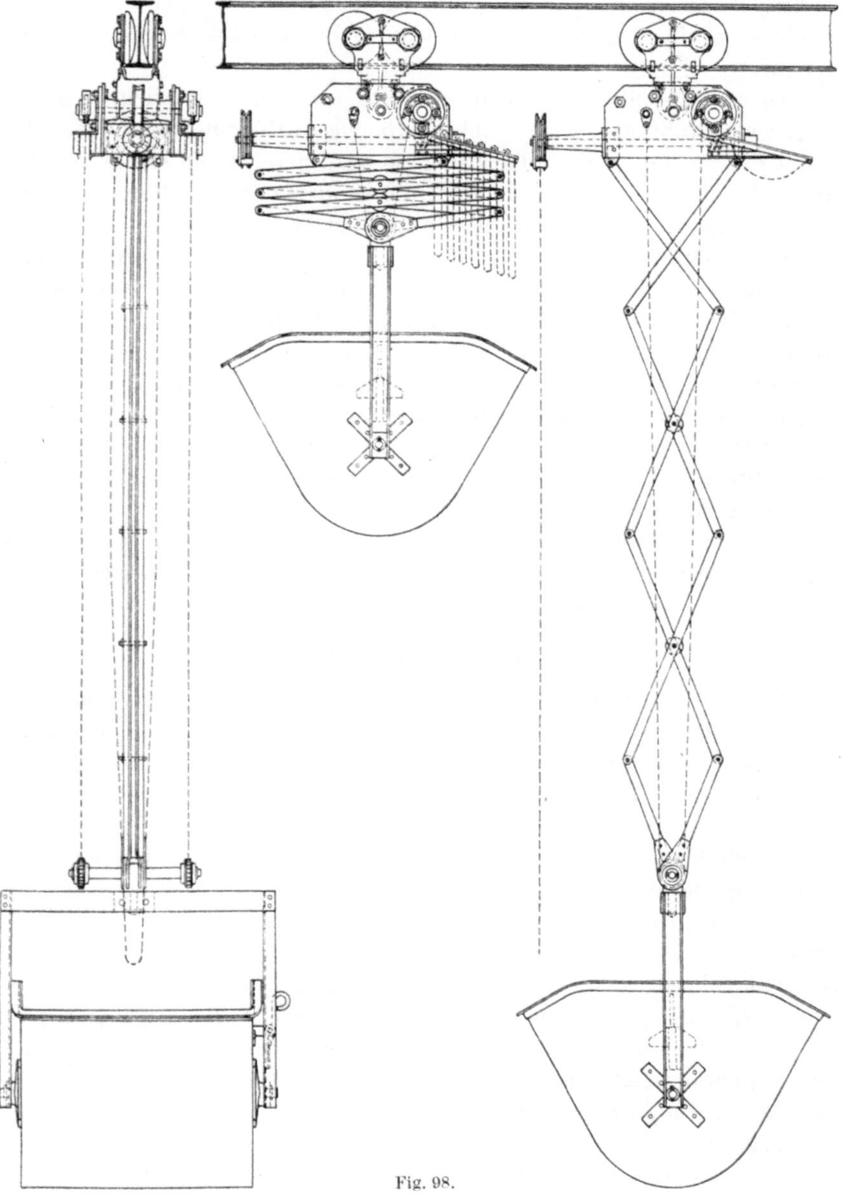

Fig. 98.

und Zurückbeförderung nötig werden. Dem entspricht etwa ein Zeitabstand von 35 bis 25 Sekunden. Man sucht ferner den Wageninhalt so groß zu nehmen, daß die Arbeitskraft des Wagenschiebers annähernd ausgenutzt wird; die untere Grenze hierfür ist eine Nutzlast von etwa

300 kg. Andererseits muß man im Auge behalten, daß der Inhalt nicht zu schwer ausfällt, damit die Tragseile nicht zu stark gewählt werden müssen.

Die vorstehenden Angaben beziehen sich auf stündliche Fördermengen von 40 bis 60 Tonnen und die übliche Ausführung des Laufwerks. Besitzt das Laufwerk Rollenlagerung, so wird man wegen seines leichten Ganges die Einzellast größer annehmen, besonders wenn die Förderleistung der Bahn die angegebenen Zahlen wesentlich überschreitet.

Das Gewicht eines Wagenkastens von nur 1,5 hl Inhalt beträgt etwa 45 kg, das zugehörige leichte Gehänge wiegt etwa 25 kg. Ein Kasten von 5 hl Inhalt hat bei Ausführung aus mittelstarken Blechen (3 mm) bereits 100 kg Gewicht, das Gehänge dazu dürfte je nach der Art der Versteifung 35 kg (bei Benutzung von Gasrohren) bis 45 kg betragen (letzteres bei starken Querversteifungen zur Anbringung der Seilkupplung). Ein Kippkasten für 8 hl Inhalt wiegt etwa 160 kg, der in Fig. 86 dargestellte rund 190 kg. Das entsprechend ausgesteifte Gehänge hat etwa 60 kg Gewicht.

Zu diesen Gewichten tritt noch das des Laufwerkes mit der Seilkupplung, die zusammen je nach der Ausbildung der Einzelheiten 70 bis 90 kg wiegen.

42. Die Zugseilkupplungen.

Die Verbindung der Wagen mit dem umlaufenden Zugseil geschieht heutzutage ausschließlich durch Klemmbacken, und die einzelnen Kupplungsapparate unterscheiden sich nur durch die Art, wie die Klemmbacken an das Seil herangepreßt werden.

Die ersten Klemmapparate wirkten bei starken Steigungen nicht vollkommen sicher, weil der von ihnen auf das Seil ausgeübte Klemmdruck zu gering war und außerdem sehr schwankte. Man versah deshalb bei Anlagen mit größeren Neigungen als 1 : 4 das Seil in bestimmten Abständen mit Knoten oder Muffen, die sich in eine entsprechende, durch Klauen gebildete Kammer am Gehänge des Wagens legten. Als Beispiel dieser Art Greifer werde der früher viel benutzte und sich durch besondere Einfachheit auszeichnende Ottosche Klinkenapparat beschrieben: Oberhalb einer das Zugseil tragenden und führenden Gußstahlrolle sind zwei symmetrische gabelförmige Klinken drehbar gelagert (Fig. 99). Sie tragen an einem oberen Ansatz je einen Stift, der an den Kuppelstellen über geeignete Ausrückschienen geführt wird. Der Mitnehmerknoten am Zugseil hebt die erste Klinke an und nimmt dann den Wagen an der zweiten mit sich fort.

Durch Verbesserungen der Klemmbackengreifer sind diese Knotenkupplungen jetzt gänzlich außer Gebrauch gekommen. Ihnen haftete besonders der Nachteil an, daß die Leistung der Anlage durch den Ab-

stand der Knoten festgelegt war und das Zugseil an ihrer Befestigungsstelle nicht geschmiert und untersucht werden konnte, also dem Verrosten
leicht ausgesetzt war.

Einer der ältesten und infolge seiner Einfachheit und Billigkeit jetzt
noch ausgeführter Apparat ist die sogenannte Schraubenkupplung von

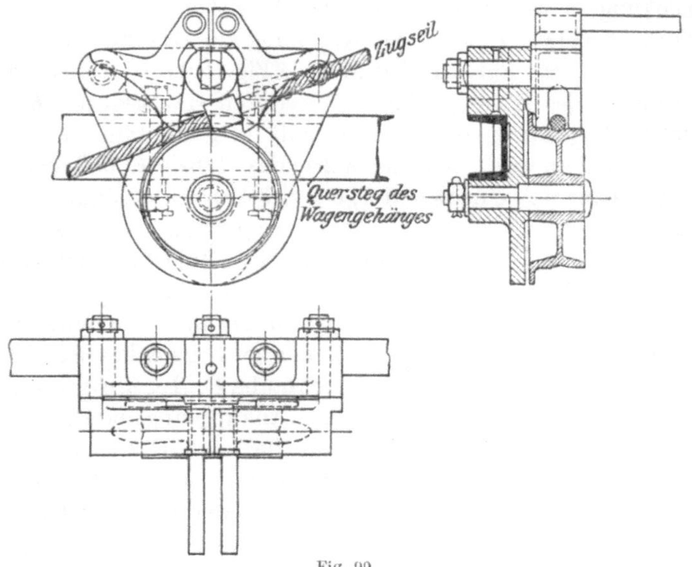

Fig. 99

Otto (Fig. 100). Sie besteht bei der modernen Ausführung im wesentlichen aus zwei Scheiben, deren eine fest mit dem kräftigen Quersteg
des Wagengehänges verbunden ist, während die andere um einen oberen

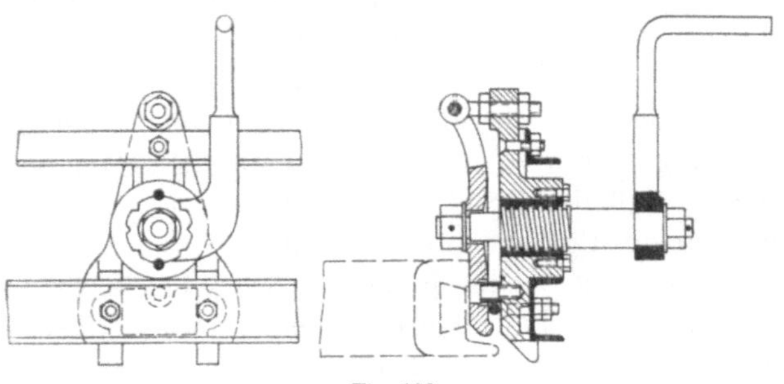

Fig. 100.

Bolzen schwingt, dessen Lage gegenüber der ersten Scheibe der Seilstärke entsprechend eingestellt werden kann. Die Nabe der festen Scheibe
ist als Mutter einer flachgängigen Schraube ausgebildet, die bei einer
Drehung die schwingende Scheibe an die feste heranzieht und so das sich
von unten einlegende Zugseil festklemmt. Der Apparat muß von

Hand betätigt werden, indem ein Arbeiter den auf der Klemmschraube sitzenden Hebel herumdreht. Das Auslösen geschieht selbsttätig durch Anschlagen des Hebels gegen eine an der Entkupplungsstelle angebrachte Ausrückerplatte. Wie in der Figur angedeutet ist, kann sich die Klemmbacke auf der Außenseite des Gehänges gegen Seilscheiben legen, die eine Ablenkung in wagerechter Richtung bewirken.

Bleichert benutzte bei seiner Kupplung ein Exzenter, das eine bewegliche Klemmbacke auf das Seil preßte (Fig. 101). An dem zwischen zwei Querriegeln des Wagengehänges befestigten Hauptkörper K ist eine lose Seilrolle R gelagert, deren Achse mit konsistentem Fett aus der Kapsel S geschmiert wird. Auf der Achse des Hebels H befindet sich im Innern des Gehäuses K ein Exzenter, das bei Aufrechtstellung des Hebels

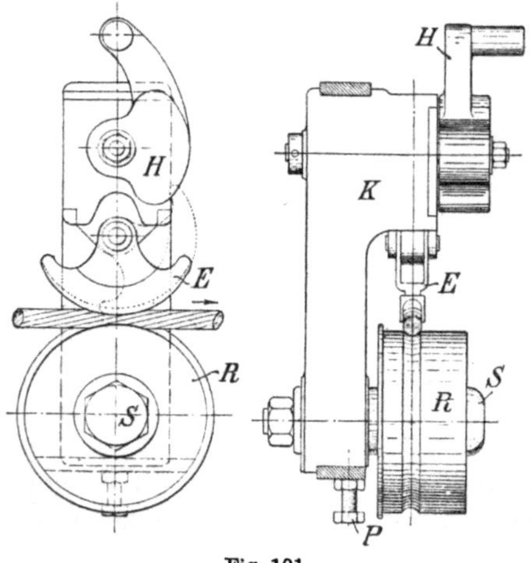

Fig. 101.

das Segmentstück E fest auf das von der Rolle R getragene Seil preßt. Zur Einstellung der Rolle R gegenüber dem Segmentstück E je nach der Seilstärke dient die Stellschraube P. Im übrigen vollziehen sich Ankupplung und Lösung ebenso wie bei dem Ottoschen Klemmapparat. Kommt der Wagen ins Gefälle oder in eine Steigung, so hat er das Bestreben, vorzugleiten bzw. zurückzufallen; hierdurch wird die Rolle R und die nach beiden Seiten etwas exzentrisch verlaufende Druckbacke E ein wenig nach der einen oder der anderen Richtung gedreht. Der dabei auf das Zugseil ausgeübte Klemmdruck entspricht somit der Neigung, in der sich der Wagen befindet. Es war dies ein Vorzug jener von Bleichert seit etwa 10 Jahren nicht mehr gebauten Kupplung, der aber den nicht zu unterschätzenden Nachteil mit sich brachte, daß die Druckfläche eine sehr kleine war, wodurch das Seil äußerst ungünstig beansprucht wurde.

Da die Pressung, mit der die Kupplung festgedrückt wird, von dem Arbeiter abhängt, so ist beiden Apparaten eine gewisse Unsicherheit gemeinsam, und man benutzte sie deshalb nur zu Steigungen bis etwa 1 : 4. Der Sicherheit wegen pflegte man die erste Stütze ziemlich dicht bei der Station und etwas höher anzulegen als die Kuppelstelle, damit ein mangelhaft verbundener Wagen sich hier schon löst und wieder langsam zurückläuft.

Einen wesentlichen Fortschritt bildete der von Obach erfundene und von J. Pohlig übernommene Kupplungsapparat, der seitdem auch

von verschiedenen anderen Firmen ausgeführt wird. Er ist aus der
Ottoschen Schraubstockkupplung hervorgegangen; seine neueste, ihm
von Pohlig gegebene Ausführungsform zeigt Fig. 102. Eine Spindel a
besitzt ein kurzes Stück Rechtsgewinde b von starker Steigung und ein

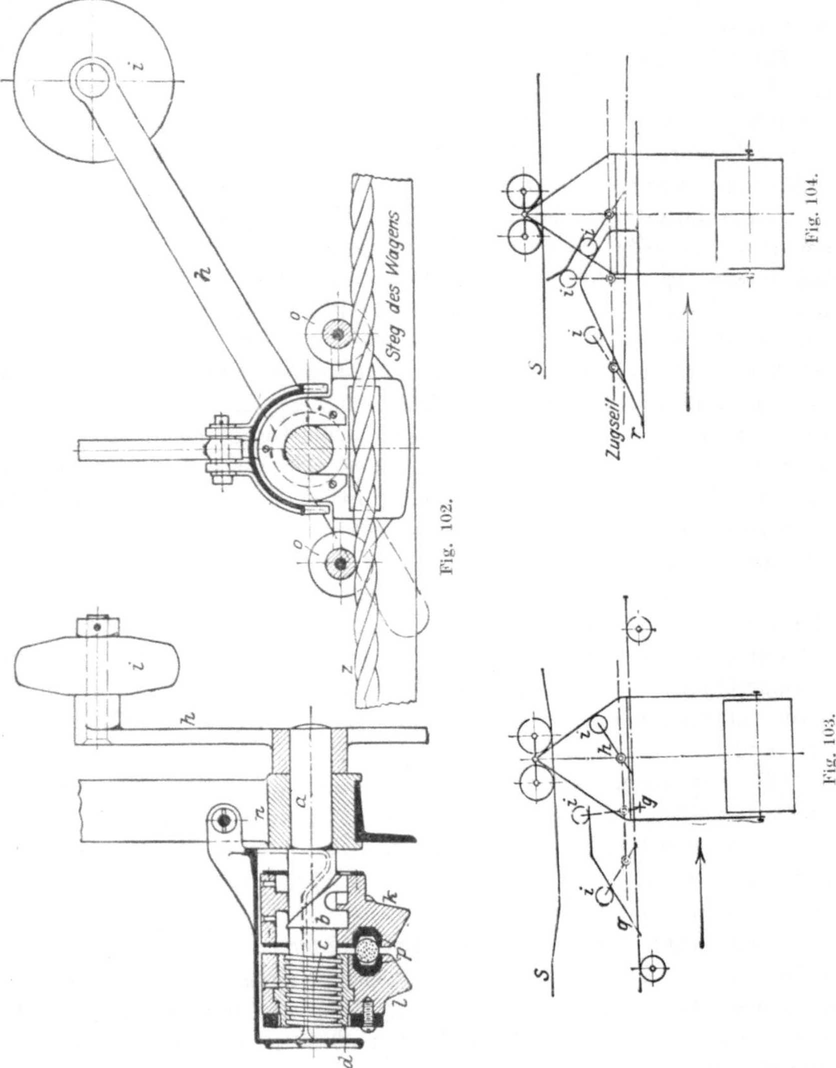

feineres Linksgewinde c, sie ist in dem Augenlager n des Wagengehänges
drehbar und trägt am freien Ende den Anschlaghebel h mit einer Gewichtsrolle i. Schlägt diese Rolle gegen einen Anschlag, so wird die
Spindel gedreht, und die beiden Klemmbacken k und l werden fest gegen

das Zugseil z geschraubt. Das Rechtsgewinde b, das nur etwa einen halben Gewindegang bildet, bewirkt wegen seiner Steilheit, daß zu Anfang der Drehung sich die Klemmbacke k dem Seil sehr schnell nähert. Sie wird nun so eingestellt, daß das steile Gewinde abgelaufen ist, wenn das Seil berührt wird, und bei weiterer Bewegung der Spindel preßt jetzt das Feingewinde c die Backe l langsam, aber mit großer Kraft an das Seil.

Die Klemmbacken haben zur Schonung des Seiles leicht auswechselbare Bronzefutter p; sie selbst sind aus Stahlguß. Zur Schmierung der Gewinde sind oben in dem Klemmbackenkörper Schmierlöcher mit Buchsen angebracht. Die ganze Vorrichtung wird durch ein zurückschlagbares Gußeisengehäuse gegen Schnee und Regen geschützt.

Das Ankuppeln erfolgt selbsttätig. An der Kuppelstelle ist die Laufschiene s (Fig. 103) um etwa 9 cm nach unten durchgebogen, und das Zugseil wird so geführt, daß sich dort die geöffnete Kupplung mit den Rollen o darauf setzt. Wird nun der Wagen in der Fahrtrichtung weitergeschoben, so läuft die Gewichtsrolle i des nach rückwärts liegenden Hebels h auf die Leitschiene q auf, die zuerst ansteigt und dann wagerecht verläuft. Dadurch wird der Hebel in eine nahezu senkrechte Stellung gebracht, und dann stößt seine untere Verlängerung gegen einen Querriegel g, so daß er in die vollausgezogene Schlußlage nach vorn über fällt. Da der Wagen auf dem geneigten Stück der Schiene ungefähr die Geschwindigkeit des Zugseiles annimmt, so vollzieht sich die Ankupplung stoßfrei.

Beim Auskuppeln läuft die Rolle i zuerst auf eine ansteigende Leitschiene r auf (Fig. 104) und wird dann, nachdem der Hebel h die senkrechte Stellung angenommen hat, durch eine zweite Schiene nach rückwärts herumgeschlagen. Damit das Gewicht nicht mit einem Stoß zurückfällt, ist die Schiene r derart verlängert, daß die Rolle i von beiden Seiten gefaßt wird.

Die Führungen der Gewichtsrolle müssen naturgemäß sorgfältig montiert werden. Sie werden deshalb nicht an der Holzkonstruktion der Stationen befestigt, sondern an einem besonderen Eisengerüst. Die ganze Anordnung ist in den Fig. 105 und 106 nach einer Ausführung von Carstens & Fabian dargestellt.

Die genannte Firma baut den Apparat in vereinfachter Form, indem die Spindel nur ein Gewinde von mittlerer Steigung trägt, das direkt auf die bewegliche Klemmbacke wirkt (Fig. 107), die sich um einen in der festen Klemmbacke gelagerten Bolzen dreht. Infolge des direkten Angriffes der Spindel wird die bewegliche Klemmbacke nicht exzentrisch beansprucht. Damit sich der ganze Apparat in Neigungen der Bahn nach der Richtung des Zugseiles einstellt, ist die Gewindemutter, mit der die feste Klemmbacke verbunden ist, in dem Tragkörper frei drehbar gelagert; letzterer ist mit zwei Querstäben des Wagengehänges verschraubt.

Fig. 105.

Eine andere Abänderung des Obachschen Apparates ist der in
Fig. 108 dargestellte der Firma Orenstein & Koppel in Berlin. Auf
die Spindel a sind festgekeilt zwei Scheiben b und c mit exzentrischen
Ausdrehungen, in denen die Zapfen d und e laufen; letztere sind durch

Fig. 106.

die Hebel f und g mit den Klemmbacken h bzw. i verbunden. Beide
Klemmbacken sind am Zapfen k aufgehängt. Durch die Drehung der in
einem Auge des Gehänges l gelagerten Spindel a werden die Zapfen d
bzw. e nach unten in die gezeichnete Stellung übergeführt, wodurch die
Hebel f und g in die Strecklage kommen und die Backen zusammen-
pressen. Die Schrauben sind hier also durch Kniehebel ersetzt.

Bei diesen Ausführungen beträgt der größte Ausschlag des die Kuppelrolle tragenden Hebels nach jeder Seite höchstens 60 bis 70 Grad. All-

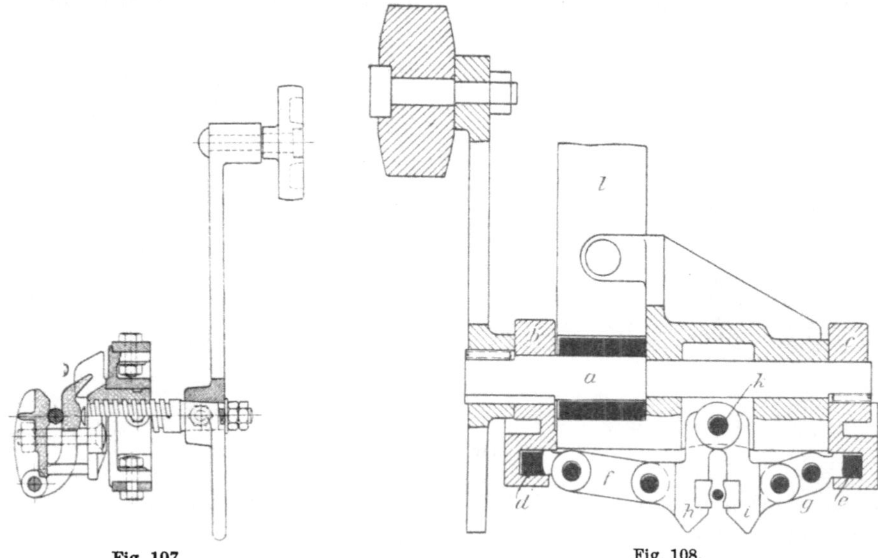

Fig. 107.　　　　　　　　　　　　　　　Fig. 108.

mählich verringert sich nun der Durchmesser des Zugseiles, da sich die einzelnen Litzen immer mehr in die Hanfseele hineindrücken, und der Hebel h muß deshalb von Zeit zu Zeit entsprechend der Zugseilstärke neu eingestellt werden. J. Pohlig läßt allerdings den Hebel in fester Verbindung mit der Spindel a und verschiebt die Mutter d in der Klemmbacke l entsprechend. Zur Sicherung der gegenseitigen Lage beider Teile dient die aufgesetzte Platte. Eine andere Form der Nachstellung hat die Benrather Maschinenfabrik gewählt, indem der Bolzen, um den die bewegliche Klemmbacke schwingt, in der festen exzentrisch gelagert ist. Um die Selbstdrehung zu verhindern, legt sich der Bolzenkopf mit angefeilten Flächen gegen einen Sicherungsnocken (Fig. 109). Die Verstellbarkeit der Klemmen ist gleich der doppelten Exzentrizität des Bolzens.

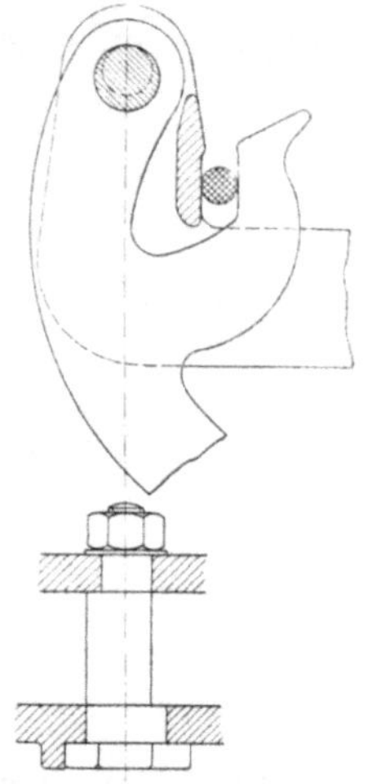

Fig. 109.

　　Mit den beschriebenen Kupplungen ist das Durchfahren von Kurven am Zugseil nicht gut möglich. Pohlig und Otto haben deshalb ihren Universalkupplungsapparat für diesen Zweck vom Gehänge in das Laufwerk verlegt (Fig. 110), indem sie den Mittelbolzen, an dem das Gehänge angebracht ist, gleich als Schraubspindel ausführten; im übrigen entspricht die Anordnung nahezu vollständig der in Fig. 102 dargestellten. Um beim Befahren von Kurven ein Auspendeln infolge der Zentrifugalkraft zu verhindern, befindet sich über dem Laufwerk noch eine Druckrolle,

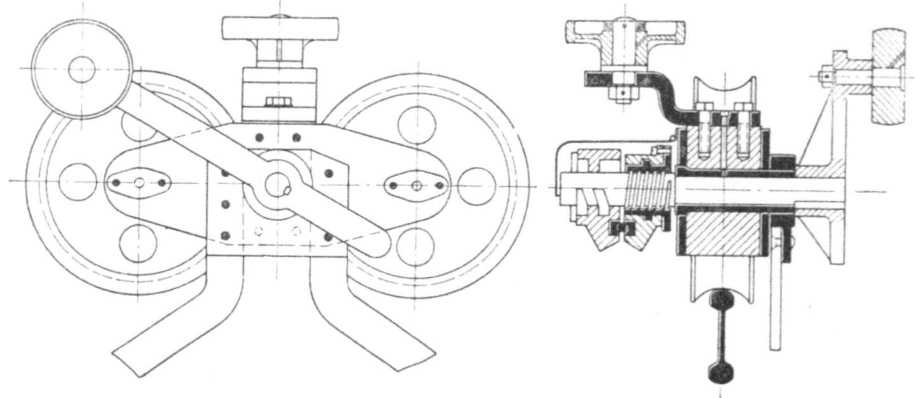

Fig. 110.

die sich gegen entsprechende Führungsschienen legt. Ein Nachteil haftet dem Apparat noch an, daß sich nämlich nur die eine äußere Backe gegen eine Umführungsscheibe legen kann, und infolgedessen nur nach derselben Seite gekrümmte Kurven befahren werden können.

Auch Carstens & Fabian haben ihre Kupplung entsprechend umgebildet, indem

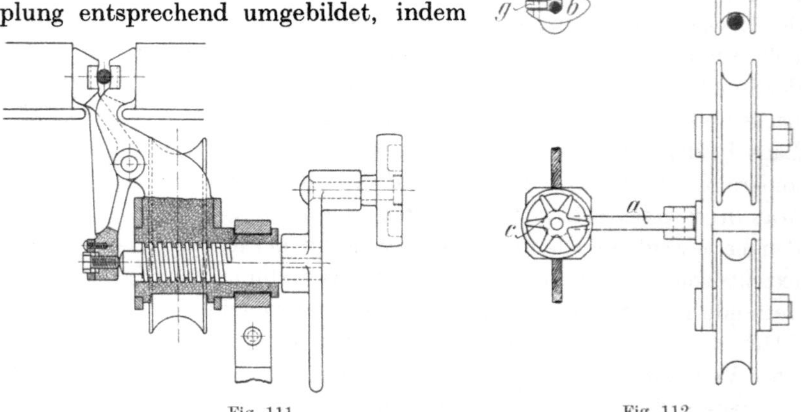

Fig. 111.   Fig. 112.

sie die bewegliche Klemmbacke als Doppelhebel ausführen (Fig. 111), dessen unterer Fortsatz von der Schraubenspindel in gewöhnlicher Weise bewegt wird. Zur Einstellung entsprechend dem Seildurchmesser dient eine Stellschraube in dem Doppelhebel, deren Stellung durch eine Sicherungsplatte festgehalten wird.

Eine eigenartige Gestalt haben R. White & Sons der Schraubenkupplung gegeben (Fig. 112). Am Laufwerk oder auch am Gehänge befindet sich senkrecht zur Bahn schwingend ein Hebel a mit einem schrau-
benschlüsselartigen Maul b, in das sich das Zugseil von der Seite her einlegt. Ein Sternrad c, das auf der im unteren Teil als Schraube ausgebildeten Spindel d sitzt, geht an der
Ankuppelstelle an einer Reihe von
Zähnen vorbei, wobei der ganze Apparat durch die Rolle e geführt wird, und
durch die so verursachte Drehung der
Spindel wird die Druckbacke f fest auf
das Seil gepreßt. Infolge der besonderen Formgebung des Maules kann sich
der Apparat mit drei Seiten gegen Umführungsscheiben legen. Wenn der
Wagen in den Endstellungen be- und
entladen wird, so ist es nicht nötig, das
Zugseil aus der Klemme herauszureißen,
und es wird dann das Maul durch die
Rolle g verschlossen.

Der Obachsche Schrau-
benkupplungsapparat hat sich
in seinen verschiedenen Aus-
führungsformen vorzüglich be-
währt. Er besitzt nur den
einen Mangel, daß er das Seil
stets mit dem gleichen Druck
erfaßt, wie groß oder klein
auch die Last ist. Die ausgeübte Druckkraft wird allerdings geringer, wenn das Seil
dünner geworden ist, weshalb
der Apparat von Zeit zu Zeit
neu eingestellt werden muß.
Es war nun ein glücklicher
Gedanke von Spitzeck,
einem Monteur der Firma
A. Bleichert & Co., das

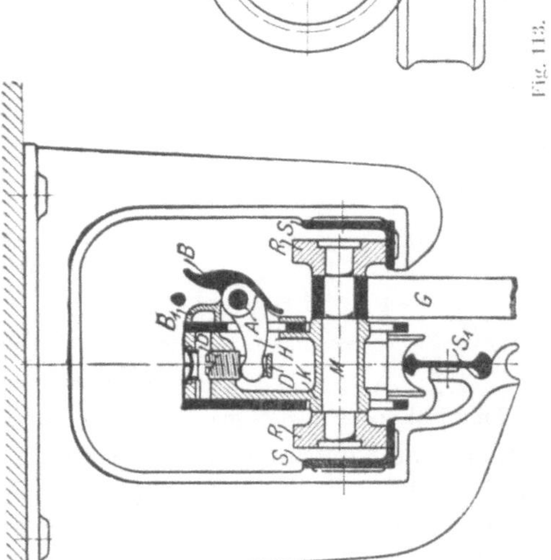

Gewicht der am Laufwerk hängenden Last zum Anpressen der Klemmbacken zu benutzen. Die Idee wurde von A. Bleichert & Co. weiter
vervollkommnet zu ihrem „Automat" genannten Apparat (Fig. 113). Der
Mittelbolzen M, an dem das Wagengehänge G hängt, ist in einem gußeisernen Gleitkörper K fest gelagert, der sich seinerseits in einem Gehäuse

auf- und abbewegen kann, das aus den beiden Wangen des Laufwerkes
und dem ihrem Abstand begrenzenden Körper C gebildet ist. In dem
oberen Teil des Gleitkörpers K befindet sich eine Druckscheibe D, die
auf den um den Bolzen A schwingenden Hebel H einwirkt, dessen über A
hinausgehende Fortsetzung B bei Abwärtsbewegung des Gleitkörpers
das Zugseil fest gegen die gegenüberliegende Klemmbacke B_1 preßt.
Beim An- und Abkuppeln wird die Klemme geöffnet, indem die auf den
Mittelbolzen sitzenden Rollen R auf sogenannte Kuppelschienen S auflaufen, die etwas ansteigen, während die Wagenräder auf der Hängebahnschiene S_1 verbleiben.

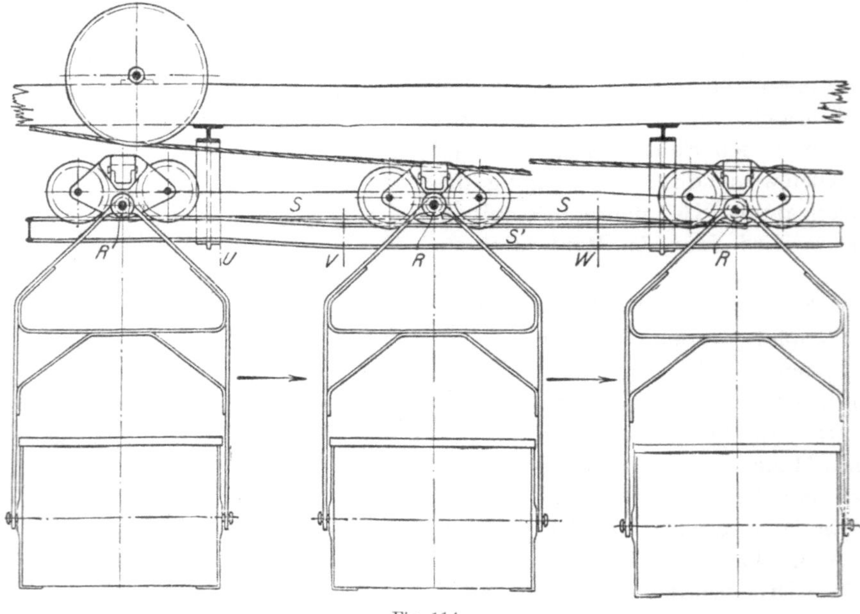

Fig. 114.

Die Führung des Zugseils an der Ankuppelstelle und die Anordnung
der Lauf- und Kuppelschienen zeigt Fig. 114[1]). Die Laufschiene senkt sich
von U bis V, verläuft geradlinig von V bis W und steigt dann langsam
wieder an. Die Kuppelschiene S bleibt zuerst wagerecht und senkt sich
von W ab. Infolgedessen ist die Klemmbacke auf der Strecke VW vollständig geöffnet, und das Zugseil legt sich von oben hinein; sie wird dann
von W ab langsam geschlossen, so daß sich die Ankupplung vollkommen
stoßfrei vollzieht. Beim Auskuppeln wiederholt sich derselbe Vorgang
in umgekehrter Weise (Fig. 115): Die Kuppelschienen S steigen von
X bis Y an, wodurch die Klemmbacken auseinandergehen; auf der

---

[1]) Z. d. V. d. Ing. 1902, Seite 1771.

geraden Strecke YZ hebt sich das Zugseil heraus, und auf den folgenden abwärts steigenden Teil der Schienen S wird die Klemme wieder langsam geschlossen.

Die Hebelübersetzung des Apparates ist so gewählt, daß der Klemmdruck etwa das 2,5fache des Gehänge- und Kastengewichtes beträgt. Die ganze Anordnung baut sich so eng, daß das Zugseil nur 8 cm von der Mitte des Laufseiles entfernt ist.

Die guten Erfolge, die Bleichert mit diesem Apparate erzielte, der keinerlei Nachstellung bedarf und das Zugseil entschieden mehr schont als die bisher benutzten, veranlaßten, daß auch andere Konstrukteure

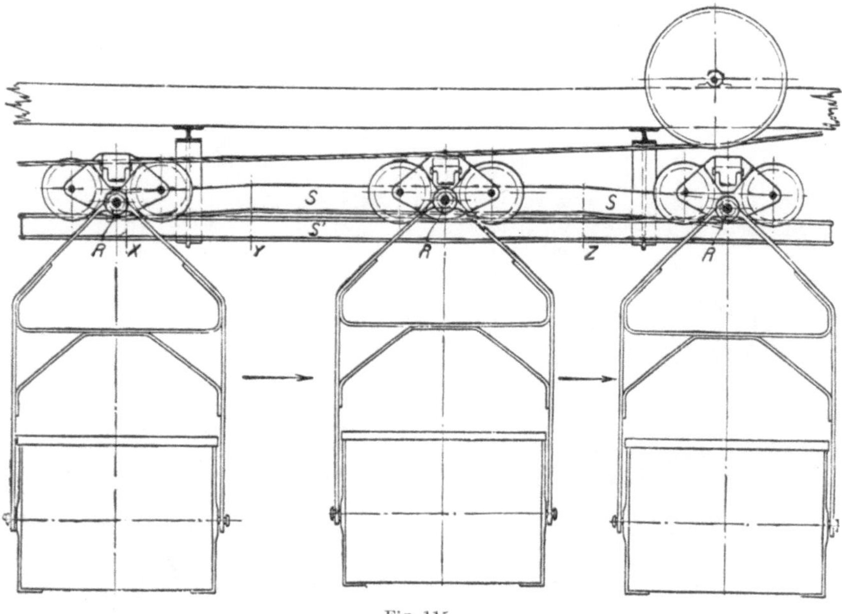

Fig. 115.

derartige Kupplungen mit Gewichtswirkung bauten. Eine der ältesten dieser Art ist die von Ceretti & Tanfani, deren neueste Form Fig. 116 darstellt.

An den beiden hier gegossenen Wangen C des Laufwerkes sind vier Führungsleisten b angegossen, zwischen denen das Gleitstück A auf- und abgehen kann, das von den am Mittelbolzen d mit Hilfe einer kleinen Traverse befestigten Rollen D angehoben wird, wenn sie auf Kuppelschienen auflaufen. In dem oberen Teil des Gleitstückes befindet sich ein geneigter, unten etwas gebogener Schlitz, in dem eine Rolle a läuft, die in den beiden wagerechten Fortsätzen der beweglichen Klemmbacke B gelagert ist. Geht das Gleitstück A am Ende der Kuppelschiene nach unten, so preßt die Backe B das Zugseil gegen den gegenüberliegenden, backenförmig ausgebildeten Teil der Wange *C* und zwar zuerst ziemlich schnell und nachher langsamer, aber mit einer der größeren Steilheit des letzten Schlitzteiles entsprechenden stärkeren Kraft. Es wird so dieselbe Wirkung erzielt wie durch das doppelte Gewinde des Pohlig-

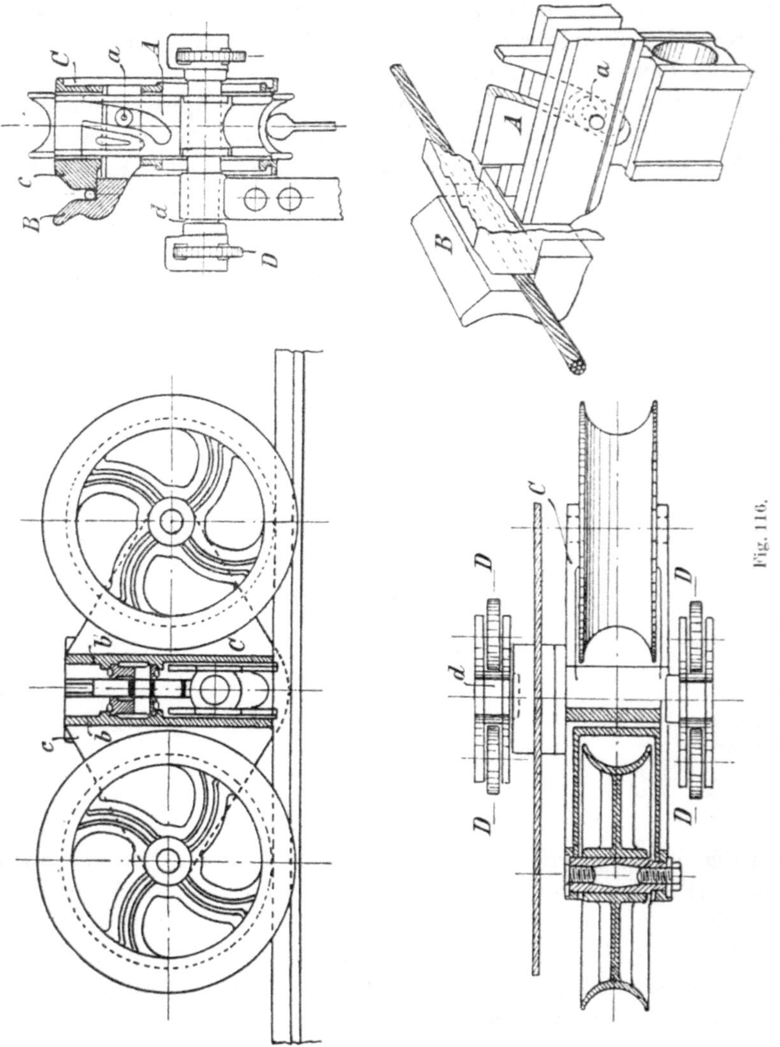

Fig. 116.

Ottoschen Universalklemmapparates. Das Verhältnis des Klemmdruckes zum Lastgewicht läßt sich ohne Änderung der Abmessungen des Laufwerkes nahezu beliebig vergrößern, indem nur der letzte Teil des Schlitzes steiler ausgeführt wird. Die Anordnung der Kuppelschienen mit den zugehörigen Lagerböcken zeigt Fig. 117 nach einer Photographie. Bei Anlagen mit großen Steigungen ist die Neigung des Schlitzes schon so gering, daß Selbstsperrung der Rolle eintreten kann, weshalb senkrecht über der Tragschiene noch eine zweite Abdrückschiene angeordnet ist, die auf die Laufräder einwirkt.

Bei der in Fig. 118 dargestellten Kupplung der Firma Arthur Koppel in Berlin ist die bewegliche Klemmbacke mit dem Gleitstück fest verbunden und bewegt sich also in senkrechter Richtung. Durch die

Fig. 117.

Formgebung der Klemmbacken, die sich etwas gegeneinander um parallel zum Zugseil liegende Zapfen verdrehen können, wird nahezu dieselbe Wirkung erzielt wie bei der „Ideal" genannten Kupplung von Ceretti

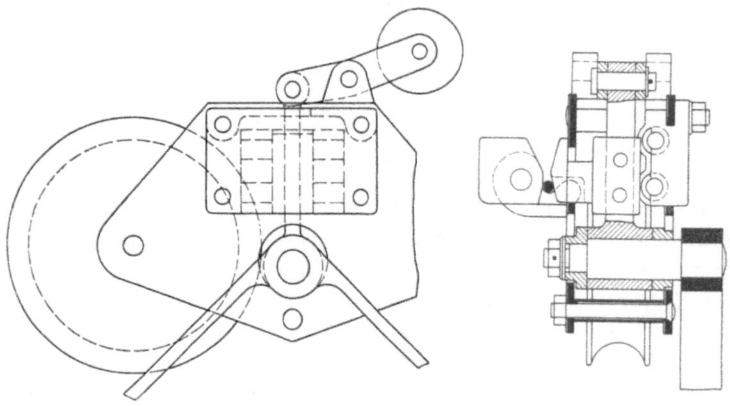

Fig. 118.

& Tanfani. Angehoben wird das Gleitstück dadurch, daß eine Druckschiene sich von oben auf die über dem Laufwerk befindliche Rolle legt.

Alle diese Apparate mit Gewichtswirkung haben den einen Nachteil, daß in starken Steigungen, wo es gerade nötig ist, das Zugseil besonders fest zu fassen, ein großer Teil des Lastgewichtes gar nicht zur Wirkung kommt, weil die parallel zur Bahnrichtung verlaufende Seitenkraft des naturgemäß senkrecht nach unten gehenden Gewichtes durch die Führungen des Gleitstückes aufgenommen wird. Selbst wenn man wie beim „Ideal“ den Mechanismus sich selbst sperren läßt, so ist doch die Wirkung bei etwa im Zugseil auftretenden Rucken wegen der leicht beweglichen Rolle nicht ganz sicher.

Um diesen Übelstand zu vermeiden, ist vom Verfasser ein Apparat konstruiert worden, bei dem unter allen Umständen das ganze Lastgewicht zur Anpressung des Zugseiles dienstbar gemacht wird (Fig. 119). Das Gleitstück wird nur auf einer Seite zwischen den beiden Wangen durch die Platte A geführt; auf der anderen Seite legt es sich mit einer nach großem Halbmesser gewölbten Fläche gegen einen Winkelhebel B, der um einen quer zur Fahrtrichtung gelagerten Bolzen schwingt und beim Heruntergehen des Gleitstückes die bewegliche, senkrecht geführte Klemmbacke C gegen die feste, darüber gelagerte D preßt. Von

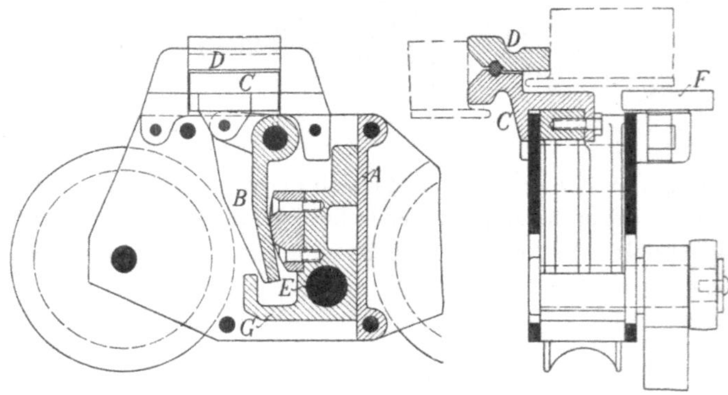

Fig. 119.

den beiden Kuppelrollen sitzt die eine E am Mittelbolzen, während die andere F oben am Laufwerk angebracht ist und in einer C-Eisenrinne rollt. Ein gänzliches Überkippen des Gleitstückes wird durch seinen oberen Ansatz verhindert; zur Lösung der Klemme stößt der untere, hakenförmige Teil G des Gleitstückes bei Aufwärtsbewegung gegen den Hebel B, der dann die Klemmbacke C herunterzieht.

Die eigenartige Form der Backen gestattet, daß sie sich mit allen Seiten gegen Umführungsscheiben legen können, sodaß die Bahn nach jeder beliebigen Richtung abgelenkt werden kann und der Wagen an Bruchpunkten der Linie (vgl. Fig. 122) von unten unterstützt wird. Da hier an Stelle der rollenden Reibung, wie in dem Apparat von Ceretti & Tanfani, die viel größere gleitende stattfindet, so bleibt die Selbstsperrung des Gleitstückes auch auf ganz steilen Strecken oder bei plötzlicher Entladung auf freier Strecke bestehen, wenn nur der Winkel demgemäß gewählt wird, den die Druckfläche des Hebelarmes B bei der Normalstellung mit der Senkrechten einschließt.

In anderer Weise ist die Aufgabe von J. Pohlig gelöst worden, indem auf wagerechter Strecke das Lastgewicht die Klemmbacken direkt zusammendrückt, und nur in Steigungen eine Vergrößerung des Druckes stattfindet. Das Gehänge ist nicht wie sonst frei-pendelnd am Mittelbolzen befestigt, sondern fest mit ihm verbunden, so daß es sich bei Schiefstellung des Laufwerkes dreht (Fig. 120). Am Gehänge befindet sich nun ein Kreisring mit schrägen Flächen, die sich gegen entsprechende Flächen des Gleitstückes legen, wodurch sich bei Schrägstellung der Bolzen im Gleitstück verschiebt und so die Klemmbacken auch von der Seite her mit hohem Druck gegen das Zugseil preßt. Angehoben wird das Gleitstück durch die damit verbundene, über das Laufwerk hinaus-ragende Rolle; außerdem wird der Wagen durch zwei wagerechte Rollen geführt. Zur weiteren Verstärkung des Klemmdruckes sind die Druckflächen der Klemm-

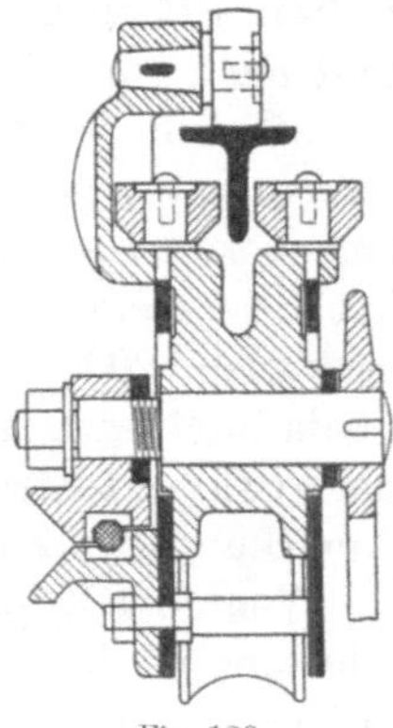

Fig. 120.

backen um 45 Grad gegen die Richtung der die Anpressung bewirkenden Kräfte geneigt; es tritt dadurch noch eine Übersetzung in das 1,4fache ein. Die Vorrichtung scheint die günstigste Wirkungsweise, die denkbar ist, zu bieten, jedoch ist zu beachten, daß bei starken Neigungen der Bahn der Ausschlag des Gehänges entsprechend groß ausfällt. Es besteht nun die Gefahr, daß entweder das Gehänge sich nicht ganz senkrecht einstellt, weil die Klemmbacken das Zugseil bereits vorher vollständig gefaßt haben, oder daß es infolge von Selbstsperrung nachher nicht wieder zurückgeht, wenn die Neigung der schrägen Druck-flächen entsprechend klein gemacht wird.

Für Hängebahnanlagen, die auf der ganzen Strecke nahezu wagerecht verlaufen, genügt oft eine viel einfachere Verbindung mit dem Seil. Es ist dies die bei den auf dem Erdboden laufenden Förderwagen vielfach benutzte ge-kröpfte Mitnehmergabel, die sich in einem Auge des Laufwerks dreht. Ihre Anwendung

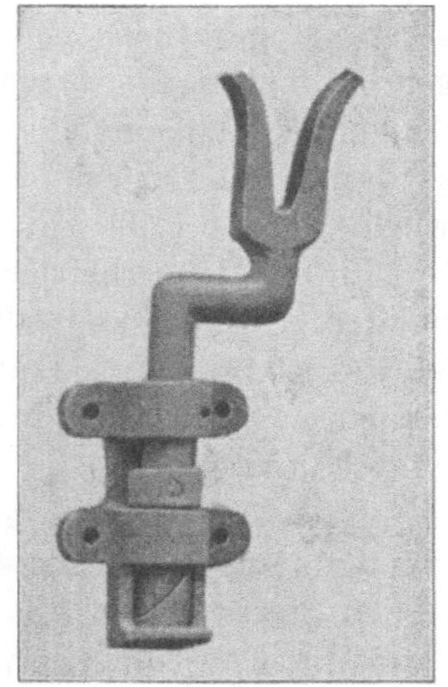

Fig. 121.

zeigt beispielsweise die Fig. 97, eine Ausführungsform der Firma Georg Heckel in Saarbrücken gibt Fig. 121 wieder.

43. Oberseil und Innenspur.

Früher wurde der Kupplungsapparat stets an dem Wagengehänge angebracht, damit das Seilgewicht unterhalb der Laufbahn angreife und so die Stabilität des Wagens nicht störe. Erst Bleichert wagte mit der Automatkupplung hiervon abzugeben; er erzielte durch die Verlegung der Klemmbacken ins Laufwerk den Vorteil, daß der Seilzug auch in den größten Steigungen das Wagengehänge und damit den Lastbehälter nicht nach vorn zieht. Der Mangel, den die Anordnung mit sich bringt, daß nämlich das Zugseilgewicht und mehr noch bei Gefällwechseln der nach unten gerichtete Zugseildruck infolge des seitlichen Angriffes den Wagen schief stellt, hat bei mittleren Verhältnissen wenig Bedeutung. Erst bei einem Zugseildruck von 100 kg weicht ein mit dem Gehänge zusammen 120 kg schwerer Wagenkasten etwa 30 cm seitlich aus, was sehr gut dadurch ausgeglichen wird, daß man den Kasten einseitig beschwert oder etwas exzentrisch aufhängt. Auf die vollbeladenen Wagen ist diese Einwirkung des Zugseiles meist verschwindend gering.

Wenn der Kupplungsapparat an dem Gehänge sitzt, wird das Zugseil dicht unter oder innerhalb der Laufbahn angeordnet; auf den Stützen wird es, wenn gerade kein Wagen dort steht, von den Zugseiltragrollen aufgenommen, die etwa 2—2,25 m unterhalb der Tragseile gelagert sind. Bei Benutzung von Oberseilapparaten kann das Zugseil nur auf diese Rollen gelangen, wenn es sich außerhalb der Laufseile befindet, und es ist dazu nötig, die Endseilscheiben in den Stationen entsprechend größer auszuführen. Otto und Pohlig haben deshalb bei ihren Anlagen mit Oberseilapparat jene Anordnung der Zugseiltragrollen verlassen und bringen sie neben den Tragseilschuhen der Laufseile an (Fig. 72 und 73). Außer der ja geringfügigen Verkleinerung der Endseilscheiben erreichen sie damit, daß sich das Zugseil fast sogleich nach Vorübergang des Wagens wieder auf die Rolle legt und ihn so von seinem Druck entlastet. Damit ist eine nicht unerhebliche Schonung des Tragseiles an jenen Stellen verbunden. Ein weiterer, allerdings nicht wesentlich ins Gewicht fallender Vorteil ist noch der, daß der leere Wagenkasten von dem oben angreifenden Zugseilgewicht etwas nach außen gedrängt wird, also von der Unterstützung weg.

Noch günstigere Ergebnisse liefert die Innenspur bei Verwendung von Kupplungen, in die sich das Seil von der Seite her einlegt. Da es in den Stationen doch nach innen abgelenkt werden muß, so wird man dann die Endseilscheiben so klein ausführen, daß es gerade noch mit 5facher Sicherheit arbeitet (vgl. Absatz 9), wodurch sich die Umlaufszahl bei gegebener Fördergeschwindigkeit entsprechend erhöht. Dadurch fällt auch die Antriebswelle, die Zwischentransmission mit ihren Zahnrädern usw. und gegebenenfalls die mit dem Antrieb verbundene Spannvorrichtung erheblich leichter und billiger aus.

Bei schroffen Übergängen der Linienführung ist der nach unten gerichtete Zugseildruck ein recht bedeutender. Man erhält ihn aus Fig. 122, wenn S die an der betreffenden Stelle im Zugseil herrschende Spann-

kraft bezeichnet und α den Ablenkungswinkel, zu $N = 2\,S\,\sin\dfrac{\alpha}{2}$, also beispielsweise bei dem oft genug vorkommenden Brechungsverhältnis
$\operatorname{tg}\alpha = 1 : 6$, wobei die Abweichung der beiden nach den benachbarten
Stützen gezogenen Verbindungslinien AB und AC nur etwa das Brechungsverhältnis $1 : 10$ zeigt, $N = 0{,}165\,S$. Dieser hohe Druck würde bei Verwendung eines Oberseilapparates den Wagenkasten weit zur Seite drücken,
weshalb für Bahnen mit derartigem Gefällwechsel der mit Gewichtswirkung arbeitende Kupplungsapparat wieder nach unten verlegt wird,
indem die eine Wange des Laufwerkes bis unter das Laufseil verlängert
und dort als feste Klemmbacke ausgebildet wird; die daran drehbar gelagerte lose wird dann mit Hilfe einer Druckstange durch das im Laufwerk in gewöhnlicher Weise bewegte Gleitstück angepreßt (s. Fig. 82).

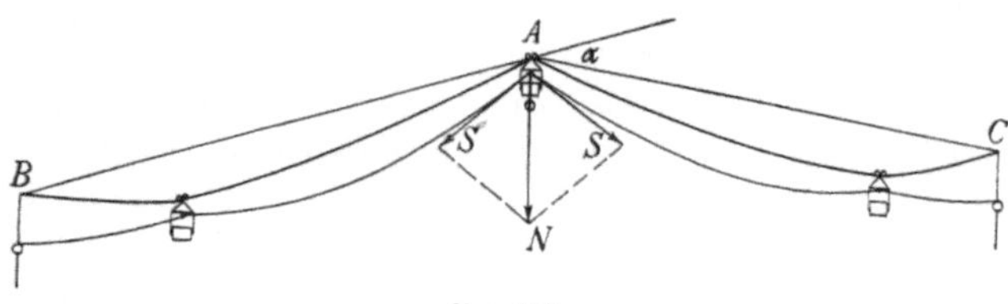

Fig. 122.

Bei Anlagen mit Innenspur läßt sich der erörterte Übelstand gänzlich
vermeiden, wenn die Zugseiltragrolle so ausgeführt wird, daß sie im
Augenblick des Überganges den Wagen stützt, am besten dadurch, daß
sich die Klemmbacke darauf legt. Es wirkt dann auf den Wagen in den
Strecken BA und AC der Fig. 122 nur das geringe Zugseilgewicht ein,
da der Zugseildruck N von der Tragrolle auf der Stütze A aufgenommen
wird; im Bruchpunkt A, wo der Wagen allerdings für einen Augenblick
den ganzen Druck erfährt, wird er durch die Rolle am Auspendeln gehin-
dert. Diese Anordnung in Verbindung mit entsprechend ausgebildeten
Klemmbacken läßt die Verwendung des auch in bezug auf die Ausbildung der End- und Zwischenstationen wertvollen Oberseilapparates
für Bahnen mit beliebigen Steigungen und Gefällwechseln zu.

44. Die Linienführung.

Das deutsche System gestattet, die Linie dem Gelände in jeder Beziehung anzupassen. Auf der Strecke gelegene Schluchten und auch
Täler werden naturgemäß in einer freien Spannweite überschritten, während sich umgekehrt auf Bergkuppen die Stützen dicht zusammendrängen.
Beispiele dafür bieten die in den Fig. 1 und 2 auf Tafel 1 dargestellten
Längsprofile zweier Pohligscher Anlagen; das erstere gehört zu einer
3,6 km langen Bahn zum Transport von 20 t Eisenerz in der Stunde,

die ein Gefälle von 412 m besitzt, das zweite zu einer 8 km langen, insgesamt nur 23 m fallenden Anlage zum Transport von stündlich 10 t Holz.

Die Länge der freien Spannweite richtet sich ganz nach den Geländeverhältnissen, und es sind Anlagen mit Spannweiten von 1100 m und mehr ausgeführt worden, bei denen z. B. ein verschlossenes Tragseil schon allein infolge seines Eigengewichtes zwischen den auf gleicher Höhe liegenden Stützen um 66 m durchhängt. Befinden sich auf dem 35 mm starken Seil noch 7 Wagen von je 500 kg Gesamtgewicht in etwa 140 m Abstand, so vergrößert sich der Durchhang noch um 22 m, und das verhältnismäßig lose gespannte Zugseil hängt zwischen den Wagen noch um einige Meter tiefer herab. Man ersieht daraus, daß große Spannweiten nur bei hinreichend tiefen Geländeeinschnitten ausführbar sind.

Die beiden dargestellten Anlagen arbeiten mit Unterseilapparat, was sofort aus der Anhäufung der Stützen auf den Höhen hervorgeht. Man pflegt dort keine größere Ablenkung als etwa 1:10 und nur ausnahmsweise 1:8 zuzulassen, weil sonst die Laufseile durch den vom Zugseil ausgeübten Druck zu stark beansprucht werden und leicht verschleißen, trotzdem man in solchen Fällen für die Lastseite nur verschlossene Seile wählt. Auf eine größere Spannweite läßt man immer erst einen kleineren Stützenabstand mit geringer Ablenkung folgen, ehe man die Kuppe so flach und mit so wenig Stützen wie möglich zu überschreiten sucht. Denn ein am Ende der großen Spannweite stehender Wagen biegt das Tragseil ziemlich scharf um und vergrößert dadurch die Ablenkung oft ganz erheblich; ferner findet auf den Endstützen der großen Spannweiten je nach der Wagenstellung eine gewisse Verschiebung der Laufseile statt, und man will den Reibungswiderstand am Schuh nicht durch eine größere Ablenkung erhöhen.

Die dicht beieinanderstehenden Stützen erfordern eine große Menge Bauholz, eine entsprechende Grundfläche und verringern die Beweglichkeit des Laufseiles ganz bedeutend, so daß die Spannvorrichtung bei mangelhafter Schmierung der Tragschuhe fast außer Wirkung gesetzt wird. Man hat daher oft zwei besonders lange und hinreichend gekrümmte Auflagerschuhe an einer im Bruchpunkt aufgestellten Stütze befestigt und so einen leichteren Übergang erzielt, doch ist die Ablenkung immer noch recht schroff. Th. Otto & Comp. haben deshalb im Bruchpunkt zwei pendelnde Auflagerschuhe von großer Länge beweglich aufgehängt, so daß sich die Unterstützung genau entsprechend der Stellung des Wagens vor bzw. hinter dem Bruchpunkt einstellt (Fig. 123). In der Unterstützung selbst läuft der Wagen auf Schienen, die dicht über dem Tragseil angeordnet sind. Das Zugseil wird durch vier Unterstützungsrollen im schlanken Bogen hindurchgeführt, und zwar sind die Rollen direkt unter dem am Gehänge befestigten Kupplungsapparat angebracht, so daß das Seil nur wenig anzuheben ist und deshalb auch nur einen geringen Rückdruck verursacht. Kann der oben liegende Kupplungsapparat sich mit der unteren Backe auf die das Zugseil umführende Scheibe von etwa 0,6—0,9 m Durchmesser legen, so läßt sich die Umführung in ähnlicher Weise auch bei Anlagen mit Oberseil bewirken.

Befindet sich die eine Endstation am Fuße eines stark ansteigenden Hügels, so besteht die Gefahr, daß der Wagen zwischen zwei Stützen den Erdboden berührt, selbst wenn diese ziemlich nahe beieinander

Fig. 123.

aufgestellt werden. Man pflegt in solchen Fällen die Tragseile oben auf der Höhe abzuspannen und die Bahn als Schienenanlage bis unten fortzusetzen. Die Übergangsstelle vom Seil auf die Schienen zeigt Fig. 124 nach einer Ausführung von Th. Otto & Comp. Damit die Wagen beim Auflaufen auf die Schienen nicht etwa gegen die Stützpfosten schlagen, sind noch aus Winkeleisen hergestellte Führungen für den Wagenkasten an der gefährlichen Stelle angebracht.

Die Anordnung und der Abstand der einzelnen Stützen richtet sich, wie die Längsprofile zeigen, auf unebenem Gelände einfach nach den ört-

lichen Verhältnissen. Auf ziemlich ebenem Grunde pflegt man die Stützenentfernung so zu wählen, daß gewöhnlich auf jeder Spannweite nur ein
Wagen steht. Im Mittel rechnet man 60 bis 80 m als üblichen Stützen-

Fig. 124.

abstand bei so großer Höhe, daß ein beladener Erntewagen unter den Seilen
hindurchfahren kann. Niedrige Stützen müssen näher aneinander ge-
rückt werden bis auf etwa 35 bis 45 m.

45. Die Winkelstationen.

Häufig erlauben die örtlichen Verhältnisse, wie Verteilung des Land-
besitzes u. dgl., nicht, daß die Linie gerade von einem Endpunkt bis
zum anderen durchgeführt wird, und es muß dann an geeigneter Stelle
eine sogenannte Winkelstation eingeschaltet werden. Das Zugseil läuft
in der Mitte der Station über wagerecht liegende Ablenkungsscheiben
von etwa 1,5 m Durchmesser, und die Wagen werden auf Hängebahnschienen von Hand daran vorbeigeleitet, nachdem sie am Eingang in
die Station vom Zugseil abgekuppelt sind. Die Tragseile werden ebenfalls unterbrochen und je nach den Verhältnissen durch Gewichte gespannt oder fest verankert, wie Fig. 125 angibt, die eine Ausführung von
Th. Otto & Comp. darstellt. Diese gewöhnlich zwei Mann zur Bedienung
verlangende Anordnung ist notwendig, wenn der Kupplungsapparat es

nicht gestattet, daß sich die Klemmbacken einmal von links, z. B. auf der Vollseite und das andere Mal auf der Leerseite von rechts gegen die Umführungsscheiben legen können, also bei allen Unterseilapparaten.

Bei Anlagen mit Oberseil kann die Umführung der Wagen ganz selbsttätig am Zugseil erfolgen, wenn nur beide Klemmbacken über das Laufwerk hinausragen. Um eine allmähliche Ablenkung zu erzielen, wird eine Reihe von Ablenkungsscheiben hintereinander in einem großen Bogen nach Fig. 126 angeordnet, damit sich der Einfluß der Zentrifugal-

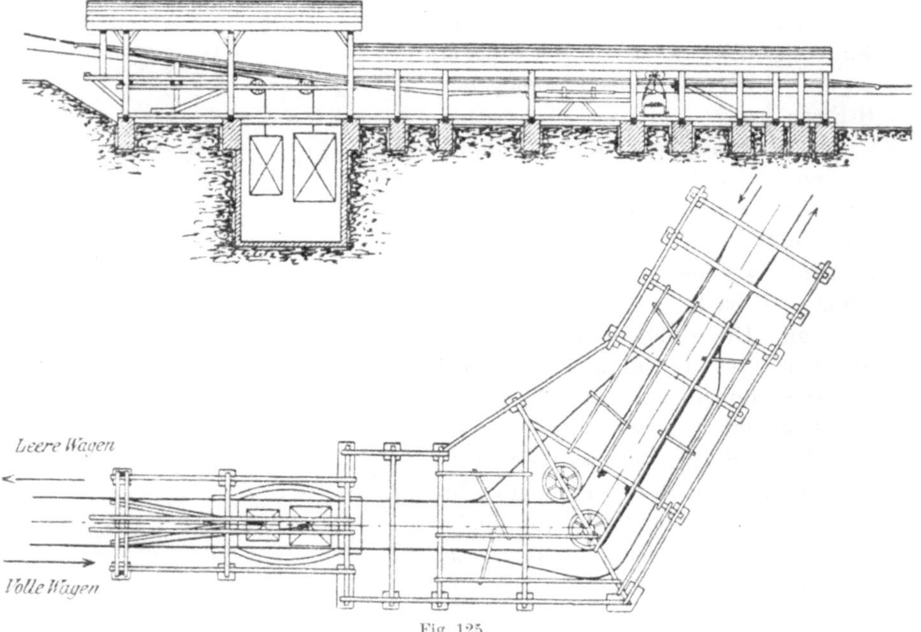

Fig. 125.

kraft nicht störend bemerkbar macht. Eine Abbildung einer derartigen von Th. Otto & Comp. ausgeführten Kurvenanlage zeigt Fig. 127.

Die Wagen pendeln unter dem Einfluß ihres Gewichtes und der Zentrifugalkraft aus um den Betrag $x = z \cdot \operatorname{tg} \alpha$, worin $\operatorname{tg} \alpha = \dfrac{v^2}{r\,g}$ einzusetzen ist. Hierin bedeutet

  z die Entfernung des tiefsten Punktes des Wagenkastens von der Laufbahn, die im allgemeinen zu 1,8 m angenommen werden kann,
  v die zwischen 1,5 bis 3 m/Sek. liegende Fördergeschwindigkeit,
  r den Halbmesser der Ablenkungsstation in m,
  $g = 9,81$ m/Sek.² die Fallbeschleunigung.

Beim Vorübergang an den verhältnismäßig kleinen Umführungsscheiben schlägt der Wagenkasten jedesmal etwas weiter aus, so daß man in die

Rechnung x nicht größer als 2,5 bis 3 cm einsetzt. Damit ergibt sich aus der obigen Gleichung der Halbmesser des inneren Ablenkungskreises bei $v = 1,5$ m/Sek. Fördergeschwindigkeit zu $r = 16,5$ m und bei $v = 2,5$ m/Sek. zu $r = 38$ m. Zur Erreichung einer ganz sicheren Führung haben die Wagen entweder am Gehänge oder am Laufwerk noch eine besondere Führungsrolle, die sich in der Station gegen ein entsprechend gebogenes ⊔-Eisen legt.

Damit das Zugseil nicht etwa bei größerem Durchhang von den ersten Umführungsscheiben abgleitet, müssen dicht davor noch Tragrollen angeordnet werden, die aber von den Wagen beiseite geschoben werden können. Die Rollen sitzen deshalb auf einem etwa 2 m langen Hebel, der sich um einen 15 bis 20° gegen die senkrechte geneigten Zapfen dreht und dessen Spitze an einer Kette aufgehängt ist. Durch sein Eigengewicht legt er sich mit der Rolle stets dicht vor die Umführungsseilscheibe, und ein ankommender Wagen drückt die entsprechend gebogene Spitze des Hebels zur Seite, so daß die Bahn für ihn frei wird.

In besonders einfacher Weise läßt sich die Ablenkung bei der freipendelnd aufgehängten Kupplung von R. White ausführen. Die oben liegenden Tragseile sind auf der Stütze festgelegt (vgl. Fig. 64), und das Zugseil geht nur um eine ganz kleine Umführungsrolle. Da die Kupplungsklaue frei beweglich ist, so vollzieht sich der Übergang des Wagens sogar bei Ablenkungen bis zum Verhältnis 1 : 5 ohne erhebliche Schwankungen.

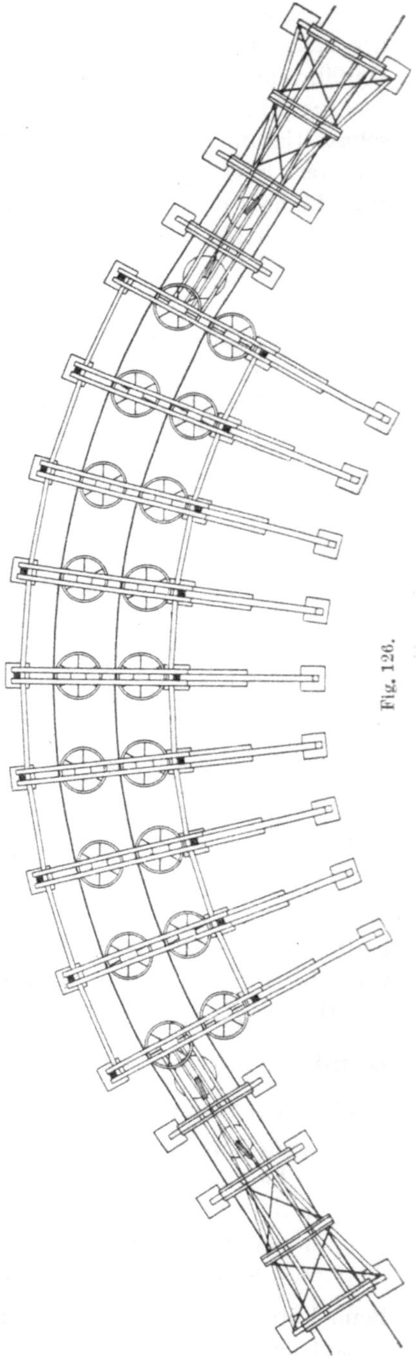

Fig. 126.

Fig. 127.

46. Die Endstationen.

Die Ausbildung der Endstationen hängt im wesentlichen von den speziellen Anforderungen ab und nebenher auch von der Art des Kupplungsapparates, ob oben oder unten liegend. Am einfachsten fällt gewöhnlich die Beladestation einer so stark geneigten Anlage aus, daß der Betrieb selbsttätig erfolgt. Das Zugseil geht über eine mit Hirnleder ausgelegte Seilscheibe, auf deren senkrechte Achse die Bremsscheiben sitzen, wovon mindestens zwei vorhanden sind. Hat die abzubremsende Leistung einen größeren Betrag, so werden gewöhnlich drei Bremsen angeordnet; die eine bleibt dauernd gleichmäßig angezogen, die zweite dient als Regulierbremse während der Fahrt und die dritte als Reserve. Im Fall der Fig. 128, die eine Konstruktion von Th. Otto & Comp. darstellt, ist vor

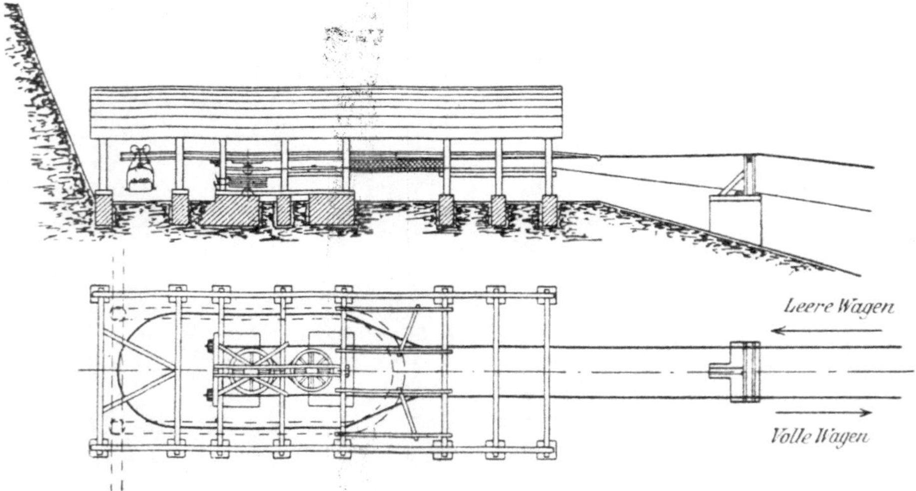

Fig. 128.

der Umführungsscheibe noch eine lose vorgelagert entsprechend Fig. 39, weil die Bremsleistung für eine halbumspannte Scheibe schon zu groß ist (vgl. Absatz 18). Mit Rücksicht auf Anforderungen der Gewerbeinspektion ist unter dem Zugseil noch ein Schutznetz angebracht worden.

Die Fördergefäße werden aus dem Steinbruch auf kleinem Schmalspur-Untersatzwagen herangebracht, und die Gleise sind nun dort, wo sie unter den Hängebahnschienen entlang laufen, so weit erhöht, daß die Haken des Wagengehänges unter die Kastenzapfen greifen können, wie Fig. 129 nach einer Ausführung von Carstens & Fabian veranschaulicht. Da das Hinaufschieben größerer Lasten auf die allerdings nur etwa 10 bis 12 cm hohe Aufschüttung doch Schwierigkeiten verursacht, so sind in einzelnen Fällen die Untersatzwagen mit Windwerk ausgerüstet worden. Fig. 136 zeigt die von Ceretti & Tanfani getroffene Anord-

nung einer Zahnstangenwinde an dem Untergestellwagen mit ihrem Rädervorgelege.

Die Fig. 129 läßt erkennen, daß bei Anlagen mit untenliegendem Zugseil der Durchblick von einer Seite der Station auf die andere durch die Seilscheiben und ihre Lagerung sehr behindert ist. Demgegenüber bietet die Oberseilführung den nicht zu unterschätzenden Vorteil, daß die Station vollständig frei und überall begehbar ist. Fig. 131, die eine Ausführung der Benrather Maschinenfabrik darstellt, zeigt dies mit aller Deutlichkeit. Hier ist mit dem Antrieb der etwas ansteigenden Bahn auch gleich die Zugseilspannvorrichtung verbunden. Sind größere Leistungen auf das Zugseil zu übertragen, so wird auch bei dieser Anordnung noch eine Scheibe vorgelegt, und die Seilführung erfolgt dann nach Fig. 132, wo also auf der jeweiligen Antriebsscheibe noch eine lose Umführungsscheibe liegt.

Fig. 130.

Die Entladestationen werden in ähnlicher Weise durchgebildet. Fig. 133 zeigt eine solche der Firma Neyret - Brenier & Cie. mit Unterseilführung. Die Endseilscheibe ist behufs Anspannung verschiebbar gelagert. Als Länge, um die sich diese Spannscheibe verschieben kann, rechnet man gewöhnlich für den ersten km Bahnlänge 3 m und für jeden folgenden km 1 m mehr. Um das von der Station aus steil ansteigende Zugseil entsprechend zu führen, ist eine Anzahl von Druckrollen am Eingang angeordnet, und der einlaufende Wagen hebt es so weit von diesen Rollen ab, daß die Zugseilklemme daran vorbei kann. Eine ähnliche Station für Oberseilführung ist in Fig. 134 dargestellt, sie enthält die in Fig. 132 skizzierte Anordnung des mit der Zugseilspannvorrichtung vereinigten Antriebes. Die Tragseile sind hier nicht, wie z. B. in den Fig. 131 und 133 mit Hilfe von Ablenkungsschuhen nach der Mitte zusammengezogen, sondern wie es A. Bleichert & Co. gewöhnlich macht, über miteinander versteifte Ablenkungsschienen von großem Halbmesser geleitet; in die Schienen werden sorgfältig geglättete Gußeisenführungen eingelegt.

In vielen Fällen werden die Wagen um die Endseilscheibe nur herumgeleitet, und die Entladung erfolgt irgendwo vor der Station. Eine derartige Endstation ist bereits in Fig. 78 abgebildet worden: Die Wagen mit obenliegendem Kupplungsapparat werden am Ende an einer Anzahl kleiner Rollen entlang geführt, die in einem Halbkreis von etwa 2 m angeordnet sind. Man erkennt in der Figur auch die Druckschiene, gegen die sich die in Fig. 100 gezeichnete Druckrolle des Laufwerkes legt. Derartige selbsttätige Endstationen sind mehrfach recht hoch, bis 40 m aufgebaut worden, und man benutzt den davorliegenden, auf hinreichende Länge freigespannten Teil der Strecke zum Aufschütten einer Halde. Fig. 135 veranschaulicht eine solche von J. Pohlig ausgeführte Anlage,

Fig. 131.

bei der zwischen der Endstation und der nächsten, ebenfalls 40 m hohen Stütze ein Abstand von 250 m liegt, so daß dort ohne jede Bedienung bis 450 000 cbm Berge aufgeschüttet werden können.

Eine Antriebsstation mit untenliegendem Seil, bei der die Wagen ebenfalls am Zugseil über die Endseilscheibe gehen, gibt Fig. 136 nach einer Ausführung von Th. Otto & Comp. Der Antrieb der Scheibe erfolgt mittels Kegelräder und Stirnradvorgelege von der vorn sichtbaren Welle aus. Bemerkenswert ist noch die Anordnung der Druckrollen, die das Zugseil in richtiger Weise zu leiten haben. Da die Druckrolle dem Kupplungsapparat Platz machen muß, so sind drei solche Rollen an einer drehbaren Scheibe gelagert, und das Wagengehänge dreht nun die Scheibe herum, wenn es an einen damit verbundenen Anschlagstift stößt. Eine an der Stelle angeordnete Führungsschiene sorgt dafür, daß das Gehänge nicht etwa beim Auspendeln an dem Stift vorbeigeht.

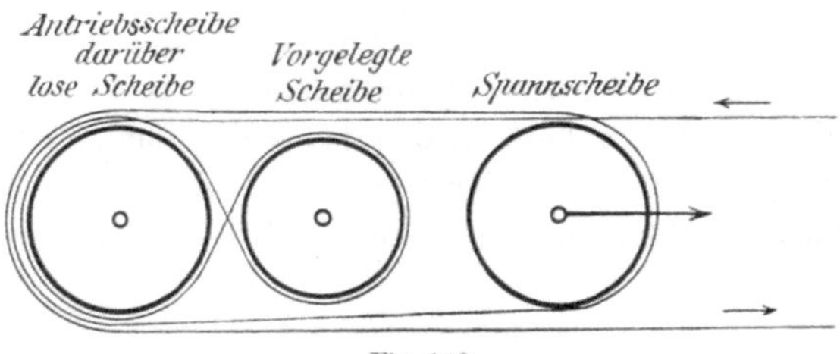

Fig. 132.

Die Grundzüge, nach denen bei der Auswahl der verschiedenen Stationssysteme verfahren wird, sind kurz folgende: Bei selbsttätig

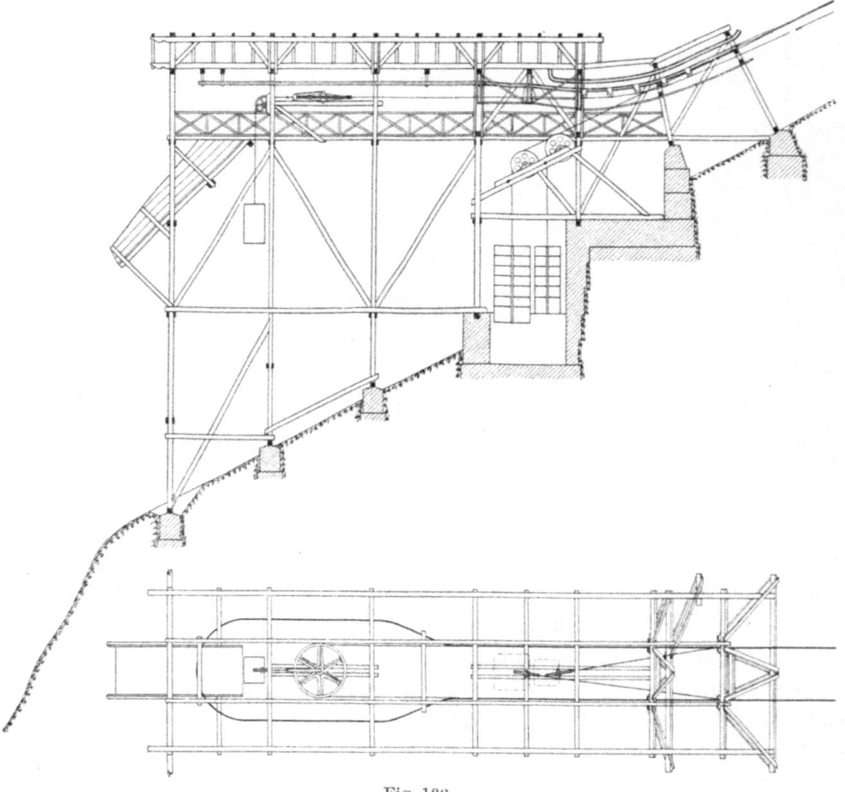

Fig. 133.

gehenden Anlagen wird naturgemäß die Bremsvorrichtung in der oberen Station an der festgelagerten Scheibe angebracht, und die verschiebbare Spannscheibe befindet sich in der unteren Station. Dieselbe Anordnung

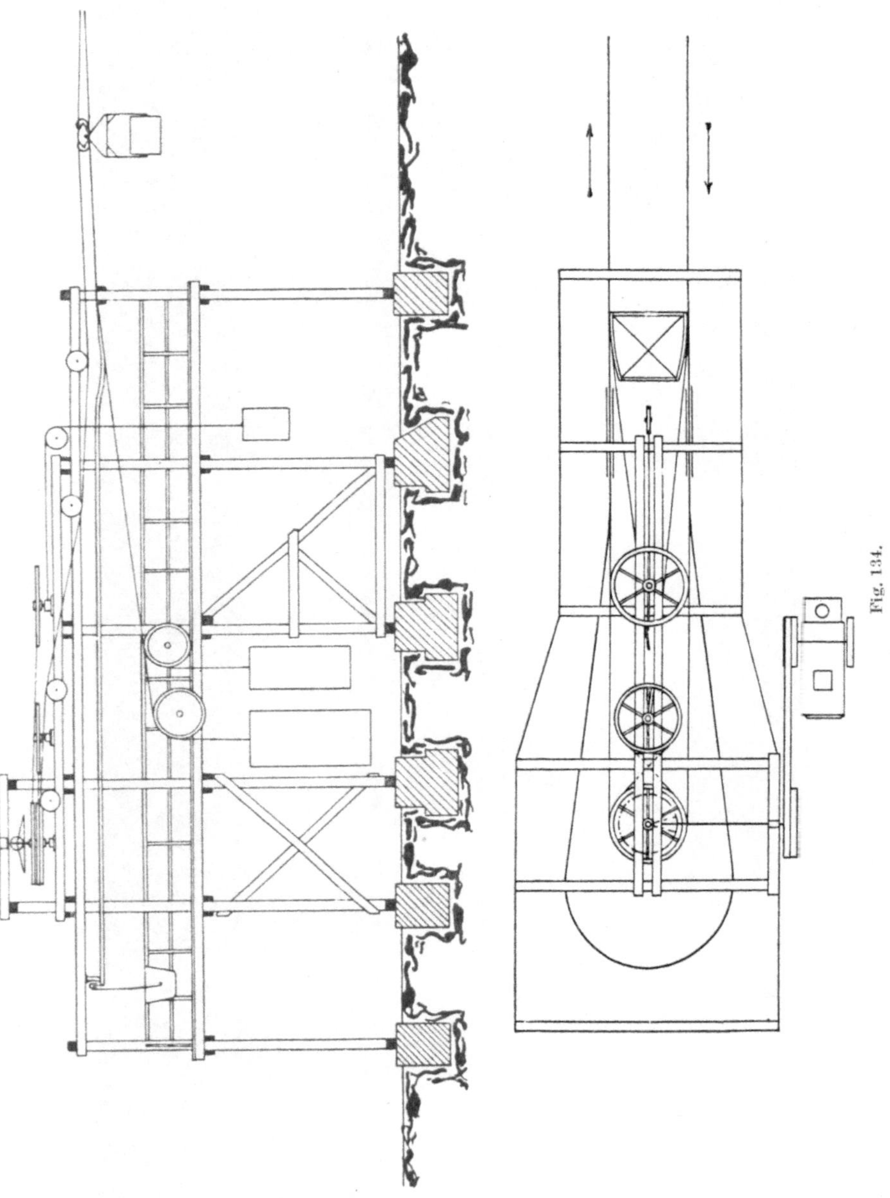

Fig. 134.

wird auch bei Aufwärtsförderung getroffen, wenn die Antriebsmaschine in der oberen Entladestation, einer Fabrik oder dergl., steht. Erfolgt der Antrieb aus örtlichen Gründen, etwa weil die Transmission oder Antriebsmaschine dort schon vorhanden ist, in der tiefer gelegenen Station,

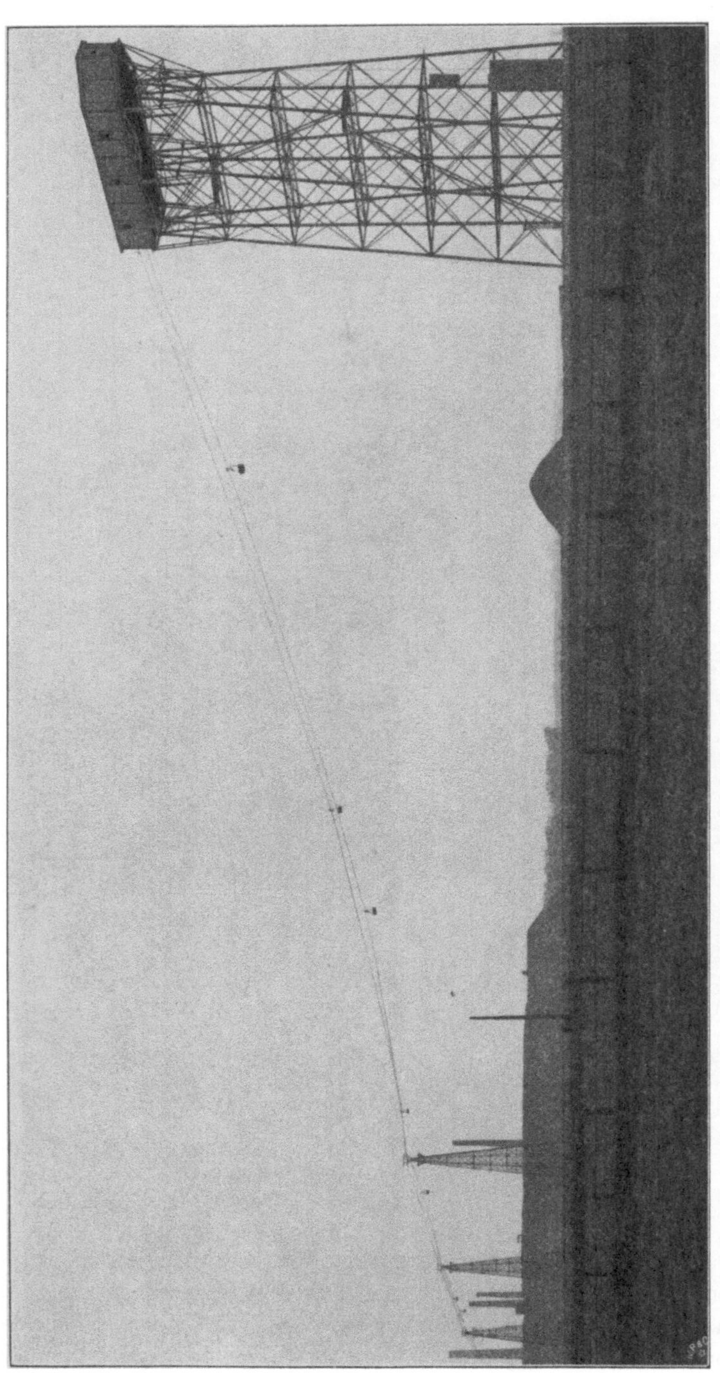

Fig. 135.

so muß die Spannvorrichtung damit vereinigt werden, da man die obere
Scheibe aus Sicherheitsgründen stets fest lagert. Das gleiche ist der Fall,

Fig. 136.

wenn die Endscheibe fest gelagert werden muß, weil sie bei Entladung
auf der Strecke nur als Umführungsscheibe dient.

47. Die Zwischenstationen.

Im allgemeinen pflegt man bei Bahnen über 6 bis 7 km Länge das
Zugseil nicht mehr in einer Länge durchzuführen, sondern zerlegt es in
zwei getrennte Kreisläufe, die sehr vorteilhaft ihren gemeinsamen Antrieb
in der Zwischenstation erhalten. So ist z. B. die Anordnung bei der Anlage getroffen worden, deren Profil in Fig. 1 auf Tafel 1 gegeben wurde.
Naturgemäß hat man die Zwischenstation in den Bruchpunkt der Linie
verlegt.

Findet, weil es die gegebenen Verhältnisse verlangen, der Antrieb
in einer Endstation statt, so muß etwa in der Mitte der Bahn eine Über-
triebsstation eingerichtet werden.

Bei älteren Ausführungen wurde gewöhnlich das eine Zugseil über
eine festgelagerte Endseilscheibe geführt und trieb mit Hilfe eines Kegel-
räderpaares eine wagerechte Welle, die ihrerseits wieder die Antriebsscheibe des zweiten Seilkreises vermittels eines gleichen Zahnräderpaares
bewegte. Man hat jetzt diesen umständlichen und teuren Übertrieb ver-

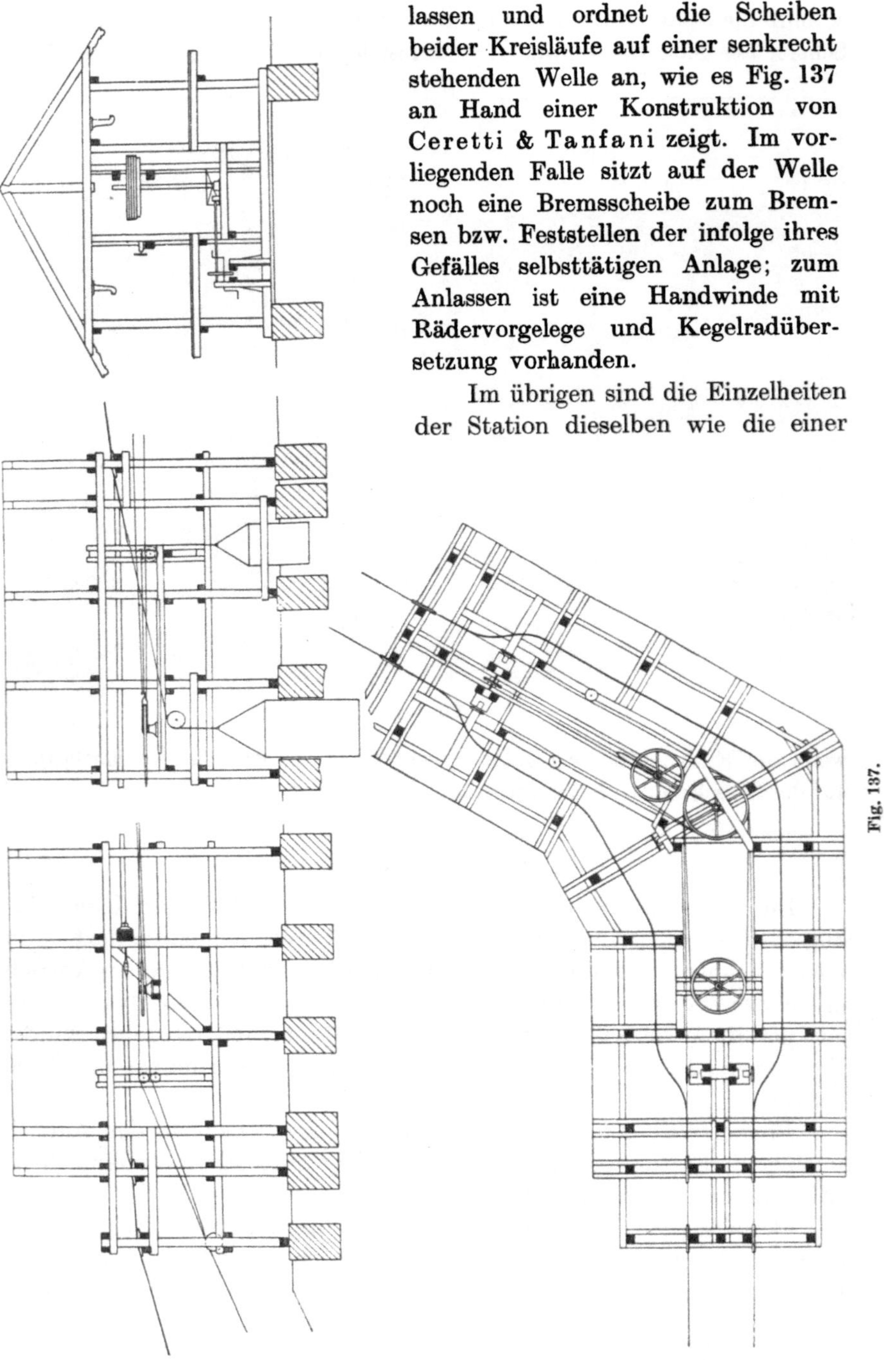

lassen und ordnet die Scheiben beider Kreisläufe auf einer senkrecht stehenden Welle an, wie es Fig. 137 an Hand einer Konstruktion von Ceretti & Tanfani zeigt. Im vorliegenden Falle sitzt auf der Welle noch eine Bremsscheibe zum Bremsen bzw. Feststellen der infolge ihres Gefälles selbsttätigen Anlage; zum Anlassen ist eine Handwinde mit Rädervorgelege und Kegelradübersetzung vorhanden.

Im übrigen sind die Einzelheiten der Station dieselben wie die einer

Endstation. Die Wagen müssen von Hand auf den Hängebahnschienen hindurchbewegt werden; doch ist es auch durch Neigung der Schienen im Verhältnis 1 : 50 möglich, die Wagen infolge ihres Eigengewichtes durchlaufen zu lassen, wenn nur der Kupplungsapparat selbsttätig arbeitet. Natürlich müssen in diesem Fall die scharfen Ablenkungen der Fig. 137 durch schlanke Übergänge ersetzt werden, was ja bei Oberseilführung sehr bequem auszuführen ist.

Der Grund für die Anordnung von Zwischenstationen ist der, daß bei zu großer Länge in Verbindung mit starken Steigungen das in einer Länge durchgehende Zugseil unnötig schwer ausfällt, und nebenbei auch die Spannvorrichtung zu lang wird. Bei einer Teilung kann man das vom Antrieb entferntere Seil dünner ausführen, und wenn letzterer in der Mitte liegt, sogar beide Seile. Bemerkt sei noch, daß J. Pohlig bei günstigen Geländeverhältnissen und Verwendung seines Rollenlaufwerkes eine Bahn ohne Schwierigkeit in einer Länge von 10 km durchgeführt hat.

Mehrfach kommt es vor, daß zwischen den beiden Endstationen eine Abzweigung herzustellen ist, besonders wenn die Hauptbahn verschiedene Materialien, z. B. Kohlen und Erze, zu transportieren hat; gewöhnlich sind die Kohlen nur zeitweise zu fördern und nach einer anderen Stelle als die Erze. Man kann dann die Zwischenstation so ausbilden, daß alle ankommenden Wagen vom Zugseil gelöst und nun von Hand entweder auf dem durchlaufenden Strang zum Ausgang oder in die Abzweigung geschoben werden. Die drei Zugseile gehen dabei vorteilhaft über drei auf derselben Welle sitzende Endscheiben, so daß die ganze Anordnung der in Fig. 125 gegebenen entspricht, nur daß die Station zwei Ausläufe hat.

Bisweilen erweist es sich als zweckmäßiger, die Anschlußstrecke in der anderen Station anzutreiben, falls die Bahn nicht selbsttätig geht. Man kann dann das Zugseil der Hauptanlage ohne Unterbrechung durchlaufen lassen und kuppelt die Wagen nur ab, wenn nach der Abzweigung zu fördern ist. Die Kuppelvorrichtungen des durchlaufenden Stranges müssen zu dem Zweck ausrückbar gemacht werden, was allerdings bei den meisten Einrichtungen ziemlich umständlich ist. Bei den Schraubenklemmapparaten muß die ganze Eisenkonstruktion der Fig. 105 und 106 seitwärts aus der Bahn der Wagen hinausgeschoben werden. Verwendet man Kuppelschienen nach den Fig. 114, 115 und 117, so müssen diese durch Schrauben entsprechend gesenkt und das Seil von der es nach oben führenden Rolle abgeworfen werden. Am einfachsten macht sich die Einrichtung bei Innenspur und Klemmbacken, die sich seitlich öffnen. Die Kuppelschiene kann dort durch Drehung um zwei, einige cm darunter sitzende Zapfen bequem eingelegt und ausgeschaltet werden, wobei die das Seil nach innen führende Druckrolle gleich mit der Schiene verbunden ist. Man braucht in diesen Fällen keine Bedienungsmannschaften in der Zwischenstation, wenn die Einstellung einmal erfolgt ist.

48. Die Entladung auf freier Strecke.

Die Entladung der Wagenkasten kann vollkommen selbsttätig stattfinden, wenn die mit einem entsprechend gebogenen Hebel versehene
Klaue während der Fahrt gegen einen Anschlag stößt (vgl. Absatz 41).

Fig. 138.

Auf der freien Strecke werden diese Anschläge am Tragseil befestigt und zwar derart, daß sie nach Lösung einer Schraube leicht durch einen Arbeiter von einem Wagenkasten aus verschoben werden können. Vielfach sind es große bügelartige Hebel, auf denen unten noch eine Zugseiltragrolle sitzt. Um ein Gradehängen zu erzielen, ist gewöhnlich noch ein Gegengewicht nötig, wie Fig. 138 nach einer Ausführung von Carstens & Fabian zeigt. Bei obenliegendem Zugseil hat man auch die Zugseiltragrolle entsprechend hoch gelegt, und die Auslösevorrichtung erhält dann die in Fig. 139 dargestellte, ihr von Th. Otto & Comp. gegebene Form.

Fig. 139.

Man hat auch versucht, die Auslösevorrichtung von einer an der nächsten Stütze befindlichen kleinen Winde aus mit Hilfe eines besonderen Zugseiles zu verschieben, so daß zur Verstellung nicht erst der ganze Betrieb still zu setzen ist. Da jedoch das Zugseil sehr leicht mit diesem Stellseil zusammenschlägt, so bleibt man gewöhnlich bei den zuerst beschriebenen Einrichtungen. Nur bei Hängebahnanlagen, wo man das Verstellseil hinreichend weit vom Zugseil entfernt anbringen kann, empfiehlt sich diese Art der Verschiebung, wovon Fig. 140 ein Beispiel nach einer Ausführung von A. Bleichert & Co. gibt[1]).

---

[1]) Z. d. V. d. Ing. 1903, Seite 1631.

Zu beachten ist noch, daß bei der plötzlichen Entladung die Spannung des Tragseiles auf eine Verringerung des Durchhanges hinwirkt und so den Wagen in die Höhe schnellen läßt. Bei Seilgreifern

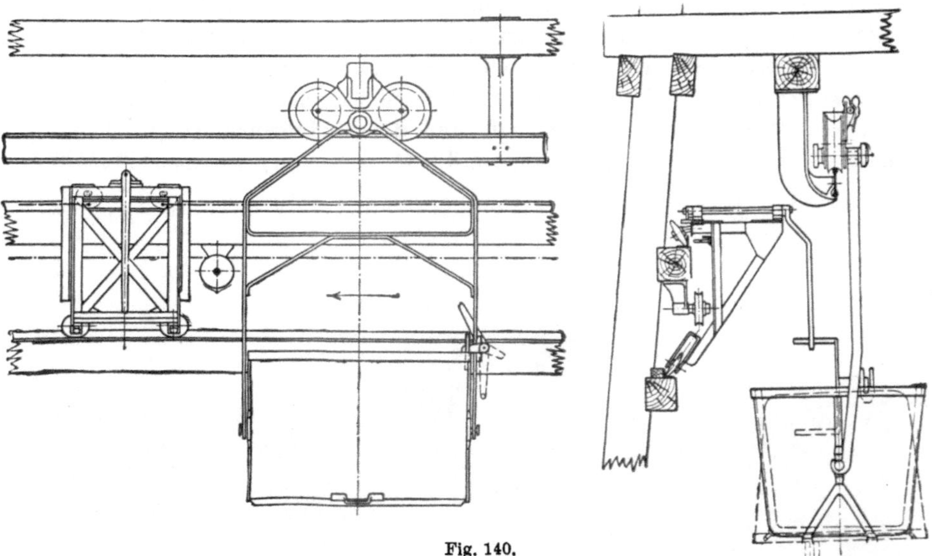

Fig. 140.

mit Gewichtswirkung kann dadurch unter ungünstigen Umständen eine Lösung vom Zugseil eintreten, falls der Mechanismus des Greifers nicht selbstsperrend ist.

49. Die Zugseilgeschwindigkeit.

Bei den Kupplungsapparaten, die durch einen Arbeiter bedient werden müssen, kann man die Geschwindigkeit des Zugseiles nicht gut größer als 1,5 m/Sek. annehmen, weil sonst der Wagen der Hand des Arbeiters zu schnell entrissen und die Klemme infolgedessen nicht fest genug angepreßt wird. Auch nach Einführung der selbsttätigen Schraubenkupplung blieb man noch lange Zeit bei dieser Geschwindigkeit, da ja das schwere Gewicht am Ende des Kuppelhebels schon bei dieser Geschwindigkeit mit ziemlicher Wucht gegen die verhältnismäßig steil stehenden Führungsschienen stößt.

Mit Einführung der das Wagengewicht zur Wirkung benutzenden Apparate erhöhte man die Fördergeschwindigkeit sogleich auf 2,5 m/Sek. und geht jetzt bisweilen bis 3 m/Sek., denn die Kuppelschienen sind so wenig geneigt, daß auch bei den genannten hohen Geschwindigkeiten das Auflaufen der Kuppelrollen nahezu stoßlos erfolgt. Hierdurch angeregt hat man auch die Bahnen mit Schraubenkupplung schneller laufen lassen; jetzt schon häufig vorkommende Geschwindigkeiten derartiger Anlagen sind 2 und 2,5 m/Sek.

Allerdings empfehlen sich die großen Geschwindigkeiten nur für lange Bahnen, bei denen man mit möglichst wenig Wagen auf der Strecke auszukommen sucht. Bei verhältnismäßig kurzen Anlagen, wo die Ausgaben für einige Wagen mehr wenig bedeuten, wird man mit Rücksicht auf den bequemeren Betrieb in den Endstationen wohl meist mit den niedrigen Geschwindigkeiten arbeiten.

Werden die Wagen mit dem Zugseil über Ablenkungsscheiben geführt wie bei den selbsttätigen Winkelstationen, so wählt man vorteilhaft die niedrigere Geschwindigkeit, damit der Halbmesser und damit die Ausdehnung und der Preis der Station möglichst klein ausfällt. Die Bedingungen hierfür sind bereits in Absatz 47 erörtert worden. Findet die Umführung um eine Scheibe von 2 m Halbmesser statt, so darf die Geschwindigkeit nicht mehr als 0,75 m/Sek. betragen, wenn der unterste Teil des Wagenkastens nur um 5 cm ausschwingen soll. Bei 1 m/Sek. ist bereits für die gleiche Bedingung ein Halbmesser von 3,67 m erforderlich.

50. Die Zugseilstärke und Antriebsleistung.

Zur Bestimmung der Zugseilstärke dienen die in Absatz 19 entwickelten Gleichungen. Man erhält am besten einen Überblick über die fraglichen Verhältnisse durch Berechnung einiger Zahlenbeispiele.

Es werde deshalb die Stärke des Zugseils und die abzubremsende Leistung einer Anlage festgestellt, deren End- und Zwischenstationen die Fig. 128, 166 und 125 darstellen. Sie besitzt eine Länge von $l = 4400$ m bei $h = 280$ m Gefälle und hat stündlich $Q = 32$ t Bruchsteine nach unten zu fördern, in Ladungen von je $P = 350$ kg; die Wagen haben das Eigengewicht $p = 160$ kg, die Fördergeschwindigkeit beträgt $v = 1,5$ m/Sek.

Das Spanngewicht in der unteren Station wiege $G = 800$ kg, so daß die geringste im Seil auftretende Spannkraft $S = 400$ kg beträgt, — man wählt sie je nach der Seilstärke zwischen 300 bis 500 kg. Dann ergibt Gleichung (27) in Absatz 19 die an der Bremsscheibe herrschende Spannkraft im Trum für die beladenen Wagen

$$S_1 = S + Ql\left[\frac{q}{Q} + \frac{0,28}{v}\left(1 + \frac{p}{P}\right)\right] \cdot \left(\frac{h}{l} - \mu\right),$$

worin für μ der kleinste Wert $\dfrac{1}{100}$ einzusetzen ist, weil es abgezogen wird.

Damit folgt, wenn die Zugseilstärke schätzungsweise zu $d = 1,8$ cm angenommen, also das Metergewicht $q = 1,27$ kg eingesetzt wird,

$$S_1 = 400 + 32 \cdot 4400\left[\frac{1,27}{32} + \frac{0,28}{1,5}\left(1 + \frac{160}{350}\right)\right]\left(\frac{280}{4400} - \frac{1}{100}\right)$$

oder $S_1 = 400 + 140800 \cdot 0,312 \cdot 0,0537 \backsim 2750$ kg.

Wird vorläufig mit $\mathfrak{S} = 7$ facher Sicherheit gerechnet und die Zerreißfestigkeit des Stahlmaterials $K_z = 15000$ kg/qcm zugrunde gelegt, so erhält man den Seilquerschnitt

$$F = \frac{S_1 \cdot \mathfrak{S}}{K_z} = \frac{2750 \cdot 7}{15000} = 1{,}28 \text{ qcm},$$

dem der Seildurchmesser $d = 1{,}8$ cm entspricht mit dem Querschnitt $F = 1{,}32$ qcm und der Drahtstärke $\delta = 2$ mm.

Beim Übergang über die Seilscheibe von $D = 2$ m Durchmesser erfährt der Draht noch eine Biegungsbeanspruchung

$$k_b = \beta E \frac{\delta}{D} = 0{,}36 \cdot 2\,200\,000 \, \frac{2}{2000} \sim 790 \text{ kg/qcm},$$

dazu kommt die Zugbeanspruchung

$$k_z = \frac{S_1}{F} = \frac{2750}{1{,}32} \sim 2080 \text{ kg/qcm},$$

so daß die Gesamtbeanspruchung $k_b + k_z = 2870$ kg/qcm beträgt. Die tatsächliche Sicherheit ist somit

$$\mathfrak{S} = \frac{K_z}{k_b + k_z} = \frac{15000}{2870} = 5{,}2.$$

Die Bremsleitung wird am einfachsten aus Gleichung (31) bestimmt:

$$N = (S_1 - S_1') \frac{v}{75} = Q l \frac{0{,}28}{75} \left[\frac{h}{l} \cdot 1 - \mu \left(\frac{q}{Q} \frac{v}{0{,}14} + 1 + \frac{2\,p}{P} \right) \right]$$

oder nach Einsetzung der Zahlenwerte

$$N = 32 \cdot 4400 \cdot \frac{0{,}28}{75} \left[\frac{280}{4400} \cdot 1 - \frac{1}{100} \left(\frac{1{,}27}{32} \frac{1{,}5}{0{,}14} + 1 + \frac{2 \cdot 160}{350} \right) \right],$$

$$N = 525 \cdot [0{,}0637 - 0{,}0335] \sim 21 \text{ PS}.$$

Mit Rücksicht auf die Widerstände in den Triebwerken der drei Stationen kann die Bremsleistung zu $N = 18$ PS angenommen werden.

Die gleiche Rechnung werde noch einmal durchgeführt für eine Anlage, die um $h = 170$ m ansteigt; Antrieb und Spannvorrichtung seien nach Fig. 132 miteinander in der unteren Station vereinigt; im übrigen mögen dieselben Zahlenwerte gelten wie im ersten Beispiel.

Das Spanngewicht $G = 800$ kg erteilt dem ablaufenden Trum, mit dem die beladenen Wagen nach oben gefördert werden, die Anfangsspannkraft $S = 400$ kg. Die Endspannkraft in der zweiten Station ist dann nach Gleichung (27)

$$S_1 = S + Q l \left[\frac{q}{Q} + \frac{0{,}28}{v} \left(1 + \frac{p}{P} \right) \right] \cdot \left(\frac{h}{l} + \mu \right).$$

Hier ist für μ der größte Wert $\frac{1}{70}$ einzusetzen, da es positiv in Rechnung gestellt wird, ferner werde wieder $q = 1{,}27$ kg/m für ein Seil von $d = 1{,}8$ cm Stärke geschätzt. Dann wird

$$S_1 = 400 + 32 \cdot 4400 \left[\frac{1{,}27}{32} + \frac{0{,}28}{1{,}5} \left(1 + \frac{160}{350} \right) \right] \cdot \left(\frac{170}{4400} + \frac{1}{70} \right)$$

oder $\quad S_1 = 400 + 140\,800 \cdot 0{,}312 \cdot 0{,}0529,$

$\qquad S_1 = 400 + 2320 = 2720$ kg.

Die Spannung in dem unten auflaufenden Trum ist nun

$$S_1' = S_1 - Q\,l \left[\frac{q}{Q} + \frac{0{,}28}{v} \cdot \frac{p}{P} \right] \cdot \left(\frac{h}{l} - \mu \right).$$

Obwohl die leeren Wagen abwärts gefördert werden, wird hier mit denselben Umständen wie auf der Lastseite gerechnet, also $\mu = \dfrac{1}{70}$ gesetzt. Man erhält

$$S_1' = 2720 - 140\,800 \cdot 0{,}125 \cdot 0{,}0243$$

oder $\qquad S_1' = 2720 - 430 = 2290$ kg.

Die größte Spannkraft entspricht der im vorhergehenden Beispiel erhaltenen, so daß die Annahme $d = 1{,}8$ cm zutrifft.

Die Antriebsleistung beträgt nun

$$N = (S_1' - S) \frac{v}{75} = (2290 - 400) \frac{1{,}5}{75} \sim 38 \text{ PS},$$

was mit Rücksicht auf die Widerstände in den Stationen auf $N = 40$ PS erhöht wird.

Die größte Leistung, die unter den gegebenen Verhältnissen auf das Zugseil übertragen werden kann, ist jedoch nach Gleichung (25) nur

$$N \sim \frac{1}{100} S_1' v = \frac{2290 \cdot 1{,}5}{100} \sim 34 \text{ PS}.$$

Demnach muß die vorgelegte Scheibe zweirillig ausgeführt werden und die Antriebsscheibe dreirillig; dabei kann nun die Hirnledereinlage fortgelassen werden, weil bei dem großen umfaßten Winkel trotz des kleineren Reibungskoeffizienten eine noch wesentlich höhere Leistung bequem übertragen wird.

In beiden Fällen ergeben sich noch etwas günstigere Verhältnisse, wenn ein ganz hart gezogenes Seil von $K_z = 18\,000$ kg/qcm Zerreißfestigkeit genommen wird. Man kann dann im zweiten Beispiel, ohne die Abmessungen zu ändern, das Spanngewicht verdoppeln, so daß S_1' den Wert $\dfrac{40 \cdot 100}{1{,}5} = 2670$ kg überschreitet, bei dem die zweirillige Antriebsscheibe genügt.

51. Schutzbrücken und -Netze.

Überschreitet die Seilbahn Straßen, Eisenbahnen oder dergl., so sind
Vorkehrungen zu treffen, die verhüten, daß ein herabfallendes Stück des
Wageninhaltes auf die betreffenden Verkehrswege stürzt. Man errichtet
dann gewöhnlich hölzerne Schutzbrücken von etwa 4 bis 4,2 m Breite,
wie sie beispielsweise Fig. 142 nach einer Ausführung von J. Pohlig
zeigt. Vielfach wird die Schutzbrücke gleich mit einer Stütze verbunden.
Eine derartige Ausführung ist in Fig. 141 nach einer Konstruktion von
Th. Otto & Comp. dargestellt. Zur vollständigen Sicherung gegen herab-

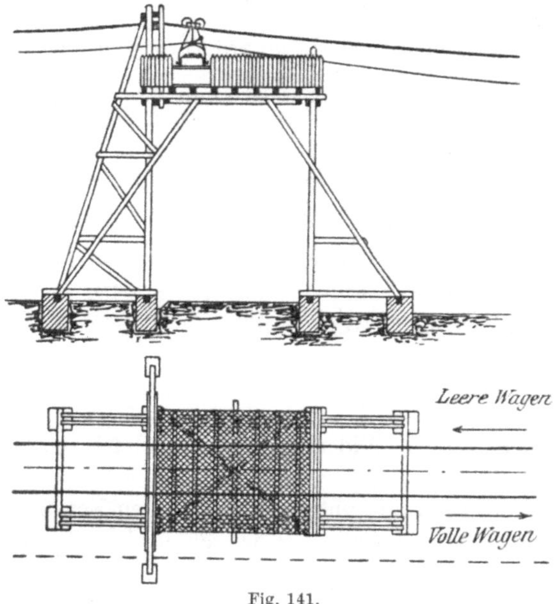

Fig. 141.

fallende Stücke hat der obere Teil, in dem die Wagen laufen, auf beiden
Seiten eine Bohlenverschalung erhalten. Vorteilhafter ist entschieden die
Verschalung mit dünnen, etwas schräg gestellten Brettern nach Fig. 143,
die hinreichende Spalte zum Durchtritt des Windes lassen. Die dargestellte Brücke ist von Bullivant & Co. gebaut worden. Am besten
ist die Anbringung von Drahtnetzen an den Seiten.

Bei schmalen Übergängen genügt auch oft ein leichtes Schutzgerüst
aus bombiertem Wellblech, wie Fig. 144 nach einer Ausführung von
J. Pohlig angibt. Nur in Ungarn, wo gern Schwierigkeiten gemacht
werden, wenn deutsche Firmen die Anlage liefern, wird eine so kräftige
Ausführung der Brücken verlangt, daß sie auch standhalten, wenn ein
ganzer vollgeladener Wagen daraufstürzt. Die Decke muß dann eine

Fig. 142.

Fig. 143.

Erdschüttung von ½ m Höhe erhalten, so daß der Preis der Schutzbrücke bei hoch darüber weggehenden Tragseilen (vgl. Fig. 144) sich auf etwa das Sechsfache des Normalen erhöht.

Eine eigenartige Verbindung der Schutzbrücke mit einer Stütze, die Th. Otto & Comp. in einem Falle ausgeführt haben, zeigt Fig. 145. Hätte

Fig. 144.

man, wie etwa in Fig. 141, die Tragseile auf der einen Seite der Brücke unterstützt, so wäre bei der geringen Höhe der Wagenkasten über dem Bohlenbelag auf der anderen Seite noch eine zweite Unterstützung notwendig geworden. Eine von J. Pohlig in Eisen ausgeführte Schutzbrücke über eine breite Straße (Fig. 146) mußte sogar in der Mitte noch eine Seilunterstützung mit den zugehörigen Zugseiltragrollen erhalten. Das

Fig. 145.

Eigengewicht eiserner Schutzbrücken beträgt bei 15 bis 20 m Spannweite etwa 1000 kg/m.

Müssen breite Fabrikhöfe überschritten werden, oder wird eine Straße unter einem sehr spitzen Winkel geschnitten, so ist unter der Bahn ein Schutznetz auszuspannen, dessen Durchhang meist 5 bis 6 v. H. der Länge beträgt. Es wird getragen von zwei oder drei Spiralseilen von 20 bis 28 mm Stärke, die alle 5 bis 7 m durch eine Versteifung aus T-Eisen auf die richtige Entfernung von etwa 4 bis 4,4 m auseinander gehalten werden. Darüber wird entweder ein Netz von etwa 40 mm Maschenweite

Fig. 146.

und 2 mm Drahtstärke gelegt, oder wenn besonders strenge Anforderungen gestellt werden, ein weites Netz von 80 bis 100 mm Maschenweite und darüber ein enges mit Maschen von etwa 20 mm. Die Fig. 147 gibt die Einzelheiten eines solchen Schutznetzes nach Angaben von Th. Otto & Comp. wieder.

Die statische Berechnung dieses Netzes von 68 m Länge und 4,3 m Breite, das die Versteifungen in 10 Felder von je 6,8 m Länge teilen, werde im folgenden ausführlicher wiedergegeben.

Bei einer Maschenweite von 40 mm und der Drahtstärke von 2 mm enthält 1 qm des Netzes $\dfrac{1000}{40} \cdot 2 = 50$ Drähte von etwa 1,1 m Länge;

das Gewicht beträgt demnach 1,33 kg/qm. Da die beiden äußersten Felder nicht mit abgedeckt sind, so ist das Gesamtgewicht des Netzes

$$G_1 = 8 \cdot 6,8 \cdot 4,3 \cdot 1,33 \sim 310 \text{ kg.}$$

Das Gewicht der Versteifungen aus T-Profil Nr. 5/5 ist

$$G_2 = 9 \cdot (4,3 + 0,1) \cdot 4,42 = 175 \text{ kg.}$$

Die drei Spiralseile, die vorläufig 25 mm stark angenommen werden, wiegen

$$G_3 = 3 \cdot 68 \cdot 3,13 = 640 \text{ kg.}$$

Hierzu tritt noch eine Schneelast von 75 kg/qm, also vom Gesamtgewicht

$$G_4 = 8 \cdot 6,8 \cdot 4,3 \cdot 75 = 17550 \text{ kg.}$$

Die größte vorkommende Belastung beträgt also $G = 18700$ kg.

Wird dabei mit einer dreifachen Sicherheit gerechnet, so ergibt sich nach Gleichung (10a) der Durchhang in der Mitte zu

$$f = \frac{a^2}{8 \frac{\mathfrak{S}'}{\mathfrak{S}} \cdot C} = \frac{68^2}{8 \cdot \frac{3}{6} \cdot 2900} = 4 \text{ m.}$$

Die Belastung eines Seiles auf 1 m Länge ist

$$q = \frac{18700}{3 \cdot 8 \cdot 6,8} = 114 \text{ kg/m.}$$

Damit beträgt die im Seil auftretende Horizontalspannkraft

$$H = \frac{q\,a^2}{8f} = \frac{114 \cdot 68^2}{8 \cdot 4} = 16500 \text{ kg.}$$

Der Neigungswinkel des Seiles gegen die Wagerechte bestimmt sich aus dem Zusammenhang

$$\operatorname{tg} \alpha = \frac{2f}{\frac{1}{2} a} = \frac{4 \cdot 4}{68} = 0,118;$$

hiermit erhält man $\cos \alpha = 0,94$ und $\sin \alpha \sim 0,11$.

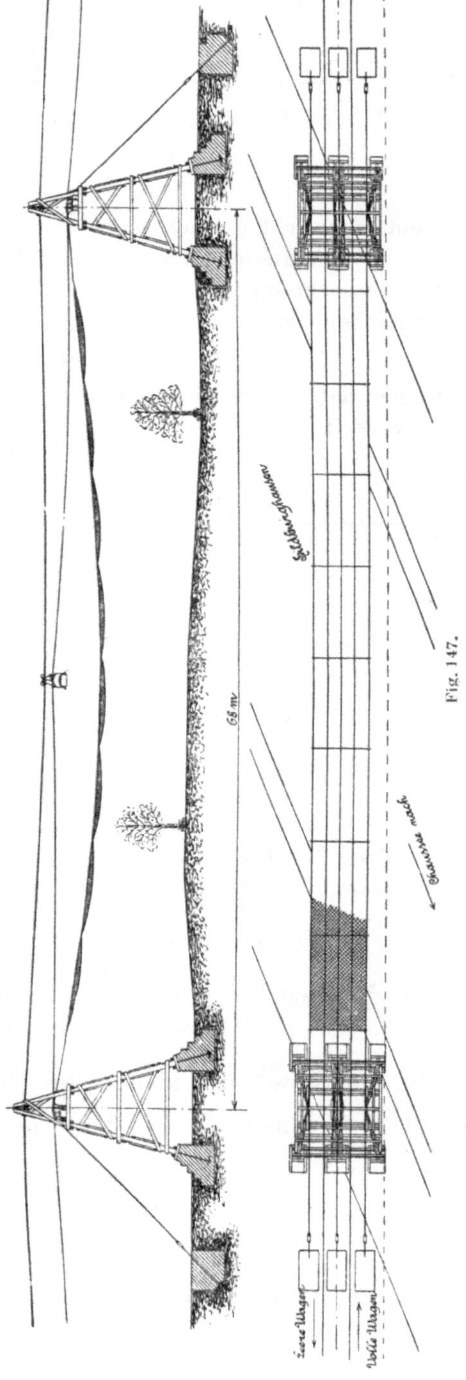

Fig. 147.

Die größte im Seil auftretende Spannkraft ergibt sich nun zu

$$S = \frac{H}{\cos \alpha} = \frac{16\,500}{0,94} = 17\,600 \text{ kg;}$$

damit folgt der Seilquerschnitt bei hartgezogenem Drahtmaterial zu

$$F = \frac{S \cdot \mathfrak{S}'}{K_z} = \frac{17\,600 \cdot 3}{14\,500} = 3,64 \text{ qcm.}$$

Dem entspricht die Seilstärke $d = 25$ mm mit $F = 3,73$ qcm.

Für die Betonklötze, in denen die Seile verankert sind, gilt nun mit den Bezeichnungen der Fig. 148 einmal die Bedingung, daß das Gewicht hinreichend groß sein muß, um ein Anheben zu verhüten:

$$G = \mathfrak{S} S \cos \beta,$$

ferner, daß das Gewicht einen hinreichenden Widerstand gegen Gleiten hervorruft:

$$\mu (G - S \cos \beta) = \mathfrak{S}' \cdot S \sin \beta.$$

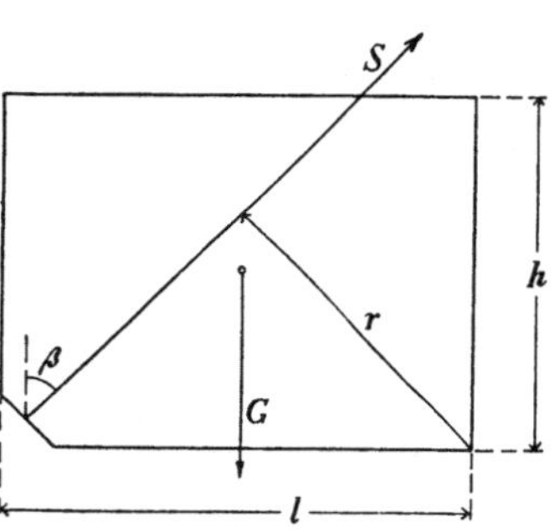
Fig. 148.

Wird hierin G aus der ersten Gleichung eingesetzt, so folgt

$$\mu S \cos \beta (\mathfrak{S} - 1) = \mathfrak{S}' S \sin \beta,$$

also der Winkel gegen die Senkrechte, um den das Seil abgelenkt werden kann, aus

$$\operatorname{tg} \beta = \frac{\mu (\mathfrak{S} - 1)}{\mathfrak{S}'} = \frac{0,65 \, (3 - 1)}{1,5} = 0,87$$

zu $\beta = 41\%$, wobei guter, trockener Sandboden vorausgesetzt ist und das vorliegende Erdreich durch Einsetzung von $\mathfrak{S}' = \tfrac{1}{2}\,\mathfrak{S}$ berücksichtigt wird.

Ausgeführt wurde $\operatorname{tg} \beta = 0,97$, also $\sin \beta \sim 0,70$ und $\cos \beta = 0,72$. Damit erhält ein rechteckiger Klotz das Gewicht

$$G = 17\,600 \left(\frac{1,5}{0,65} \cdot 0,70 + 0,72 \right) = 41\,000 \text{ kg}$$

und demgemäß mit $\gamma = 2000$ kg/cbm die Abmessungen $h = 3$ m, $l = 3,8$ m, $b = 1,8$ m. Allerdings ist die Sicherheit gegen Umkippen ebenfalls nur gering: Die Momentengleichung $G \dfrac{l}{2} = \mathfrak{S}' S r$ ergibt nach Einsetzung der Werte für G und r

$$\mathfrak{S} S \cos \beta \frac{l}{2} = \mathfrak{S}' S l \cos \beta,$$

also

$$\mathfrak{S}' = \frac{\mathfrak{S}}{2} = 1,5,$$

wie oben, jedoch genügt das, da dabei das vor dem Klotz festgestampfte Erdreich nicht mit berücksichtigt ist.

Der Auflagerdruck ist, da das Biegungsmoment immer sehr klein im Verhältnis zur Bodenfläche ausfällt, nie nachzurechnen.

Die Stützen erfahren nun den senkrechten Druck

$$P_1 = 3\,S\,(\sin\alpha + \cos\beta)$$
$$= 3 \cdot 0{,}83 \cdot 17\,600$$
$$= 43\,800 \text{ kg}$$

und den wagerechten auf Biegung wirkenden Zug

$$P_2 = 3\,S\,(\cos\alpha - \sin\beta)$$
$$= 3 \cdot 0{,}24 \cdot 17\,600$$
$$= 12\,700 \text{ kg.}$$

Ihre Berechnung entspricht im übrigen der in Absatz 36 durchgeführten, so daß sie hier unterlassen werden kann.

Bisweilen hat man für große Spannweiten an Stellen, wo ein Schutznetz nicht als genügend angesehen wird, wie z. B. beim Übergang über Hauptbahnen, recht bedeutende Eisenkonstruktionen als Brücken aufführen müssen. Einen Weg, den Anforderungen mit verhältnismäßig einfachen Mitteln und entsprechend geringen Kosten Genüge zu leisten, zeigt die von Th. Otto & Comp. ausgeführte Hängebrücke Fig. 149, die mit der an einem Bahnhof gelegenen Entladestation der Anlage verbunden ist.

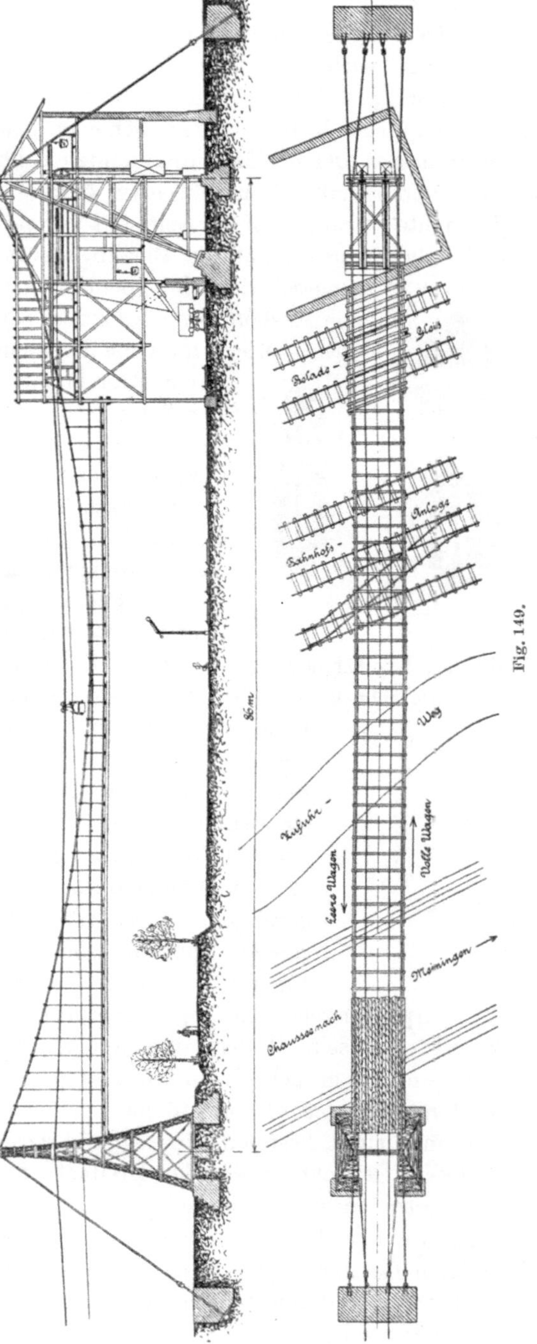

Fig. 149.

52. Die Hängebahnschienen.

In den Stationen schließen sich an die Tragseile Hängebahnschienen
an. Das Anschlußstück ist eine etwa 1 bis 1,5 m lange, unten ausgehöhlte
und oben gewölbte Schiene, die auf den Tragseilen lagert. Dicht hinter
der Kuppelstelle biegen diese Schienen gewöhnlich seitlich ab mit einem
Halbmesser, der bei den einlaufenden vollbelasteten Wagen für die Seilgeschwindigkeit 1,5 m/Sek. etwa 5 m, für 2,5 bis 3 m/Sek. etwa das
Doppelte beträgt. Auf der Seite der leeren Wagen, die ja von Hand heran-
geschoben werden, hat die Biegung gewöhnlich durchweg 5 m Radius.
Um die Wagengeschwindigkeit beim Einlaufen schnell zu verringern und
beim Auslauf ohne besondere Anstrengung des Arbeiters zu erhöhen, verlegt man die Schienen gewöhnlich im vorderen Teil
der Stationen mit einer geringen Neigung nach
der Strecke hin, die bei den kleineren Wagen-
geschwindigkeiten meist das Verhältnis 1 : 100 besitzt und bei den hohen bis zum Verhältnis 1 : 50
steigt. Fast überall liegt die Oberkante Schiene
1,9 bis 2 m über dem Fußboden, so daß der
freie Durchgang darunter nicht behindert wird.

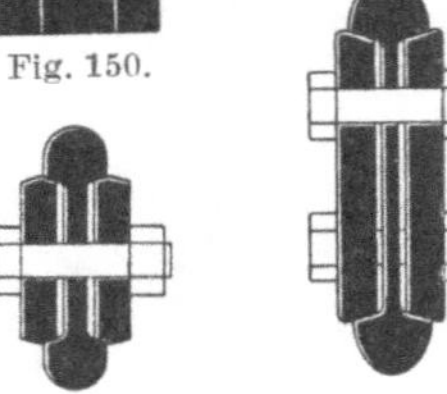

Fig. 150.

Fig. 151.   Fig. 152.

Als Schienenprofil wurde in erster Zeit allgemein ein oben abgerundetes Flacheisen benutzt,
das auch jetzt noch bei leichteren Einzellasten oft genug zur Anwendung
kommt. Die Firma Th. Otto & Comp. gebraucht gewöhnlich in solchen
Fällen das 100 mm hohe und 35 mm breite der Fig. 150,
die gleichzeitig die Verlaschung zeigt. Die Schiene besitzt bei einem Eigengewicht von 26 kg/m ein Widerstandsmoment von 50 cm³. Die Tragfähigkeit ist also
eine verhältnismäßig geringe, und man ist deshalb bald
zu den Doppelkopfprofilen der Fig. 151 und 152 übergegangen. Fast alle Drahtseilbahnfirmen lassen sich
eigene Spezialprofile herstellen, deren Walzen ihr
Eigentum bleiben. Das kleinere der von Th. Otto
& Comp. verwendeten Doppelkopfprofile hat 130 mm Höhe und 30 cm
Kopfbreite, sein Widerstandsmoment beträgt 70 cm³, das Gewicht
17 kg/m; das größere Profil von 200 mm Höhe und 40 cm Breite hat ein
Widerstandsmoment von 145 cm³ bei einem Eigengewicht von 27,5 kg/m.
Wie man sieht, leistet die in Fig. 152 dargestellte Schiene bei nur wenig
höherem Gewicht nahezu das Dreifache der einfachen Flacheisenschiene.

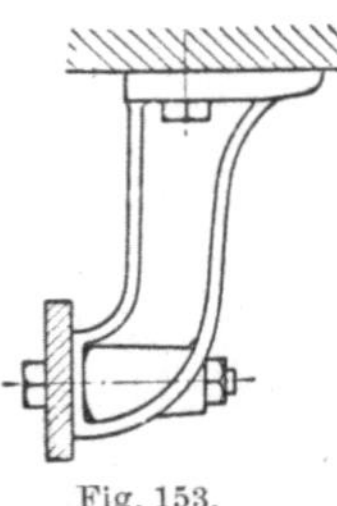

Fig. 153.

Getragen werden die Schienen meist von gußeisernen Hängeschuhen
(vgl. die Fig. 153, 140) oder auch von schmiedeisernen, gehörig versteiften Gehängen, die an der Oberkonstruktion der Stationen befestigt
sind. Da sie durch mehrere Unterstützungen durchlaufen und fest mit
den Hängeschuhen verschraubt sind, so können sie bei Feststellung der

Tragfähigkeit als an beiden Seiten eingespannt angesehen werden. Wird als größte Beanspruchung $k_b = 750$ kg/qcm zugelassen, so ergeben sich für verschiedene Wagenlasten, die in dichter Reihe auf den Schienen stehen, die folgenden freien Längen zwischen zwei Tragschuhen:
bei dem Profil nach Fig. 151 mit $W = 70$ cm³

$$\text{für } P = 550\,\text{kg } l = 3{,}1\,\text{m,}$$
$$P = 750\,\text{kg } l = 2{,}6\,\text{m,}$$
$$P = 1100\,\text{kg } l = 2{,}4\,\text{m,}$$

bei den Schienen nach Fig. 152 mit $W = 145$ cm³

$$\text{für } P = 750\,\text{kg } l = 3{,}8\,\text{m,}$$
$$P = 950\,\text{kg } l = 3{,}6\,\text{m,}$$
$$P = 1100\,\text{kg } l = 3{,}4\,\text{m.}$$

Für Nutzlasten mittlerer Größe reicht das stärkere Profil vollkommen aus, um die Unterstützungen der Hängebahnanschlußgleise in ein-

Fig. 154.

facher Weise ohne großen Materialaufwand auszuführen. Ein Beispiel einer derartigen Anordnung, wo die Stützen aus gebogenen Eisenbahnschienen bestehen, gibt Fig. 154 nach einer Ausführung von J. Pohlig.

Bei größeren Einzellasten pflegt man die Schienen mit Hilfe der üblichen Hängeschuhe zwischen den Unterstützungen noch ein- oder zweimal an durchlaufenden ⊏-Eisen aufzuhängen, was allerdings einen

ziemlichen Eisenaufwand bedingt. Vorteilhafter ist es in solchen Fällen, die
Schiene etwa nach Fig. 156 zu versteifen,
wobei nur die Hängeschuhe etwas anders
ausgebildet sind als gewöhnlich. Das
stärkere Profil trägt bei der dargestellten
Anordnung dicht hintereinanderstehende
Wagenlasten von je 950 kg auf 5 m frei.
Mit Rücksicht' auf die Zusammensetzung
in der Werkstatt hat man gewöhnlich die
Spannstangen gleich mit der Schiene verbunden, so daß die ganze, fertig versteifte
Schiene versandt werden konnte. Dem-

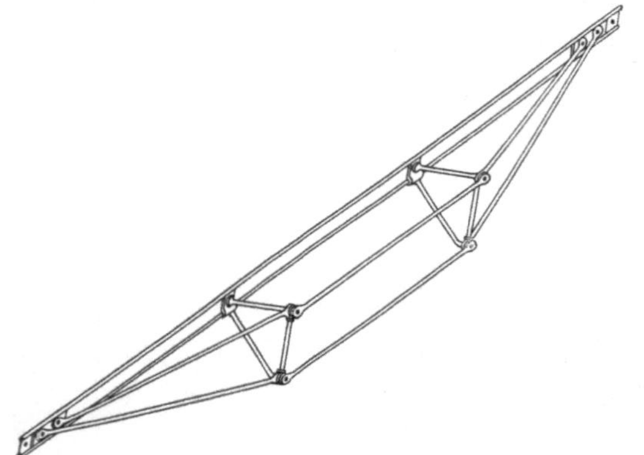

Fig. 155.

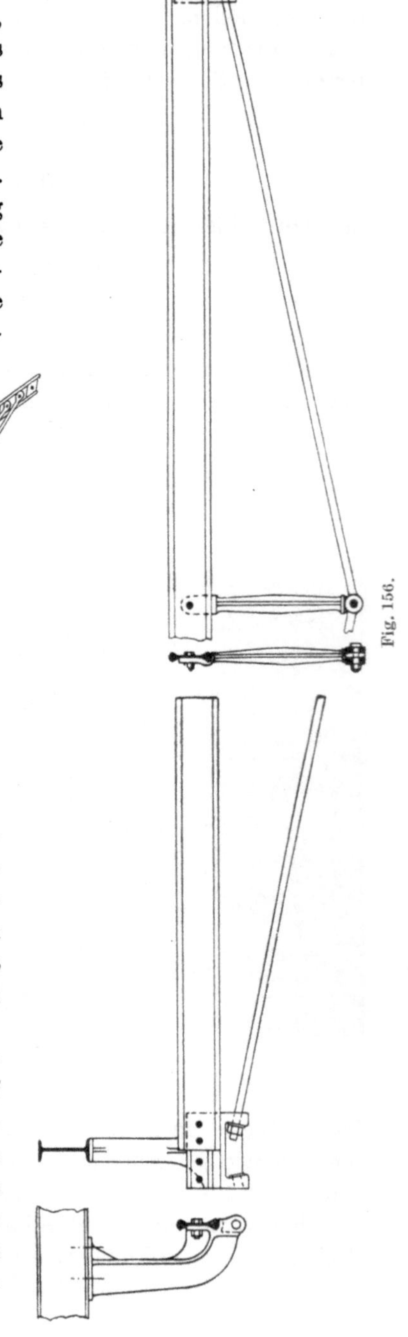

gegenüber bietet die vom Verfasser angegebene Verschraubung mit den Hängeschuhen den Vorteil, daß der nicht un-
bedeutende Horizontalzug direkt von den
Hängeschuhen aufgenommen und nicht
auf die Schienen übertragen wird, die sich
sonst seitwärts ausbiegen.

Allerdings können, da das Widerstandsmoment der Schienen in bezug auf
die senkrechte Mittelebene nur sehr gering ist, bei größeren Spannweiten schon
durch zufällige Einwirkungen seitliche
Durchbiegungen auftreten, weshalb dann
die Schiene eine zweite Versteifung in
dieser Richtung erhalten muß, die natur-

gemäß mit der ersten verbunden wird. Das Prinzip einer solchen Versteifung zeigt Fig. 155. Bei den praktischen Ausführungen wird man allerdings die Gelenkstabverbindungen durch steife Dreieckrahmen aus T-Eisen und Flacheisenzugstangen ersetzen. Man kann auf diese Weise Spannweiten bis zu 12 m mit Sicherheit überschreiten und erzielt so bedeutende Ersparnisse an der Tragkonstruktion.

53. Die Hängebahnweichen.

Die zur Verbindung verschiedener Hängebahngleise miteinander dienenden Weichen haben eine ähnliche Entwicklung durchgemacht, wie die der Eisenbahnen. Die einfachste und deshalb viel benutzte ist die sogenannte Zungenweiche, die aus einer geraden oder auch gebogenen Drehschiene von dem Profil der Fig. 150 besteht. Sie wird an ihrer unteren Fläche entsprechend dem Kopfprofil des Hauptstranges ausgehobelt, auf den sie sich mit der Spitze legt, und schräg ansteigend zugearbeitet, da-

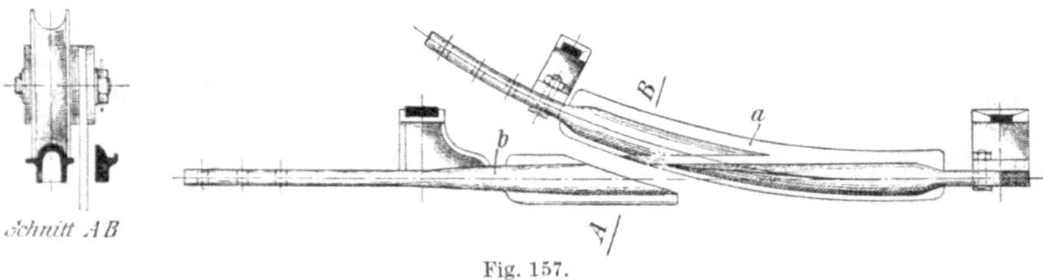

Fig. 157.

mit der äußere Rand der gekehlten Laufräder beim Abbiegen sicher über den Hauptstrang hinwegrollt ohne aufzusetzen. Der Drehbolzen der Zunge ist so gestellt, daß sie im Ruhezustande stets auf dem durchlaufenden Strang aufliegt. Soll der Wagen beim Befahren gegen die Spitze auf dem geraden Strang bleiben, so muß die Zunge durch einen Kettenzug zur Seite gezogen werden. Ihr Nachteil ist, daß die Wagen auf der schrägen Spitze in die Höhe gedrückt werden müssen, und ferner die recht geringe Tragfähigkeit.

Vermieden werden diese Mängel von den sogenannten stumpfen Weichen, bei denen auch der Hauptstrang unterbrochen ist. An der Stelle, wo sich beide Stränge vereinigen, wird ein sogenanntes Knaggenlager aus Temperguß auf die Hängebahnschiene aufgesteckt, und die beiden freien Enden der Schienenstränge erhalten etwa 1,2 m vom Knaggenlager entfernt je ein Drehlager aus Temperguß, in welchem die Drehschienen von demselben Profil wie die durchgehenden Stränge gelagert sind. Es liegt nun immer eine der beiden Drehschienen in dem Knaggenlager auf, während die andere in einem besonderen Hängeeisen ruht. Diese stumpfen Weichen steigen nicht an wie die Zungenweichen, haben aber den Fehler, daß bei Unachtsamkeit der Bedienung der Wagen

gerade auf die Schiene geschoben werden kann, die nicht im Knaggenlager liegt, wodurch der Wagen naturgemäß abstürzt. Die Verstellung
bei Fahrten gegen die Spitze erfolgt auch wieder durch Zugketten.

Die Übelstände werden beseitigt von der Kremplerschen Weiche,
die der Inhaber der Firma Th. Otto & Comp. angegeben hat (Fig. 157).
Sie besteht aus zwei festliegenden Tiegelgußstahlstücken, dem Herzstück a und dem Anschluß-

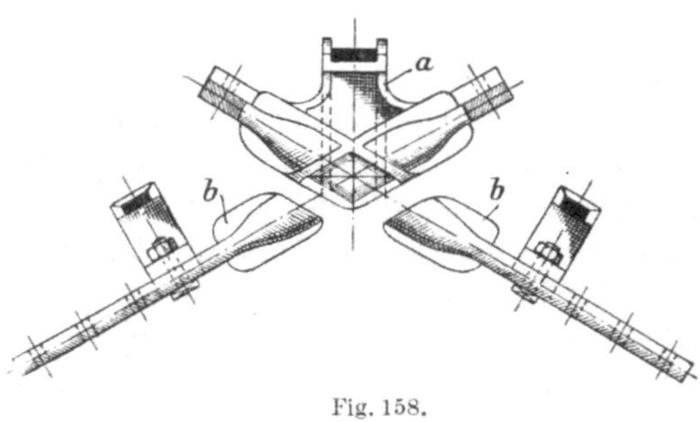

Fig. 158.

stück b. Das Herzstück a
hat einen Schlitz entsprechend dem Rand der Lauf-
räder; das ähnlich aus-
gebildete Anschlußstück
wird vom Herzstück durch
einen kleinen Zwischenraum
für das Wagengehänge ge-
trennt, das im oberen Teil
schmal gehalten wird (vgl.
Fig. 81). Der Arbeiter ist nun durch einfaches Drücken des Wagens
nach rechts oder links imstande, ohne irgend einen Griff behufs Ver-

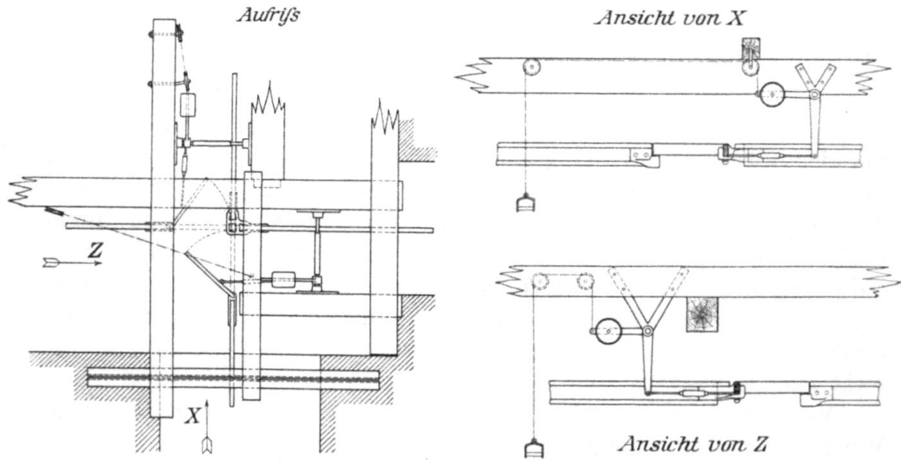

Fig. 159.

stellung der Weiche tun zu müssen, den Wagen in die Abzweigung zu
lenken. Durch den seitlichen Druck am Wagenkasten wird auch das
Gehänge gleich so weit schief gestellt, daß es nicht etwa an das Anschlußstück b anstößt. Die Weiche ist auch für Kreuzungen anwendbar; sie
besteht dann aus einem Herzstück a und zwei Anschlußstücken b (Fig. 158).
Die Firma verwendet nur zwei Kreuzungsmodelle für die Winkel 60°
und 120°. Für rechtwinklige Kreuzung ist diese „Patentweiche" nicht

brauchbar, weil dabei der Zwischenraum für die Durchfahrt des Gehänges
zu groß ausfällt, so daß die Räder nur mit einem starken Stoß hinüber-
kommen. Für diese Fälle wird die in Fig. 159 dargestellte Kreuzweiche
benutzt, die aus zwei kurzen, stumpfen 'Weichenzungen besteht, die sich
auf ein Knaggenlager auflegen, in dem sich die beiden festen Fahrstränge
vereinigen. Beide Weichenzungen werden durch die Gegengewichte ständig an das Herzstück angedrückt und können bei Fahrten in der Richtung
des Pfeiles X bzw. gegen den Pfeil Z ohne weiteres befahren werden; bei
Fahrten in den entgegengesetzten Richtungen muß die den Durchgang
versperrende Weichenzunge des kreuzenden Stranges erst durch einen
Zug an der Handkette geöffnet werden.

Fig. 160.

Die beschriebenen Konstruktionen sind nur für Lasten bis insgesamt
600 kg brauchbar, weil die freitragenden Spitzen der Patentweiche dann
zu sehr durchfedern. Th. Otto & Comp. verwenden für schwerere Lasten
die stumpfe Weichenschiene in der durch Fig. 160 veranschaulichten Anordnung. Sie wird durch besondere Tragschienen mit daraufgesetzten
Gleitlagern nochmals in der Mitte unterstützt, so daß sie jetzt für die
größten Gewichte genügt.

In anderer Weise hat die Firma A. Bleichert & Co. die Übelstände
der Zungen- und Schleppschienenweiche umgangen. Das Schienenstück
ist um einen wagerechten Bolzen drehbar und wird durch ein Gegengewicht stets offen gehalten, wie die Fig. 161 und 163 zeigen, deren
erstere eine Abzweigung und deren zweite eine Kreuzung darstellt. Der
in Richtung der Pfeile herankommende Wagen drückt die Klappweiche

nieder, die sich mit ihrer unten entsprechend ausgehöhlten Spitze auf
die Schiene des Anschlußgleises legt; bei der Kreuzungsweiche legt sich
die vorn gerade abgeschnittene Klappenweiche in einen Schuh, der an

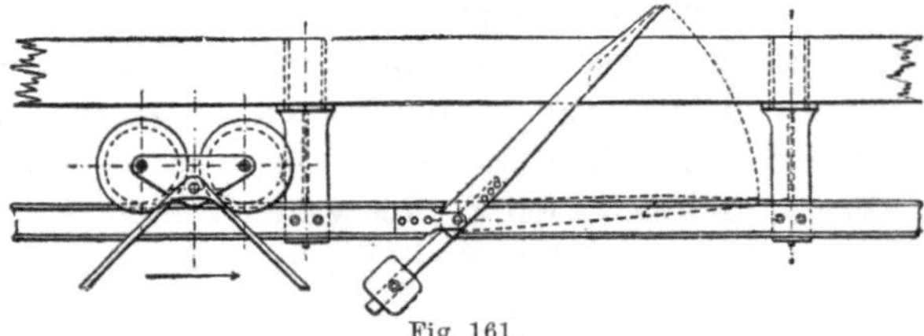

Fig. 161.

der gegenüberliegenden Schiene angebracht ist. Für den nicht häufig
vorkommenden Fall, daß die Wagen auch in beiden Richtungen ver-

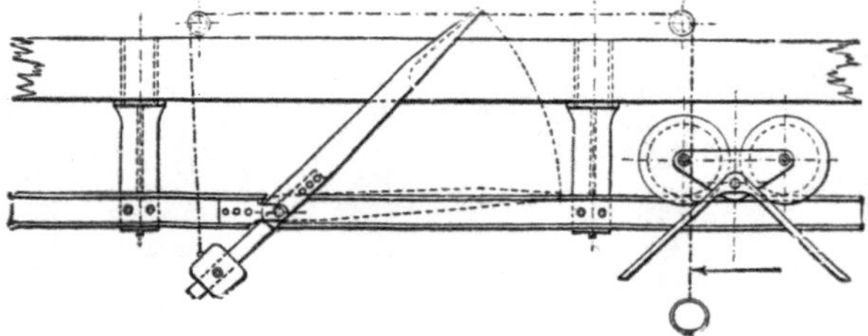

Fig. 162.

kehren müssen, ist die Klappenweiche von dem Arbeiter durch einen
Kettenzug nach Fig. 162 niederzulegen.

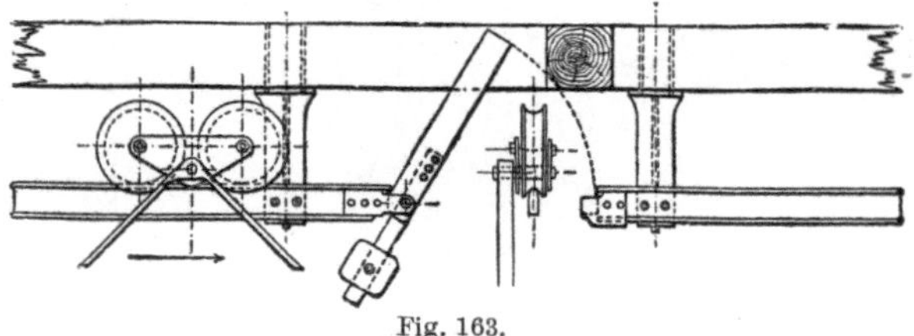

Fig. 163.

Um die Weiche bereits vor dem Befahren langsam herunterzudrücken,
wird eine Winkeleisenschiene S, die sich um den Zapfen O dreht, ange-

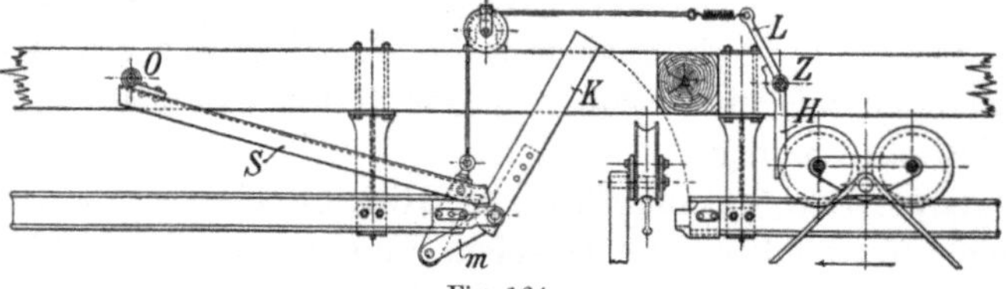

Fig. 164.

ordnet. Sie wird durch die Wagenräder angehoben und senkt dann mit
Hilfe der Hebelverbindung der Klappschiene K in das Lager (Fig. 164).
Für den Fall, daß der Wagen auch von der anderen Seite über die Weiche

geführt werden muß, wird dort ein Anschlag X angebracht, gegen den der Wagen stößt, und der sich um den Zapfen Z dreht. Mit Hilfe des Hebels L und eines abgefederten Seilzuges wird dann die Weiche eingelegt.

In neuerer Zeit werden bei rechtwinkligen Kreuzungen an Stelle der Weichen Hängebahndrehscheiben benutzt; die Konstruktion einer solchen zeigt Fig. 165 nach einer Ausführung von J. Pohlig. Ein kurzes Schienenstück befindet sich an dem drehbaren Schienenträger, an dem noch die gebogenen Winkeleisenstücke s sitzen, die die Durchfahrt auf dem unterbrochenen Schienenstrang versperren. Eine

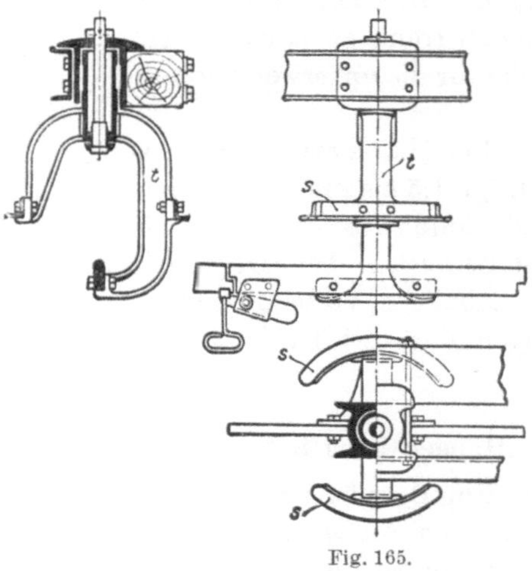

Fig. 165.

mit dem drehbaren Schienenstück verbundene, selbsttätige Einfallklinke sorgt dafür, daß sich die Drehscheibe nicht etwa unter einem daraufstehenden Wagen bewegt.

54. Hängebahnen in den Endstationen.

Als Beispiel einer ziemlich verzweigten Hängebahnanlage werde die Endstation der von Th. Otto & Comp. gebauten Seilbahn zur Verladung und Aufbereitung von Basalt bei Römhild beschrieben (Fig. 166). Das im oberen Stockwerk des Brechergebäudes ankommende Material wird direkt auf die Steinbrecher aufgegeben, von denen drei Stück vorhanden sind. Damit die Wagen nicht unnötig lange Wege zu machen haben, befindet sich hinter jedem Brecher eine Umkehrschleife, an die sich die folgenden Teile der Hängebahn vermittels Weichen anschließen. Hinter dem letzten Brecher ist ein Doppelaufzug angeordnet, um zum Beispiel nochmal zu brechendes Material vom mittleren Stockwerk nach oben zu fördern, oder Grus vom Erdgeschoß nach dem Zwischenstockwerk zur Verladung zu schaffen. In diesem mittleren Stockwerk zieht sich unter den Sortiertrommeln je eine Reihe von Beladesträngen hin, auf denen die verschiedenen Sorten sogleich in die Hängebahnwagen abgezogen werden. Auf der Eisenbahnseite ist ein durchlaufender Entladestrang über einer Reihe von Entladeschurren angeordnet, von wo aus die Beladung der Eisenbahnwagen mit dem direkt von den Brechern kommenden Material erfolgt. An das Brechergebäude schließt sich eine 30 m lange Siloanlage mit Füllrümpfen für Eisenbahnverladung und Fuhrwerk an, deren Einzelheiten aus dem Querschnitt deutlich hervorgehen. Von den Brechern führt noch ein Haldenstrang zu einer Absturzstelle für die unverwertbaren Abfälle.

Der Halbmesser der Kurven beträgt 1,5 bis 2 m. Als Weichen sind durchweg die Ottoschen Patentweichen benutzt worden.

Ähnliche Verteilungsanlagen zeigen z. B. die Tafeln 2 und 3.

55. Hängebahnen für Stapelplätze.

Ein Beispiel einer recht bedeutenden Anlage zur Lagerung von Erzen ist die von J. Pohlig für die Niederrheinische Hütte ausgeführte, deren Gesamtanordnung Fig. 167 darstellt[1]). Die Erze werden auf Schiffen herangebracht und im Schiff direkt auf die Seilbahnwagen geladen. Die gefüllten Wagen werden dann vermittels zweier elektrisch betriebener Drehkrane auf ein Hängebahngleis gesetzt, das zwischen den beiden Kranen verläuft (Fig. 168 und 169). Die beiden Krane stehen auf kräftigen, gemauerten Pfeilern, die bis über den Hochwasserstand hinaufragen. Auf den Pfeilern erheben sich starke Eisengestelle, die die Krankonstruktion tragen, und zwischen denen die Brücke für die Hängebahnanlage ausgespannt ist. Die Wagen gelangen dann auf eine landeinwärts gehende,

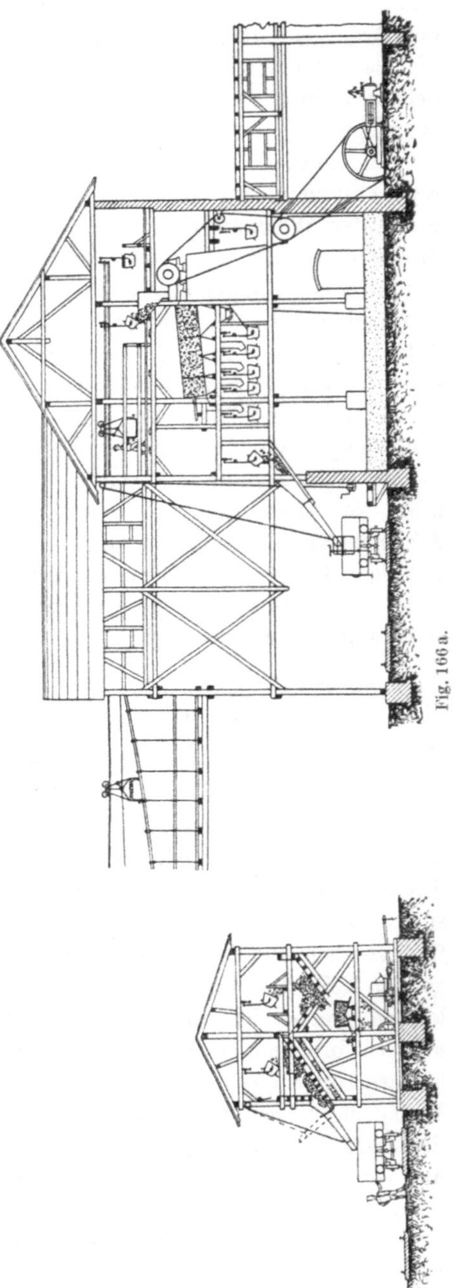

Fig. 166 a.

[1]) G. Rasch in Z. d. V. d. Ing. 1903, Seite 1531.

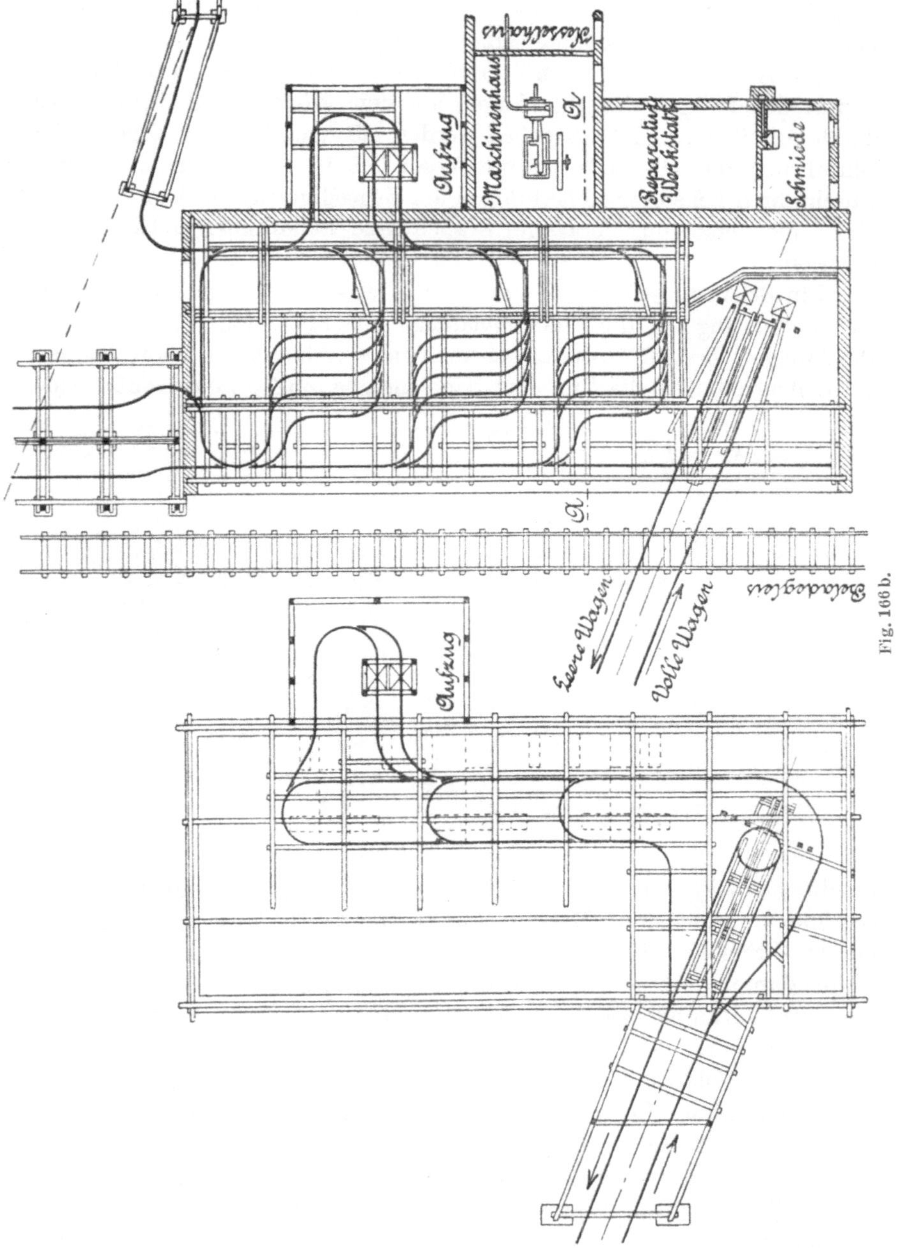

140 m lange Seilbahnstrecke, die auch in Eisenkonstruktion ausgeführt ist. Auf der Strecke befinden sich vier Kuppelstellen, von wo aus parallel zum Ufer verfaufende Abzweigungen abgehen, auf denen die

Wagen von Hand weitergestoßen und entladen werden. Auf jeder Abzweigung wird eine besondere Erzsorte abgestürzt.

Die Anlage, die stets zur Zufriedenheit der Besteller gearbeitet hat, besitzt den Mangel, daß die Wagen auf dem größten Teil ihres Weges durch Arbeiter vorwärts gestoßen werden müssen. Seit der allgemeinen Einführung des Oberseilapparates besonders in den Formen, die das Durchfahren beliebiger Ablenkungen am Zugseil gestatten, hat man versucht, die Versorgung derartiger Stapelplätze vollkommen selbsttätig zu bewirken.

Ein Beispiel hierfür ist die von A. Bleichert & Co. gelieferte Transportvorrichtung für die Hochofenanlage auf Elba (Fig. 170 und 171). Die Anlage[1]) besteht aus zwei nebeneinander verlaufenden Hängebahnen mit Seilbetrieb. Da die Ufer sehr flach sind, so mußte weit draußen eine

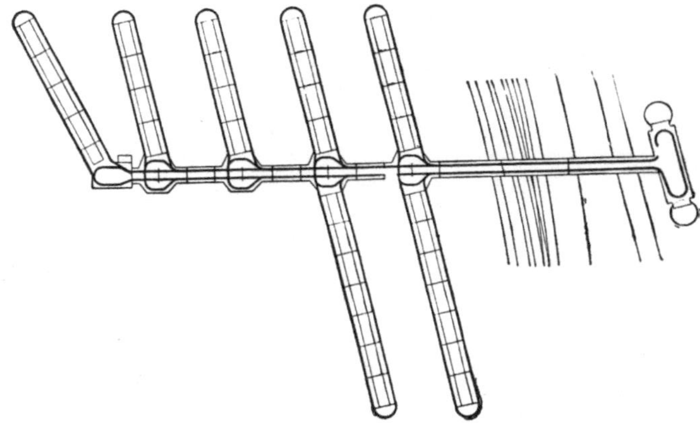

Fig. 167.

Landungsbrücke aufgeführt werden, deren Betonpfeiler mit Luftdruck gegründet worden sind. Die eine Längsseite der 105 m langen und 16 m breiten Brücke ist für die aus Deutschland und England kommenden Kohlendampfer bestimmt. Die Entladung wird durch vier große Schwenkkrane in Füllrümpfe bewirkt, von wo aus die Kohlen in die Seilbahnwagen abgezogen werden. Die Krane mit geneigter Katzenlaufbahn werden einmal den Schiffsluken entsprechend eingestellt und verbleiben dann in dieser Stellung, bis das Schiff entladen ist. Ihre Leistungsfähigkeit beträgt 30 t/St. bei einem Kübelinhalt von 1,25 t.

Auf der gegenüberliegenden Seite sind zur Entladung der mit Erz und Kalkstein ankommenden Segelbarken vier Drehkrane vorgesehen, die die Materialien ebenfalls in Füllrümpfe verladen. Die Winden für sämtliche Krane des Landungssteges sind in zwei Maschinenhäusern auf-

---

[1]) Z. d. V. d. Ing. 1903, Seite 1630.

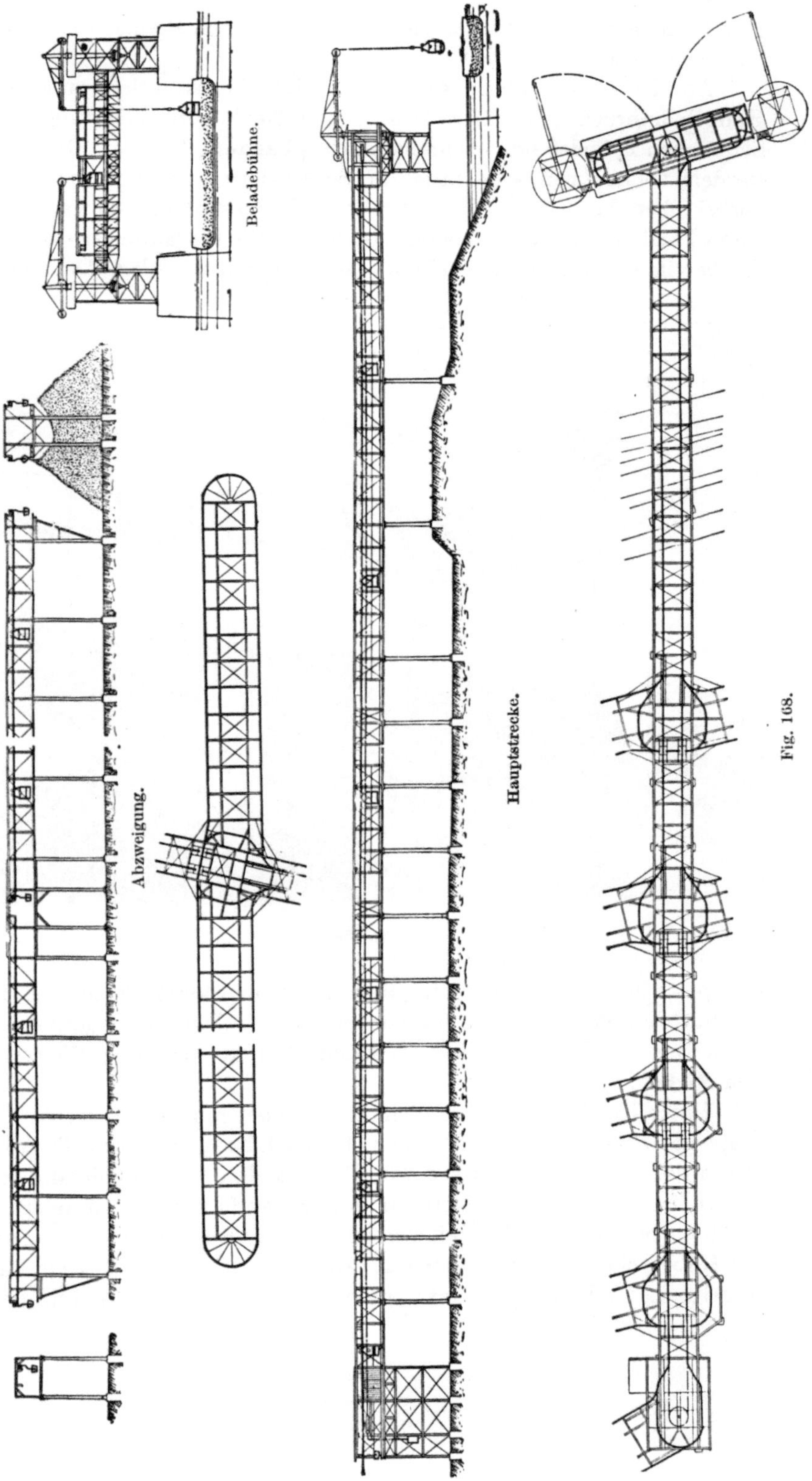

Fig. 168.

gestellt, in denen je ein Elektromotor steht, der durch Riemen die Winden-
vorgelege antreibt.

An den Steg schließt sich die in Eisenkonstruktion aufgeführte
Hängebahnbrücke an. Der Antrieb und die Spannvorrichtung beider
Seilbahnen befindet sich ebenfalls auf der Landungsbrücke. Die Wagen
werden vollkommen selbsttätig an Seilscheiben von 2 m Halbmesser
vorbei über das Kohlen- bzw. Erz- und Kalksteinlager hinweggeführt,
deren Tragkonstruktionen aus Holz bestehen. Die Entladung erfolgt durch
den bereits in Fig. 140 dargestellten verschiebbaren Anschlag. Der Kohlen-

Fig. 169.

lagerplatz hat 125 m Länge und 40 m Breite und kann bis zu 7 m Höhe
beschüttet werden; der im übrigen ebenso angelegte Erzlagerplatz hat
32 m Breite. Jede Bahn fördert stündlich 100 t bei einer Wagenfolge
von 27 Sek. = 20 m.

Unter Umständen, wo es nicht darauf ankommt, einen rechteckigen
Stapelplatz wenigstens annähernd voll zu schütten, läßt sich die Anlage
wesentlich vereinfachen, wie die in Fig. 172 dargestellte Seilbahn zeigt,
die von Ceretti & Tanfani für eine Zuckerfabrik bei Granada ausgeführt worden ist. Es handelt sich im vorliegenden Fall um die Lagerung
der Rübenschnitzel, die in drei langgestreckten Halden von je 50 m Länge
jenseits des Grabens abgestürzt werden. Die Wagen durchlaufen ein gleich-

Schnitt A B.
Schnitt C D.
Schnitt E F.
Schnitt G H.
Schnitt I K.
Aufriß.
Lageplan.
Windenhäuser
Kohlen
Erz u. Kalksteine
Maschinenhaus
Gießhalle
Gießhalle
Aufzüge

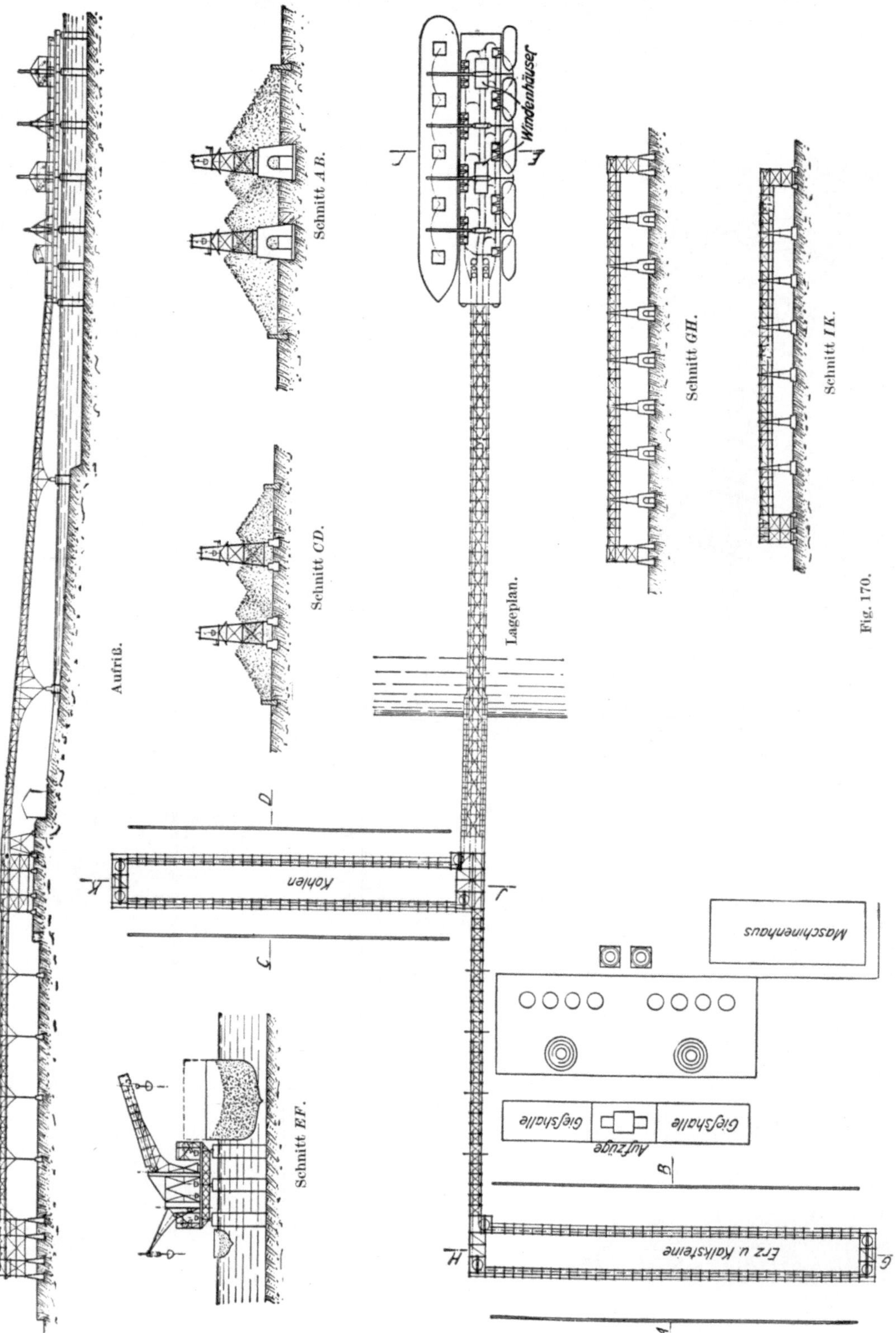

Fig. 170.

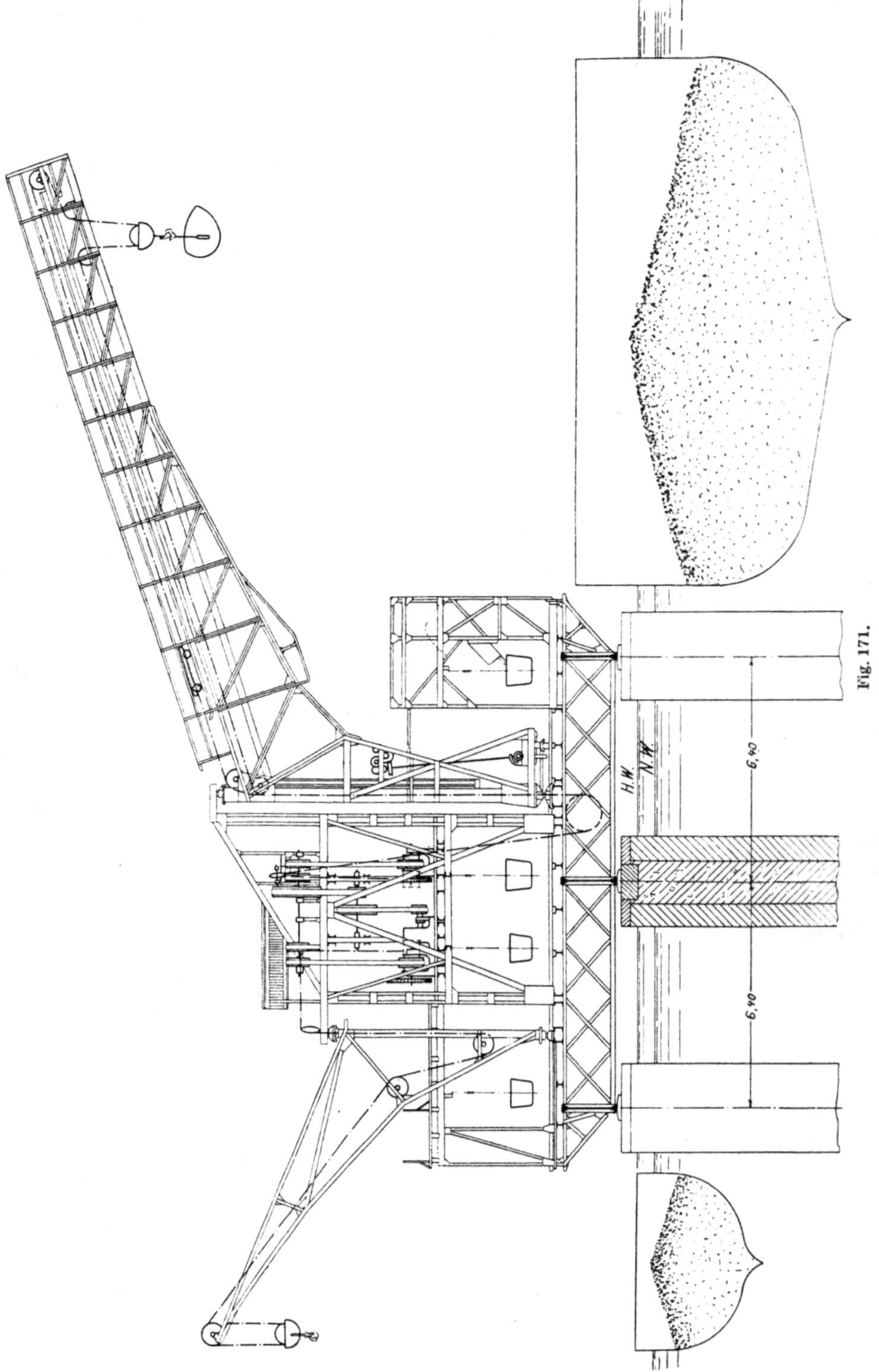

Fig. 171.

schenkliges Dreieck von 180 m Schenkel-
länge und werden in den Ecken um Umführungsscheiben von 3 m Durchmesser geleitet. Die beiden Haupttragseile sind in
den Umführungsecken verankert und werden in der Ausgangsstation in üblicher
Weise durch angehängte Gewichte gespannt. Zur selbsttätigen Entleerung der
Wagenkasten ist auf jedem Tragseil ein
Anschlag angebracht, der sich von unten
ausschalten und verstellen läßt. Die Bahn,
zu deren Antrieb 5 PS erforderlich sind,
hat in 24 Stunden 500 t Rübenschnitzel
zu entfernen und abzulagern. Der Inhalt
eines Wagens beträgt 300 kg, so
daß sich die Wagen bei 1 m/Sek.
Geschwindigkeit in 51 m Abstand
folgen.

56. Stapelplätze mit Absturzbrücken.

Die beschriebenen Hängebahnanlagen haben, wie dies die Fig. 170
auch deutlich erkennen
läßt, den Nachteil, daß
das Material auf den
Stapelplätzen nur in
zwei parallel verlaufen-
den, wallartigen Haufen
gelagert wird, wodurch
die verfügbare Boden-
fläche nur zum Teil aus-
genützt wird. Ferner
muß die Wiederauf-
nahme des Gutes von
Hand erfolgen und die
Weiterbewegung auf
Schmalspurgleisen oder
dergl. stattfinden. Ein-
richtungen, die die voll-
ständige gleichmäßige
Beschüttung eines gros-
sen Stapelplatzes und

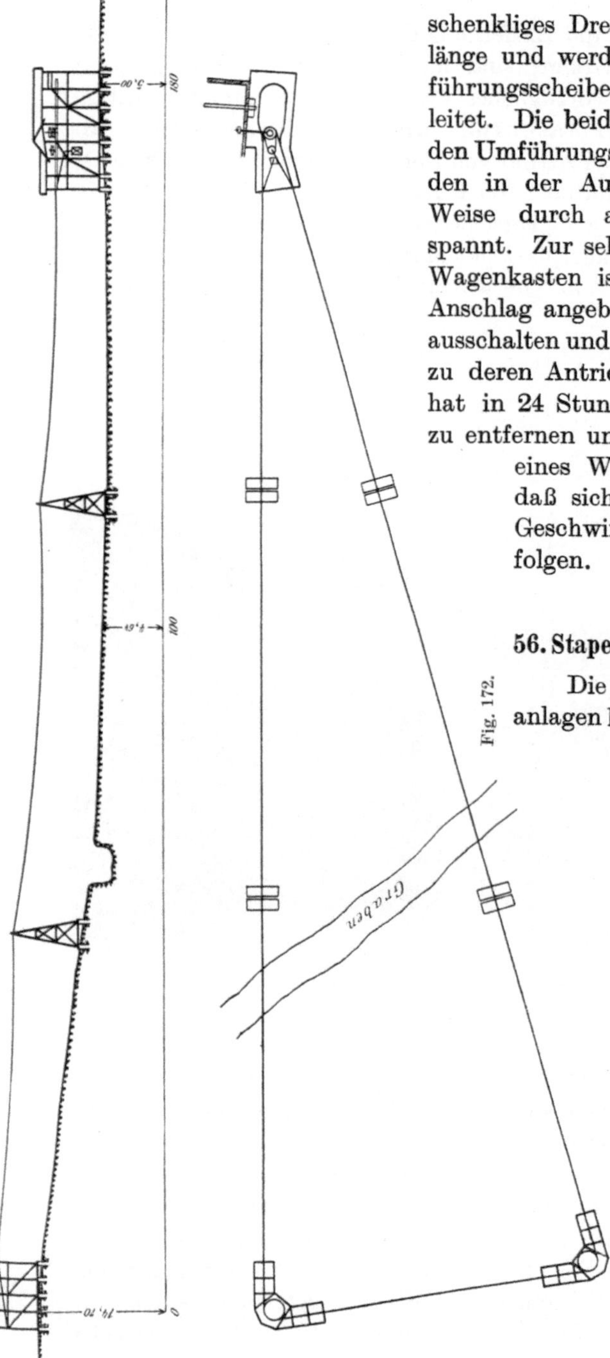

Fig. 172.

auch die Wiederaufnahme und Entfernung des Gutes fast gänzlich selbsttätig und maschinell bewirken, sind nur mit Hilfe von Hängebahnanlagen ausführbar. Ein vorzügliches Beispiel einer derartigen Anlage
ist die von der Benrather Maschinenfabrik für die Zeche Antonienhütte der Grafen Hugo, Lazy, Arthur von Henkel-Donnersmarck gelieferte,
die eine Leistung von stündlich 100 t Kohle besitzt (Tafel 4).

Die Kohlen werden in acht verschiedenen Sorten aus der Separation
nach dem benachbarten Lagerplatz geschafft. Die Beladung erfolgt auf
der Profilbühne der Separation, von wo aus die Wagen von 650 kg Inhalt

Fig. 173.

über eine selbsttätige Wage zur Station hinausgeschoben werden auf eine
Hängebahn von 2,25 m Schienenabstand. Die Schienen sind an einer
bereits früher errichteten Brücke aufgehängt, die in das obere Stockwerk
der Separation einführt. Am Ende der Brücke befinden sich zwei Umführungsscheiben von 3,75 m Durchmesser, von deren Tragkonstruktion
und Absteifung Fig. 173 ein Schaubild gibt. Die Wagen werden dann
weiter auf den in der Fig. 173 links sichtbaren Hängebahnschienen, die
in Abständen von je 3,9 m durch eiserne Stützen getragen werden, am
Stapelplatz außen entlang geführt. Am Schluß der 185 m langen Strecke
gehen sie über eine Umführungsscheibe von 3,75 m Durchmesser, die

Fig. 174 mit der Strecke veranschaulicht. Die Figur läßt die Einzelheiten, darunter auch die pendelnde Tragrolle zur Führung des Zugseils deutlich erkennen.

Von der Innenseite der Bahn werden sie vermittels Weichen, die auf den durchlaufenden Schienen schleifen, auf eine in der Längsrichtung des Stapelplatzes verschiebbare Absturzbrücke von 120 m Länge vollkommen selbsttätig übergeführt; das Zugseil geht ebenfalls über diese Brücke über Kurven von 2 m Halbmesser, die durch Seilscheiben von je 1 m Durchmesser gebildet werden. Auf der Brücke befinden sich

Fig. 174.

entsprechend den acht Kohlensorten acht verschieden lange Anschlaghebel, und zwar auf dem ersten von den Wagen befahrenen Strang. Der Auslösehebel am Wagenkasten ist verstellbar und wird von dem Arbeiter, der den Wagen zum Ankuppeln ans Zugseil in die Kuppelstelle schiebt, nach einer dort angebrachten Lehre je nach der Kohlensorte eingestellt. Je nachdem der Hebel am Wagen höher oder tiefer steht, löst sich der Kasten auf der Brücke an dem entsprechenden Anschlageisen selbsttätig aus.

Auf dem zweiten rücklaufenden Strang der Brücke kann der Lauf der Wagen in der Mitte unterbrochen werden, wo eine Bühne für die dort erforderlichen Arbeiter angebracht ist. An jener Stelle findet die Wiederbeladung aus einem kleinen Füllrumpf statt, falls Kohlen nach der Separation zurückgebracht werden sollen. Die Kuppelstellen sind ausrückbar, so daß die Wagen ohne jede Bedienung glatt durchlaufen, wenn sie leer zur Separation zurückkehren sollen.

Auf dem oberen Teil der Brücke bewegt sich in der ganzen Länge eine Laufkatze mit Selbstgreifer, der die Kohlen vom Platze aufnimmt und entweder am freien Ende direkt in Eisenbahnwagen abgibt, oder in den in der Mitte befindlichen Füllrumpf. Zum Antrieb der ganzen Seilbahnanlage dient ein Drehstrom-Elektromotor, der bei voller Leistung 20 PS abgibt.

Die Einzelheiten der Brücke sind auf Tafel 4 dargestellt, eine Gesamtansicht nach einer Photographie gibt Fig. 175. Sie ist als Fachwerksparalleltläger ausgebildet und liegt auf drei Stützen auf, deren beide äußeren entsprechend den Längenänderungen des Brückenträgers infolge von Temperaturschwankungen auspendeln können. Die Gesamtlast ruht auf 16 Stahlgußlaufrädern, von denen je 4 auf die beiden Endstützen entfallen, während der Druck der Mittelstützen durch 8 Laufräder auf zwei, in einem Abstand von 2 m verlegte Schienen übertragen wird. Verfahren wird die ganze Brücke durch drei auf den Unterwagen der Stützen gesetzte Drehstrommotoren von 16 PS Höchstleistung, die in der Minute 1220 Umdrehungen machen. Ein Schneckengetriebe mit einer Übersetzung von $1 : 10$ und zwei Stirnräderpaare mit dem Übersetzungsverhältnis $1 : 3\frac{1}{3}$ bzw. $1 : 3$ erteilen den Laufrädern von 0,8 m Durchmesser die Fahrtgeschwindigkeit 30,6 m/Min. Der gleichmäßige Gang aller Motoren wird dadurch erreicht, daß die drei Anlasser durch einen einzigen Hebel gesteuert werden. Dabei ist jedoch die Einrichtung getroffen, daß der Kranführer auch jeden Motor einzeln bedienen kann, um auf die Weise eine Stütze wieder heranzuholen, die aus irgend einem Grunde, z. B. Schleifen der Laufräder infolge von Eis oder dergl., zurückgeblieben sein sollte. Die Steuerung der Fahrmotoren erfolgt von einem festen Führerhause aus, das über der Pendelstütze bei der Seilbahnstrecke in die Brücke eingebaut ist.

Die Laufkatze besteht aus einem genieteten Gerüst, auf dem das Hub- und das Katzenfahrwerk befestigt sind; daran hängt das wetterdicht verschalte Führerhaus, in dem alle Steuerapparate untergebracht sind. Das Fahrwerk wird angetrieben durch einen gleichen Motor wie die Brückenverschiebung; ein Schneckengetriebe mit dem Übersetzungsverhältnis $1 : 12$ und ein Stirnräderpaar mit den Zähnezahlen $38 : 39$ gibt den Laufrädern von 0,6 m Durchmesser eine Fahrgeschwindigkeit von 3 m/Sek. Das Hubwerk besitzt einen Antriebsmotor von 50 PS Höchstleistung bei 605 Umdrehungen in der Minute; das Schneckengetriebe hat das Übersetzungsverhältnis $1 : 8$, das Stirnräderpaar das

1 : 5,04, so daß die Hubgeschwindigkeit bei einem Trommeldurchmesser von 0,8 m 35 m/Min. beträgt.

Der Zweikettenselbstgreifer faßt jedesmal 3 cbm Kohle und kann in jeder beliebigen Höhenlage geöffnet werden. Die Kohle wird dadurch sehr geschont, weil der Kranführer sie sanft aus dem Greifer herausgleiten lassen kann.

Eine ähnliche Anlage, allerdings in kleinerem Umfange, ist von der Firma A. Bleichert & Co. für das Tegeler Gaswerk der Stadt Berlin ausgeführt worden. Jedoch ist dort die Seilbahn um das ganze Rechteck

Fig. 175.

des Stapelplatzes herumgeführt worden, und die Ent- bzw. Beladebrücke läuft als Laufkran auf Schienen, die an der Tragkonstruktion der Hängebahn befestigt sind. Auf derselben Eisenkonstruktion läuft ein zweiter Bockkran für die Katze mit dem Selbstgreifer. Da die Träger der Hängebahn zugleich beide Krane tragen müssen, so ist die Eisenkonstruktion naturgemäß wesentlich schwerer, als bei der oben beschriebenen Anlage.

57. Gichtseilbahnen.[1]

Es lag nahe, für den Fall, daß Koke oder Erze von einer größeren Entfernung der Hochofenanlage zugeführt werden mußten, die Seil-

---

[1] Rudolf Brennecke, Gichtseilbahnen, Stahl und Eisen 1904.

bahn gleich bis auf die Gicht der Hochöfen zu führen. Eine solche Anlage ist z. B. zum Transport von Koke von J. Pohlig für den Hörder Bergwerks- und Hüttenverein geliefert worden[1]).

Seitdem sind nun mehrere selbsttätige Anlagen zur direkten Förderung der gesamten Möllerung aus den Vorratskammern auf die Hochofengicht ausgeführt worden. Gegenüber den jetzt sehr beliebten Schrägaufzügen mit festem Kübel bieten sie den Vorzug, daß die Möller nicht noch einmal umgeladen werden, sondern in denselben Gefäßen vom Lager auf die Gicht kommen. Ferner erfordert die Ladung aus den Füllschnauzen der Vorratsräume weniger Arbeit und Leute. Vor dem nach oben führenden Strang befinden sich ein oder mehrere Aufstellgleise, die gestatten, die verschiedenen Erze und Zuschläge einer Begichtung zusammen aufzustellen und dann in dichter Folge hinaufzuschaffen, so daß in einfachster Weise eine vorzügliche Kontrolle über die Zusammensetzung der Beschickung ausgeübt werden kann.

Die erste dieser Anlagen ist die von A. Bleichert & Co. gebaute der Maximilianshütte in Unterwellenborn. Die Hochöfen sind von den 6 m unter ihrem Fuß liegenden Vorratsräumen durch die Gießhalle und deren Eisenbahnverladegleis getrennt (Tafel 2). Über die Vorratskammern für Erze, Kalkstein und Koke führen Normal- und Schmalspurgleise, die die Materialien heranschaffen. Unterhalb der Behälter mit geneigten Böden verläuft eine große Zahl von Hängebahngleisen, die an jedem Ende durch Weichen miteinander verbunden sind und nach den beiden Kuppelstellen der Seilbahnen zusammenführen. Die Bahnen bestehen aus zwei Brücken, die um etwa 30° gegen die wagerechte ansteigen und auf der Verbindungsbrücke der drei Hochofengichten enden. Von den oberen Entladestellen führen Hängebahngleise mit ihren Weichen zu einer ringförmigen Schiene, die direkt über dem Fülltrichter der Hochöfen liegt. Vorläufig ist erst ein Ofen erbaut, und die Gichtbühne wird durch seitliche Stützen getragen; bei der ganzen Anlage ist bereits auf die gezeichnete Vergrößerung des Werkes Rücksicht genommen.

Die Länge der Seilförderung beträgt, von Seilscheibe zu Seilscheibe gemessen, 95 m, bei 30,6 Gesamtsteigung. Die stündliche Fördermenge beläuft sich auf 150 Wagen von 4,5 hl Inhalt, so daß sich die Wagen bei der normalen Fahrtgeschwindigkeit von 1 m/Sek. in etwa 24 m Abstand folgen. Bei der Förderung von Erzen sind etwa 20 PS zum Antrieb einer Förderanlage nötig.

Eine noch umfangreichere Anlage ist ebenfalls von A. Bleichert & Co. für die Hochöfen der Fentscher Hütten-A.-G., in Kneuttingen ausgeführt worden (Tafel 3). Die Vorratsräume für Erze und Koke, die in ähnlicher Weise hergerichtet sind wie die in Unterwellenborn,

---

[1]) G. Rasch, Z. d. V. d. Ing. 1902, Seite 1532.

liegen hier dicht vor den beiden Hochöfen. Da zur Zeit der Erbauung der Anlage noch keine Kupplungsapparate bekannt waren, die ein ganz steiles Ansteigen der Seilbahn ermöglichen, so besteht jede der beiden Begichtungsbrücken aus zwei Teilstrecken, die miteinander durch geneigtliegende selbsttätige Umführungsscheiben von 4 m Durchmesser verbunden sind, eine etwas umständliche Anordnung, die man heute nicht mehr ausführen würde.

Die Tafel zeigt bei den für eine Erweiterung der Anlage vorgesehenen Vorratsräumen, wie die Wagen auch selbsttätig auf den Beladegleisen entlang geführt werden können. Um sie vor jeder Füllschnauze anhalten zu können, muß eine verschiebbare An- und Abkuppelvorrichtung vorhanden sein, die allerdings bei Zugseilklemmen, in die sich das Seil von oben einlegt, die ganze Eisenkonstruktion zum Tragen der Hängebahnschienen und der Laufschienen für die verschiebbare Kuppelvorrichtung recht schwer ausfallen läßt. Man erreicht so, daß nur noch zum Füllen der Wagen und zum Verschieben von einer Seilstrecke auf die nächste, sowie zur Entladung oben auf der Gicht Arbeiter nötig sind; alles übrige vollzieht sich selbsttätig.

Die beiden Bahnen haben je eine Gesamtlänge von 145 m bei 41 m Steigung, die normale Förderleistung beträgt stündlich 28 t Erz oder 26 t Koke. Die Wagen haben einen Inhalt von 1000 kg Erz bzw. 350 kg Koke. Die Fördergeschwindigkeit ist 0,75 m/Sek.

II. Bahnen mit hin und her gehendem Betrieb.

58. Die zweigleisigen Anlagen.

Bei verhältnismäßig kurzen Bahnen, die hinreichendes Gefälle haben, um unter allen Umständen selbsttätig zu gehen, wird oft die bisher beschriebene Anordnung mit einem ständig in derselben Richtung umlaufenden Zugseil verlassen, wenn die verlangte stündliche Förderleistung nur gering ist. Man verbindet dann mit dem Zugseil, das oben über eine Bremsscheibe und unten über eine Spannscheibe geht, zwei Wagen fest derart, daß der eine sich an der Beladestelle befindet, während der andere am Endpunkt steht. Der heruntergehende volle Wagen zieht dann den leeren, wie bei einer Bremsberganlage, wieder hinauf, und die Bahn muß still gesetzt werden, wenn die Wagen in den Endstationen angekommen sind.

Da auf beiden Laufseilen dieselbe Last verkehrt, so müssen sie gleiche Stärke erhalten, die allerdings wegen der weniger häufigen Wagenfolge kleiner gewählt werden kann als bei Bahnen mit ständigem Betrieb. Weil die Wagen sich seltener folgen, haben die Lastbehälter bei stückigem Gut, wie Erzen u. dgl., gewöhnlich größeren Inhalt als sonst. Für

eine Nutzlast von 500 kg nimmt man gewöhnlich Spiralseile von 25 mm
Durchmesser und für eine Last von 750 kg Spiralseile von 28 bis 30 mm
Durchmesser, je nach der Häufigkeit der Beanspruchung, und zwar in der
hartgezogenen Qualität von 14 500 kg/qcm Zerreißfestigkeit. Mit Rücksicht auf die Schonung der Seile geht man bei Spiralseilen nur ungern
über Raddrücke von 500 kg hinaus. Bei Nutzlasten über 750 bis 800 kg
verbindet man deshalb zwei Wagen durch eine Kuppelstange miteinander
oder versieht die Wagen mit entsprechend mehr Rädern. Für die Laufseile wird dann auch die verschlossene Konstruktion gewählt.

Bei einer Anlage, die zum Transport der Baumaterialien und auch der Arbeiter für die Errichtung
eines Leuchtturmes bei Beachy Head diente, haben
Bullivant & Co. Seile von verschiedener Stärke
verlegt. Auf dem dickeren von 48,5 mm Durchmesser
wurden die schweren Hausteine bis 4000 kg
Gewicht heruntergelassen, auf den anderen von 44,5 mm Stärke die übrigen
leichteren Baumaterialien und die Arbeiter. Der Wagen besaß 4 Räder, so daß
der größte Raddruck etwas über 1000 kg
betrug. Die Bahn hatte
eine Länge von 180 m
bei etwa 120 m Gefälle.

Bei dieser nur vor-
übergehenden Zwecken

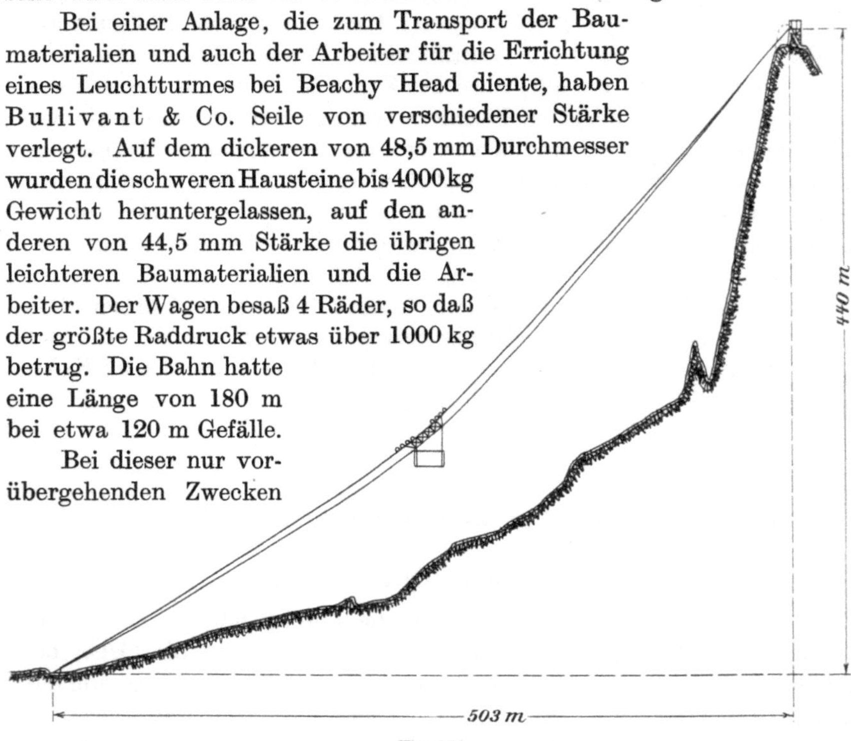

Fig. 176.

dienenden Anlage konnte ein verhältnismäßig hoher Raddruck zugelassen
werden, der übrigens auf dem auch zur Personenbeförderung benutzten
schwächeren Seil erheblich geringer war als auf der anderen Seite. Die
zum dauernden Betrieb von Ceretti & Tanfani erbaute Bahn nach
Fig. 176, die mit noch größeren Einzellasten arbeitet, hat zur Verringerung
des Raddruckes Wagen mit 8 Laufrädern, so daß derselbe auf dem
stärkeren Seil nur 750 kg, auf dem schwächeren rund 450 kg beträgt.

Die in Carrara errichtete Anlage ist für den Transport von Marmor-
blöcken bis zum Gewicht von 5000 kg bestimmt. Das für die schwersten

Lasten benutzte Drahtseil hat 45 mm Durchmesser, das zweite, auf dem nur Lasten bis 2500 kg verkehren sollen, 30 mm Durchmesser.

Die zugelassene Fördergeschwindigkeit hängt von der Größe der Einzellast ab. Bei mittleren Verhältnissen liegt sie zwischen 3 bis 6 m/Sek. In einzelnen Fällen ist sie bei verhältnismäßig kleinen Nutzlasten bis auf 8 bis 10, ja bis 15 m/Sek. gesteigert worden. Bei den großen Lasten der vorbeschriebenen Beispiele beträgt sie nur 1 m/Sek.

In den meisten Fällen haben diese selbsttätigen Anlagen mit hin und her gehendem Betrieb nur einige wenige Stützen in der Nähe der oberen Station und überbrücken den weitaus größten Teil der Gesamtlänge in einer einzigen Spannweite. Oft genug werden die Seile ohne Zwischenunterstützung von der oberen bis zur unteren Station durchgeführt. Man hat so Anlagen bis zu 1250 m freier Spannweite gebaut.

59. Die Berechnung.

Die stündliche Leistungsfähigkeit ergibt sich mit Einrechnung des für die Beladung erforderlichen Zeitverlustes zu

$$Q = 0{,}9\,\frac{P \cdot v}{L}\,3600 \text{ kg/St.,}$$

worin P die bei einer Förderung bewegte Nutzlast in kg, v die mittlere Fahrtgeschwindigkeit in m/Sek. und L die Länge der Bahn in m bezeichnet. Um bei größeren Längen die Leistungsfähigkeit nahezu zu verdoppeln, ohne die Geschwindigkeit über das übliche Maß zu erhöhen, kann die Bahn durch eine Zwischenstation in zwei selbständige Abschnitte zerlegt werden (vgl. Fig. 180).

Die im Zugseil auftretenden Spannkräfte lassen sich bei derartigen Anlagen sehr einfach aus der Fig. 40, Seite 39 bestimmen. Es wirkt an dem Seil die parallel zur Bahnneigung verlaufende Seitenkraft der Last $P + p$, dazu tritt das Gewicht des senkrecht herabhängenden Zugseilstückes und die Hälfte des auf die Endseilscheibe ausgeübten Zuges. Somit erhält man als größte Spannkraft

$$S_1 = (P + p) \sin \gamma + q\,h + \tfrac{1}{2}\,G.$$

Auf der anderen Seite der Bremsscheibe besteht dann die kleinste vorkommende Spannkraft

$$S_2 = p \sin \gamma + q^h + \tfrac{1}{2}\,G.$$

Die größte abzubremsende Leistung berechnet sich damit zu

$$N = \frac{(S_1 - S_2) \cdot v'}{75} = \frac{P\,v'}{75\sqrt{1 + \dfrac{l^2}{h^2}}}\,,$$

wenn mit v' die größte zugelassene Fahrtgeschwindigkeit in m/Sek. bezeichnet wird.

60. Die Endstationen.

Die Endstationen können bei diesen Anlagen äußerst einfach ausgeführt werden, wie Fig. 177 zeigt, die die untere Station einer von Bullivant & Co. in den Pyrenäen errichteten Anlage von 640 m Länge bei einem Gefälle von 1 : 6 darstellt.

Fig. 177.

Die Laufseile sind durch zwischengeschaltete Flaschenzüge mit den im Erdboden verankerten Endketten verbunden, eine Spannungsänderung erfolgt mit Hilfe der am Ende der Station stehenden Handwinde. Die Wagen halten dicht vor der Endkupplung der Flaschenzüge an und werden von einer kleinen Arbeitsbühne aus in darunterstehende Schmalspurwagen entladen. Für das Zugseil ist gar keine Spannvorrichtung vorgesehen, da etwas mehr oder weniger Durchhang infolge der unvermeidlichen Längenänderungen hier keine Rolle spielt.

Eigenartig ist die Ausbildung der Endstationen bei der von Ceretti & Tanfani für Carrara gelieferten Anlage (Fig. 178 und 179). Die bei-

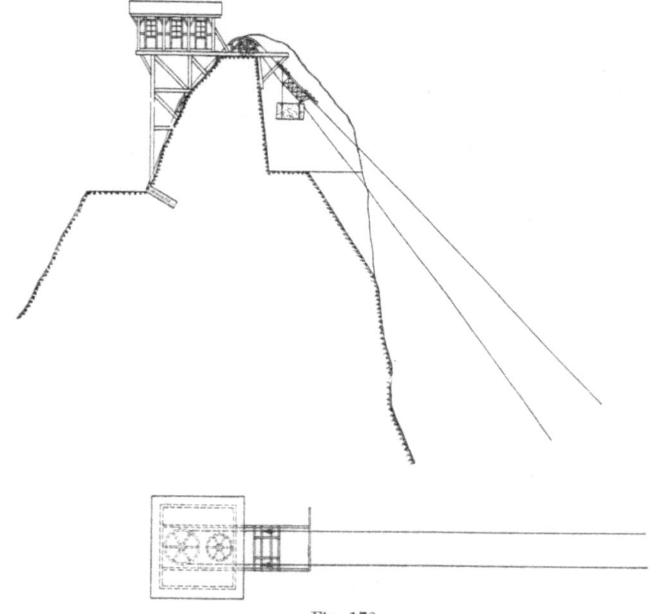

Fig. 178.

den, in 2,5 m Abstand verlegten Tragseile sind auf der Bergkuppe verankert, um die ein 4½ bis 3 m breiter Weg herumführt, der zum Heranschaffen der Blöcke dient. Über der Beladestelle befindet sich ein I-Träger, auf dem die Laufkatze eines Flaschenzuges läuft, der die Blöcke vom Steintransportwagen abhebt und in die Seilbahnwagen einhängt. Die Blöcke werden freihängend mit dem Wagen durch Tragseile verbunden, wie Fig. 179 erkennen läßt.

Das in dem Stationsgebäude untergebrachte Bremswerk zeigt Fig. 180. Das Zugseil ist mit Hilfe der etwas schräg gestellten vorgelegten Scheibe zweimal um die doppelrillige Bremsscheibe gelegt; die beiden darauf einwirkenden Bremsen sind so stark konstruiert, daß eine imstande ist, die ganze Last zu halten. Gewöhnlich wirken beide Brems-

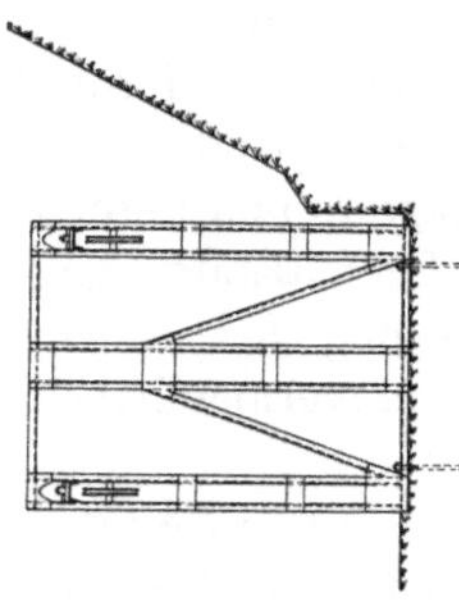

bänder, die mit gußeisernen Bremsklötzen ausgelegt sind. Sie werden durch zwei Handräder
mit Schneckenspindel und einer Stirnradüber-
setzung angezogen; auf jeder Handradspindel
sitzt eine Trommel mit einem durch ein Gewicht gespannten Seil, das die Bremsen stets angezogen hält. Das Gewicht wird beim Lösen angehoben und schließt die Bremsen selbsttätig, wenn
der Arbeiter durch irgend einen Unglücksfall
gezwungen sein sollte, seinen Posten zu verlassen,

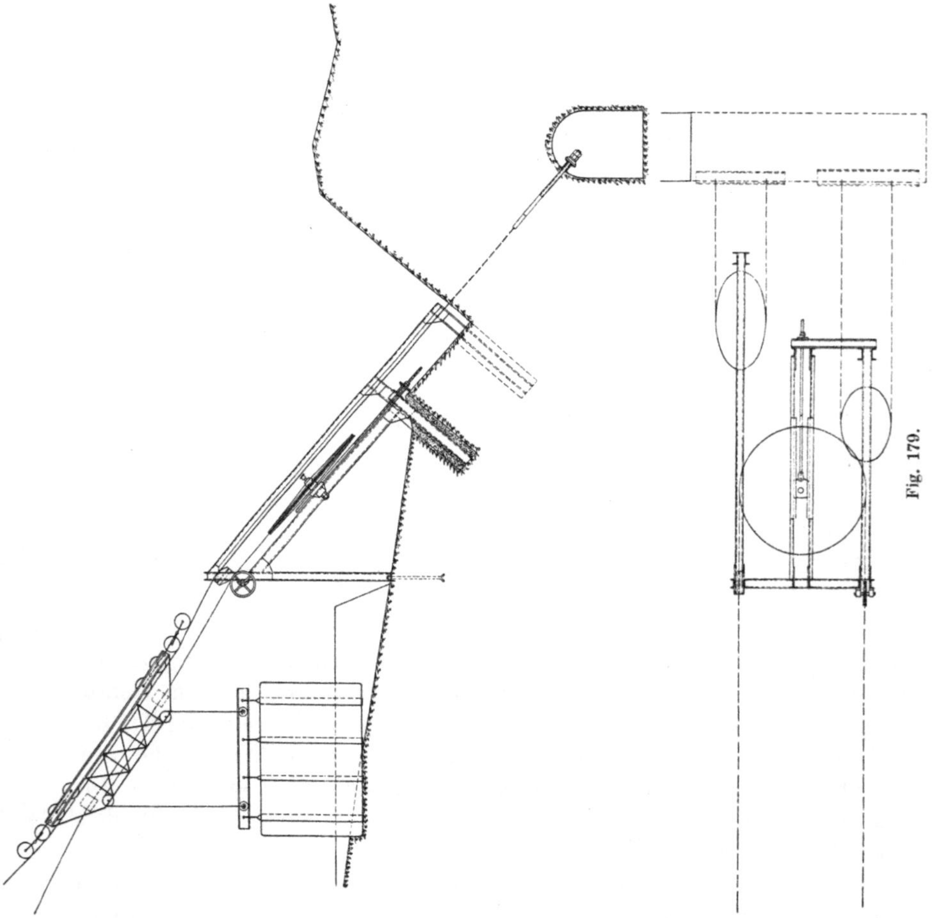

Fig. 179.

ohne die Bremsen anziehen zu können. Die dritte, auf derselben Achse
befindliche Bremsscheibe dient zur Reserve für den Fall, daß eine der
beiden anderen versagen sollte; das Stahlband ist mit hölzernen Brems-

klötzen gefüttert, um die Reibung zu vergrößern. Die gesamte Bremsleistung beträgt 40 PS.

In der unteren Station werden die Tragseile mit Hilfe zweier Spannschrauben angezogen (Fig. 179). Auch die Umführungsscheibe des Zug-

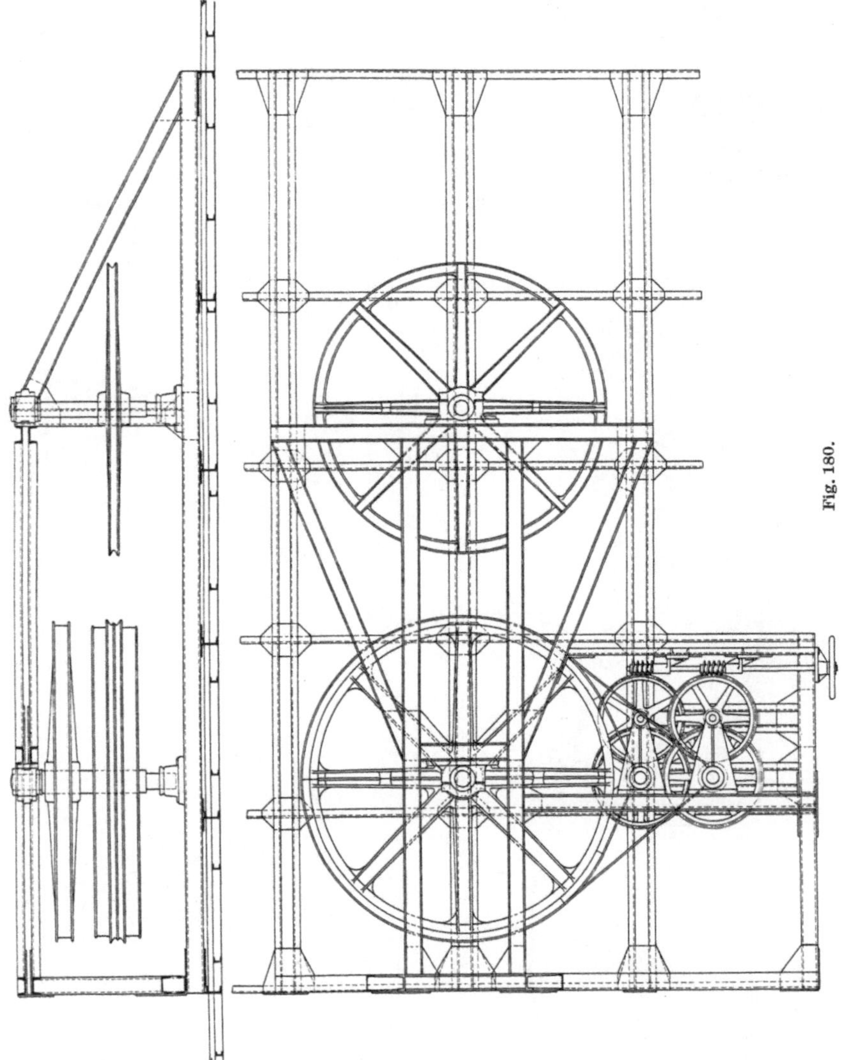

Fig. 180.

seiles kann hier durch eine einstellbare Schraube um insgesamt 1,5 m verschoben werden.

Bei Transport von stückigem Material erfolgt die Beladung der Wagen häufig aus Füllrümpfen, während die Entladung sehr oft auf einen freien

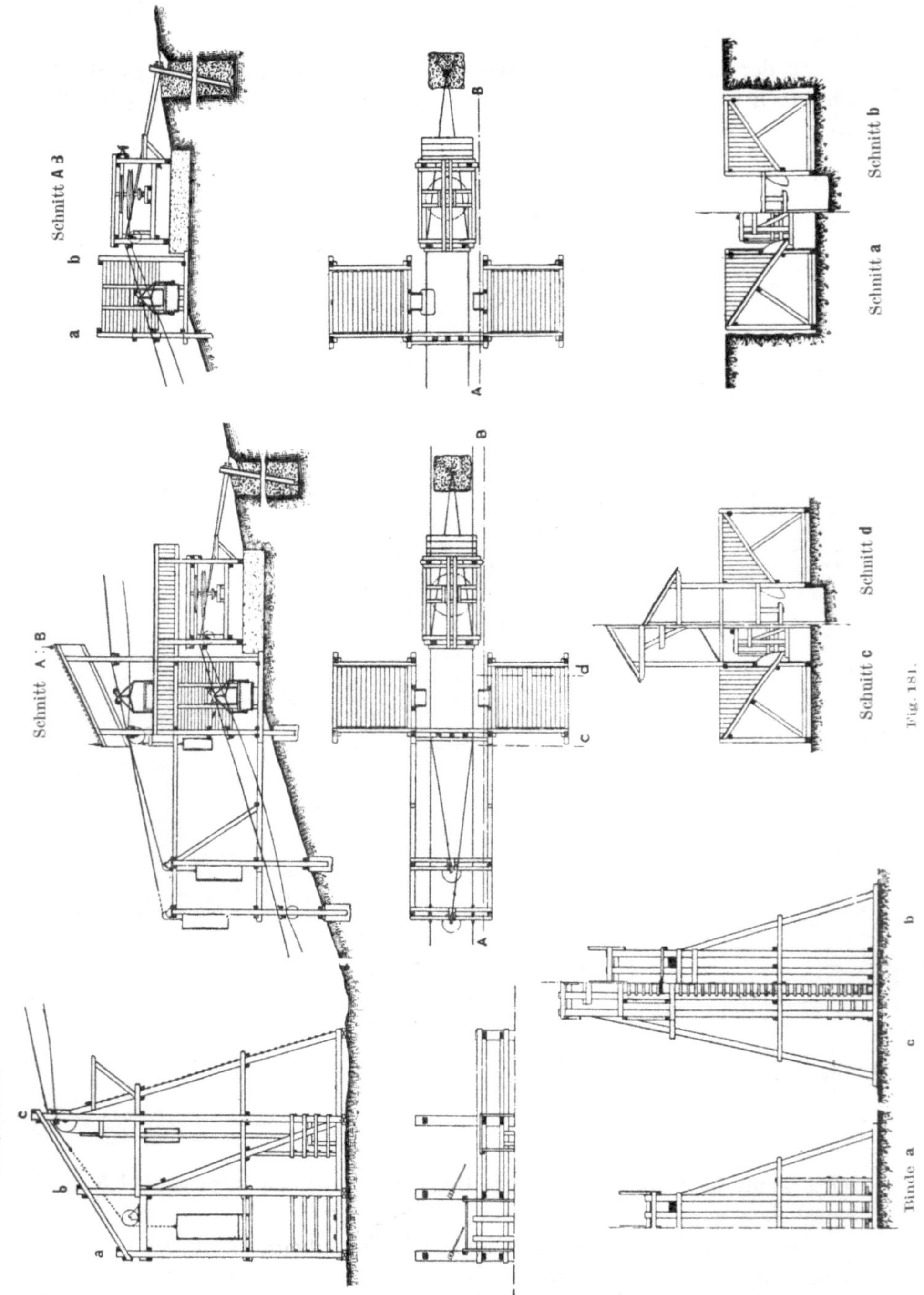

Schnitt A B
b
a
Schnitt A B
Längsschnitt
c
b
a
B
A
B
A
d
c
Schnitt b
Schnitt a
Schnitt d
Schnitt c
Binde a
b
c
Fig. 181.

Stapel geschieht durch Anschlagen eines Hebels, der die Halteklammer des Wagenkastens auslöst, gegen einen an der Entladestelle angeordneten Anschlag. Fig. 181 zeigt die Stationen einer wegen der großen Gesamtlänge von 3000 m in zwei Abschnitten zerlegten Anlage nach einer Konstruktion von Ceretti & Tanfani. Die Beladung in der oberen Station erfolgt aus zwei Füllrümpfen, ebenso in der mittleren, die direkt von den Wagen des ersten Abschnittes gefüllt werden. Die Tragseile werden hier in üblicher Weise durch Gewichte gespannt, ebenso die Zugseile. Um die Stationslänge so kurz wie möglich zu halten, sind die Endseilscheiben, an denen das Spanngewicht hängt, in einer senkrechten Ebene angeordnet worden. Die Leistungsfähigkeit der ganzen Anlage beläuft sich nur auf 5 t Kalkstein in der Stunde bei einem Wageninhalt von 750 kg auf dem oberen, längeren Abschnitt und von 600 kg auf dem unteren. Die größte Fahrtgeschwindigkeit beträgt 4 m/St.

61. Die eingleisigen Anlagen.

Bei verhältnismäßig kurzen Bahnstrecken, auf denen nur geringe Mengen zu fördern sind, wird bisweilen noch eine Vereinfachung dieses Systems vorgenommen, indem man nur ein Laufseil ausspannt, auf dem dann ein Wagen — seltener eine Reihe von Wagen in kurzen Abständen — von dem Zugseil nach der einen Richtung geschafft wird, worauf die Bewegung des Seiles zur Rückführung des Wagens umgekehrt wird. Gewöhnlich ist die Bahn so stark geneigt, daß die Abwärtsbewegung selbsttätig vor sich geht; in der oberen Station sind demgemäß mindestens zwei Bandbremsen auf der Achse der Seilscheibe anzubringen. Der Antrieb bei der Rückführung der Wagen erfolgt häufig durch eine Handwinde. Wird zur Aufwärtsbewegung Maschinenkraft benutzt, so ist die Wagengeschwindigkeit meist $v_1 = 1{,}5$ bis $2{,}5$ m/Sek., während beim selbsttätigen Abwärtsfahren eine mittlere Geschwindigkeit von $v_2 = 4$ bis 6 m/Sek. je nach der in einer Stunde zu fördernden Menge innegehalten wird.

Die Leistungsfähigkeit der Anlage berechnet sich dann aus der in einem Wagen oder Zuge geförderten Menge P kg mit Berücksichtigung der Be- und Entladezeit zu

$$Q \backsim (0{,}7 \text{ bis } 0{,}8) \cdot \frac{3{,}6\,P}{L\left(\dfrac{1}{v_1} + \dfrac{1}{v_2}\right)} \text{ t/St.}$$

Die Konstruktion schließt sich im allgemeinen der normalen vollkommen an; Stützen derartiger Anlagen sind bereits in Fig. 38 und 138 dargestellt worden, woraus auch die Führung des Zugseiles erhellt. Die Stärke des Tragseiles und die Größe der Einzellast wird ebenso wie bei dem vorhergehenden System gewählt.

62. Anlagekosten und Rentabilität.

Die Beschaffungskosten der Luftseilbahnen hängen in großem Umfange von den speziellen Anforderungen ab, besonders von der Ausbildung der End- bzw. Zwischenstationen, so daß sich nur überschlägige Angaben für einfache Verhältnisse machen lassen. Nach Berechnungen von Ceretti & Tanfani kann man den Preis der Seile, der Antriebs- und Spannvorrichtungen, der Stützenausrüstung und der Wagen bei einfachen Geländeverhältnissen der folgenden Zusammenstellung schätzungsweise entnehmen.

Fördermenge	Preis
10 t/St.	$8,8\,l + 2400$ Mk.
20 ,,	$12\,l + 3200$,,
40 ,,	$15,2\,l + 4000$,,
60 ,,	$18,4\,l + 4800$,,
80 ,,	$21,6\,l + 5600$,,

worin l die Länge der Bahn in m angibt.

Hierzu treten noch die Kosten für die Unterstützungen auf der Strecke, etwaige Schutzbrücken u. dgl., sowie die gesamte Konstruktion der Endstationen einschließlich der sich daran anschließenden Hängebahnen.

Wie rentabel unter Umständen die Anlage einer Luftseilbahn werden kann, möge an dem Beispiel der in den Fig. 176 bis 180 dargestellten Anlage in Carrara gezeigt werden.

Die Gesamtkosten belaufen sich auf rund 32 000 Mk. Betriebskraft ist, da die Anlage selbsttätig geht, nicht erforderlich; zur Bedienung genügen 6 Arbeiter, die täglich je 2,80 Mk. erhalten, so daß dafür insgesamt 16,80 Mk. auszugeben sind. An Schmiermaterial kann höchstens täglich 2,50 Mk. angesetzt werden. Für Reparaturen und Ersatzstücke werden jährlich 6% der gesamten Anlagekosten gerechnet, dies ergibt bei 300 Arbeitstagen $\dfrac{6 \cdot 32000}{100 \cdot 300} = 6,40$ Mk.

Demnach betragen die gesamten Betriebskosten für einen Tag $16,80 + 2,50 + 6,40 = 25,70$ Mk. Da die Beförderung eines Blockes aus dem Steinbruch bis nach der unteren Station einschließlich der Seilbahnfahrt von 11 Minuten Dauer nur eine halbe Stunde erfordert, so können in einem achtstündigem Arbeitstage 16 Blöcke transportiert werden. Die Betriebsausgaben für eine Förderung betragen demnach nur 1,60 Mk.

Vor Fertigstellung der Seilbahn mußten die Blöcke auf einem ganz steilen Gebirgspfade nach unten geschafft werden. Der Block wurde auf Schlittenkufen gelegt und mit zwei kräftigen Hanfseiltrossen angeseilt, die dazu dienten, ihn langsam nach unten zu bremsen. Zu diesem Zweck waren auf beiden Seiten des Pfades starke Stämme eingerammt bzw. eingemauert, um welche die Seile mehrere Male geschlungen wurden. Zwei bis drei Arbeiter ließen dann den Block durch Nachlassen des Seilendes langsam nach unten gleiten. War die ganze Länge des Seiles ausgenutzt, so wurde das zweite um einen tiefer liegenden Stamm geschlungen und so fort. Fünf Arbeiter hatten demnach allein mit den Seilen zu tun, während weitere sieben Querhölzer unter die Schlittenkufen legen mußten. Der Transport war somit ein äußerst gefährlicher, so daß entsprechend hohe Löhne gezahlt werden mußten, und erforderte außerdem einen vollen Arbeitstag.

Die Ausgaben dafür beliefen sich auf: 12 Arbeiter für je 4 Mk. täglich = 48 Mk. Instandhaltung des Weges, Beschaffung von Holz, Seilen und Schmierseife ca. 20 Mk. für jeden Transport, so daß die Gesamtkosten 68 Mk. betrugen. Der Unterschied beträgt demnach 66,40 Mk. für einen Transport, so daß die ganze Anlage bereits nach rund 500 beförderten Blöcken vollständig bezahlt ist.

Die in Fig. 172 dargestellte Anlage zum Transport von Rübenschnitzeln kostete mit allem Zubehör $K = 20000$ Mk. Bei einer Verzinsung des Anlagekapitals zu $z = 5\%$ und der Amortisation in $n = 10$ Jahren berechnet sich die jährlich abzuschreibende Summe S nach der bekannten Gleichung

$$S = K \frac{z\,(1 + z)^n}{(1 + z)^n - 1}$$

zu $S = 2590$ Mk. Wird die Betriebszeit der Zuckerfabrik zu 100 Tagen angenommen, so sind täglich 25,90 Mk. abzuschreiben.

Die Anlage braucht zum Betrieb 5 PS. Rechnet man mit einem Kohlenverbrauch von 0,7 kg für eine Pferdestärke und Stunde, so sind bei einem Kohlenpreis von 30 Mk./t (in Spanien) täglich auszugeben

$$\frac{0,7 \cdot 24 \cdot 5 \cdot 30}{1000} = 2,52 \text{ Mk.}$$

Die Anlage braucht zur Bedienung nur zwei Arbeiter, also bei zwei Schichten und einem Lohn von 2,40 Mk. täglich $2 \cdot 2 \cdot 2,40$ Mk. = 9,60 Mk.

An Schmiermaterial ist bei der verhältnismäßig kurzen Strecke nur 0,05 Pfg. für jeden geförderten Wagen einzusetzen. Dies macht bei 1660 Wagen täglich 0,83 Mk.

Für Reparaturen u. dgl. werden mit Rücksicht auf die dauernde Beanspruchung ohne Ruhepause 12% der Anlagekosten eingesetzt, also täglich 2,40 Mk., so daß die Gesamtausgaben

$$25,90 + 2,52 + 9,60 + 0,83 + 2,40 = 41,25 \text{ Mk.}$$

betragen, oder bei einer Gesamtleistung von 500 t täglich 8,25 Pfg. für die Tonne.

Vor Errichtung der Seilbahn wurden die Schnitzel auf Feldbahnwagen abgefahren, wofür 35 Arbeiter in einer Schicht erforderlich waren, so daß die Förderkosten für die Tonne sich auf 30 Pfg. stellten.

Allerdings sind die Verhältnisse bei den beiden durchgerechneten Beispielen besonders günstige; immerhin kann eine Luftseilbahn oft dort mit Vorteil verwendet werden, wo gewöhnlich eine Schmalspurbahn verlegt wird. Vielfach werden ja solche Bahnen, die auf ebenem oder schwach geneigtem Gelände sicher sehr bequem und wertvoll sind, unter Anwendung von recht umfangreichen Erdarbeiten eingerichtet, so daß sie unter keinen Umständen so vorteilhafte Ergebnisse liefern können wie eine Luftseilbahn.

Bei längeren Bahnen und mittleren Verhältnissen kann man für Unterhaltung und Erneuerung der Anlagen 2 Pfg. für den Tonnenkilometer rechnen und zwar bei Förderleistungen bis 40 t/St.; bei größeren Leistungen verringern sich diese Ausgaben bis auf 1,5 Pfg. für den Tonnenkilometer. Für Schmier- und Putzmaterial kann man 0,4 Pfg. für den Tonnenkilometer einsetzen. Die Zahlen zeigen die große Wirtschaftlichkeit der Luftseilbahnen gegenüber anderen Transportvorrichtungen.

D. Die Blondins.

63. Die feststehende Anordnung.

Die gewöhnlichen Luftseilbahnen gestatten im allgemeinen die Be-
und Entladung nur an bestimmten, von vornherein festgelegten Stellen.
Um jedoch die Last an beliebiger Stelle aufzuheben und zu senken, ist
eine Abänderung der einseiligen Bahn erforderlich, die von ihren amerikanischen Erfindern „Blondin" genannt wird.

Auf einem über zwei Stützen geleiteten Tragseil, das an den Enden
verankert ist und gewöhnlich durch eine nachgiebige Spannvorrichtung
gespannt gehalten wird, bewegt das endlose Zugseil eine Laufkatze hin
und her, während ein zweites, das Hubseil, das Heben und Senken des
Hakens bzw. Flaschenzuges bewirkt. Beide Seile werden durch eine ge-
meinsame Winde angetrieben.

In Fig. 182 ist die Laufkatze nach einer Konstruktion von Ceretti
& Tanfani dargestellt. Sie hat drei Laufräder, zwei auf einer Achse
sitzende Flaschenzugrollen für das Hubseil und noch eine kleine Führungsrolle für das oben zurückgehende freie Trum des Zugseils. Ferner ist über
dem Tragseil noch ein Knotenseil ausgespannt, das Gußstahlknoten von
verschiedenem Durchmesser trägt und durch die beiden obersten Rollen
der Katze richtig geführt wird. Die Knoten des Seiles halten beim Rück-
gang der Katze eiserne Unterstützungen fest, die beim Hingang von dem
vorderen auskragenden Arm mitgenommen werden und den Zweck haben,
das Zugseil zu stützen, dessen Durchhang sonst zu groß werden würde.
In Fällen, wo das tiefer herunterhängende Zugseil nicht stört, verzichtet
man natürlich auf diese Unterstützungen, die bei der Mitnahme immer
kleine Stöße hervorrufen, so daß die Fahrtgeschwindigkeit verhältnismäßig klein gehalten werden muß. In einem Falle, wo eine hohe
Fördergeschwindigkeit verlangt wurde, haben A. Bleichert & Co.
deshalb neben dem Tragseil noch zwei besondere Seile ausgespannt,
die hölzerne Querstege zur Aufnahme des Zugseiles tragen.

Die in Fig. 183 gezeichnete Ausführung der Firma Neyret - Brenier & Cie. weicht von der vorbeschriebenen dadurch ab, daß an Stelle
eines Tragseiles zwei in 0,6 m Abstand ausgespannt sind, auf denen die
in Fig. 184 wiedergegebene Laufkatze verkehrt. Um ein Entgleisen des

12*

Wagens bei Sturm zu verhüten, sind dicht hinter den Laufrädern noch
kleine Druckrollen angeordnet, die die Tragseile derart führen, daß sie
immer den gleichen Spurabstand behalten. Während der Verschiebung

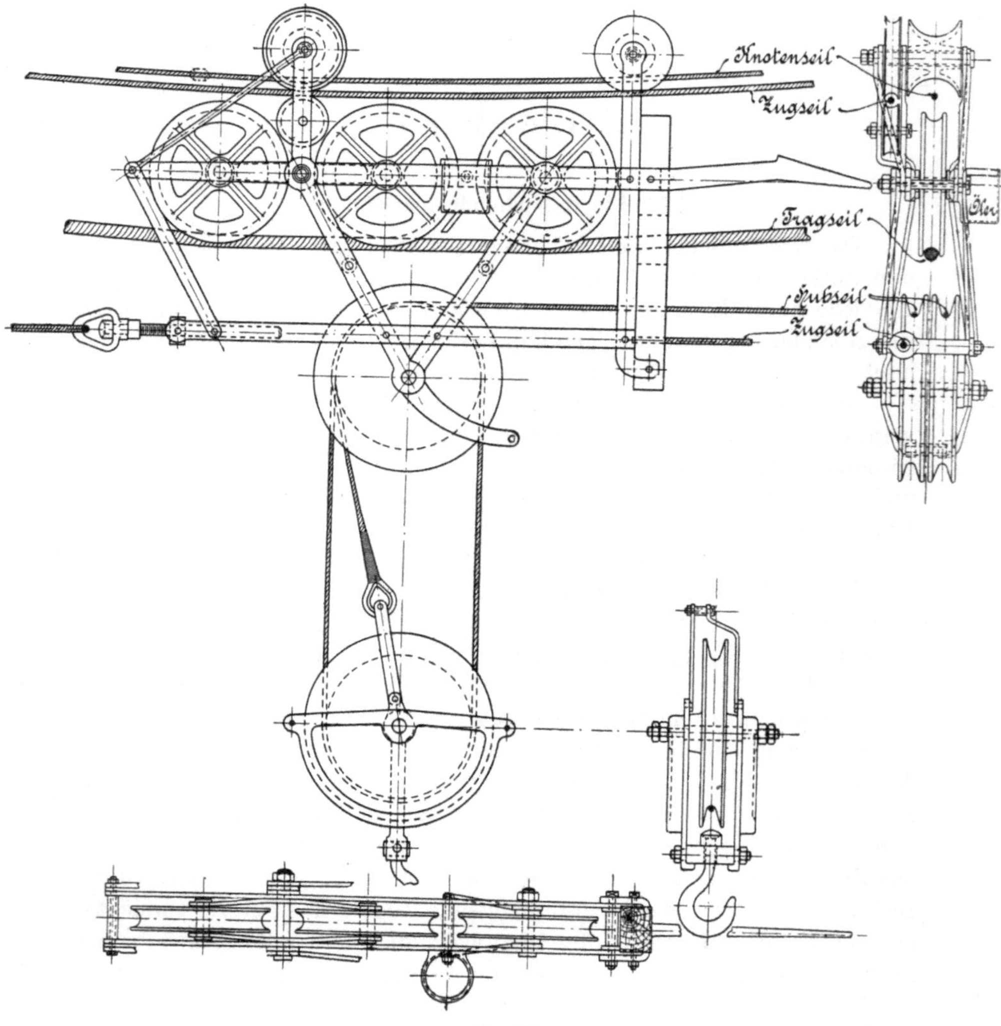

Fig. 182.

hängt die Last nicht am Zugseil, das hier beide Bewegungen besorgt,
sondern die Flasche wird von dem hakenförmig unter ihre Achse greifenden Hebel getragen, so daß das Seil völlig entlastet ist.

Die Tragseile sind an den Endpunkten fest verankert; gespannt
werden sie durch Gewichte, die am Kopf des schrägen Auslegergestelles

befestigt sind, das sich um seine Auflagerbolzen drehen kann. Bei der Gesamtlänge der Bahn von rund 175 m ist in der Mitte noch eine Unterstützung erforderlich. In der Endstation werden die Lasten an Hängebahnwagen angehängt und von dort aus in das Lager der Fabrik befördert.

Die bei diesen Anlagen gebrauchte Winde ist in Fig. 185 nach einer Ausführung von Ceretti & Tanfani dargestellt. Sie besitzt eine Trommel für das Hubseil und auf derselben Achse eine Seilscheibe mit breiter Rille, über die das Zugseil in ein oder zwei Windungen läuft. Die Rillenscheibe ist durch eine Reibungskupplung mit der Trommelwelle verbunden, so daß sie während der Bewegung der letzteren aus- und eingerückt werden kann. Bandbremsen besorgen die genaue Einstellung der Last und der Katze.

Die Tragseile haben je nach der größten vorkommenden Einzellast eine Stärke von 30 mm für etwa 350 kg maximaler Nutzlast bis 40 mm bei etwa 1500 kg; meist werden sie in verschlossener Konstruktion ausgeführt, doch kommen auch andere Seilkonstruktionen vor. Die Hubgeschwindigkeit beträgt bei kleinen Lasten bis zu 500 kg etwa 1 bis $^3/_4$ m/Sek. und

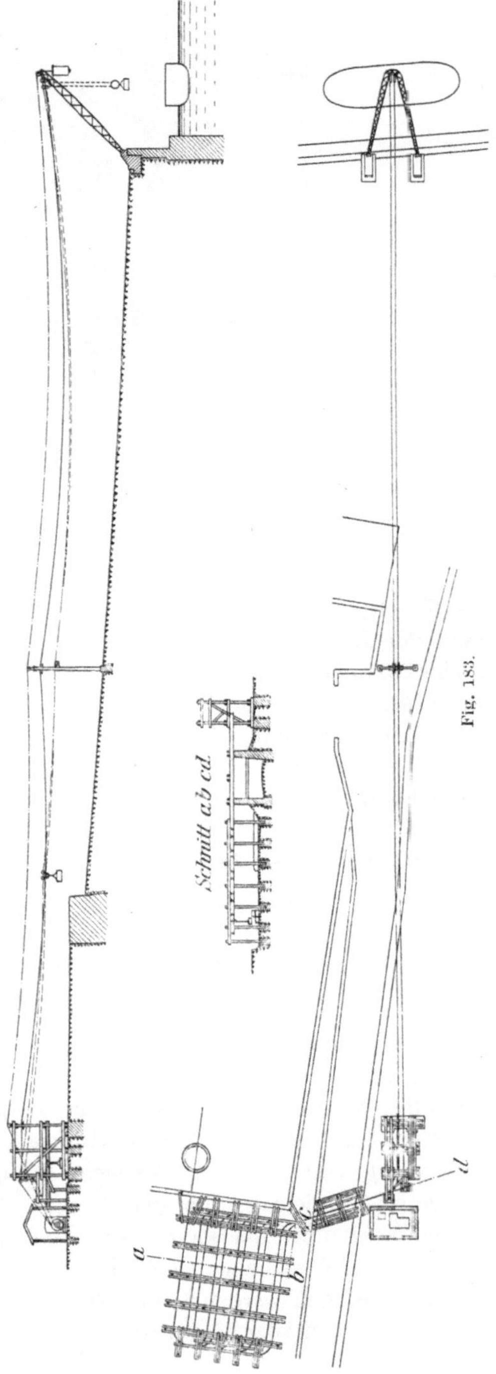

Fig. 184.

die Fahrtgeschwindigkeit je
nach der Länge der Anlage
2,5 bis 1,5 m/Sek.　Bei größeren Lasten werden gewöhn-
lich　Hubgeschwindigkeiten
von $^1/_3$ m/Sek. und Fahrt-
geschwindigkeiten　von
1 m/Sek. gewählt.　Mit der
Spannweite ist man bereits
bis auf 350 m gegangen.

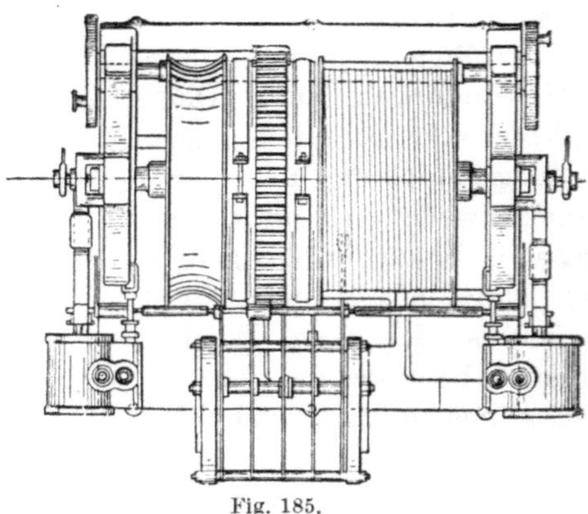

Fig. 185.

64. Die fahrbare Anordnung.

Diese Blondins lassen sich mit Vorteil zu Be- und Entladung von
Stapelplätzen verwenden, wenn beide Endstationen verschiebbar eingerichtet werden.　Eine solche Anlage zeigt Fig. 186 nach einem Entwurf
von Ceretti & Tanfani. Das Windwerk ist auf dem vorderen Ausleger-
gerüst angeordnet, dessen Ausleger hochgeklappt werden kann, damit
die ganze Einrichtung an den Masten des Schiffes vorbei verschoben
werden kann. Die Laufkatze kann Kohlen oder Erze vermittels Schurren
direkt in vor dem Lager stehende Eisenbahnwagen verladen. Was nicht
sogleich verladen werden kann, wird auf das Lager abgestürzt, das vollkommen gleichmäßig beschüttet werden kann, weil ja die Katze an jeder

beliebigen Stelle anzuhalten ist. Die vom Lager wieder aufgenommenen Materialien — wozu gegebenenfalls ein selbsttätiger Einseilgreifer verwendet werden kann — werden in Füllrümpfe abgegeben, von wo aus die Verladung in Eisenbahnwagen stattfindet, die hinter dem Lager stehen.

Die Endstütze muß, um gehörig stabil zu sein, durch Gewichte entsprechend belastet werden.

Derartige Einrichtungen haben den Vorteil geringerer Anlagekosten gegenüber den schweren, verschiebbaren Verladebrücken. In einem Falle hat man sie sogar für einen Helling ausgeführt und zwar auf der Werft von Palmers Shipbuilding and Iron Co. in Yarrow on Tyne; geliefert wurde die Anlage von M. Henderson & Co. in Aberdeen[1]). Ihre Gesamtanordnung ist in Fig. 187 wiedergegeben. Zwei geneigte Portalträger, die sich in ihren Auflagerpunkten in Gelenken drehen, werden durch zwei

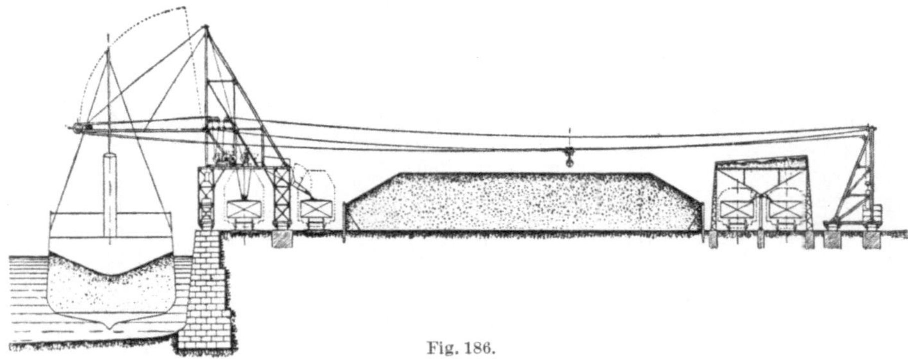

Fig. 186.

Verbindungsseile von 141 m Länge gehalten, während an den Außenseiten mehrere Drahtseile im Boden verankert sind und so einen Gegenhalt bewirken. Jedes Portal besteht aus zwei 30 m langen vergitterten Ständern von 30 m Mittelabstand, die oben durch zwei doppelte Halbparallelträger miteinander verbunden sind. Zwischen beiden Trägern befindet sich eine Fahrbahn für drei elektrisch betriebene Wagen (Fig. 188), an denen die Laufseile der zwischen den Portalen ausgespannten Seilbahnen befestigt sind. Die Ansicht des nach dem Fluß zu liegenden Portales gibt Fig. 190. Als Laufseile sind im vorliegenden Falle Litzenseile von 62,5 mm Durchmesser verlegt worden, die eine Zerreißfestigkeit von 17500 kg/qcm besitzen. Sie sind entsprechend der Neigung des Hellings mit einem Gefälle von 6% nach dem Fluß zu verlegt und haben bei Vollbelastung mit 3 t Nutzlast einen Durchhang von rund 5,5 m. Jeder Laufwagen hat zwei senkrechte Laufachsen mit je zwei Rädern, die sich von außen gegen die Gurtungen der Verbindungsträger legen, und ferner oben und unten je zwei Stützrollen, die auf wagerechten, an

---

[1]) Z. d. V. d. Ing. 1906, S. 962.

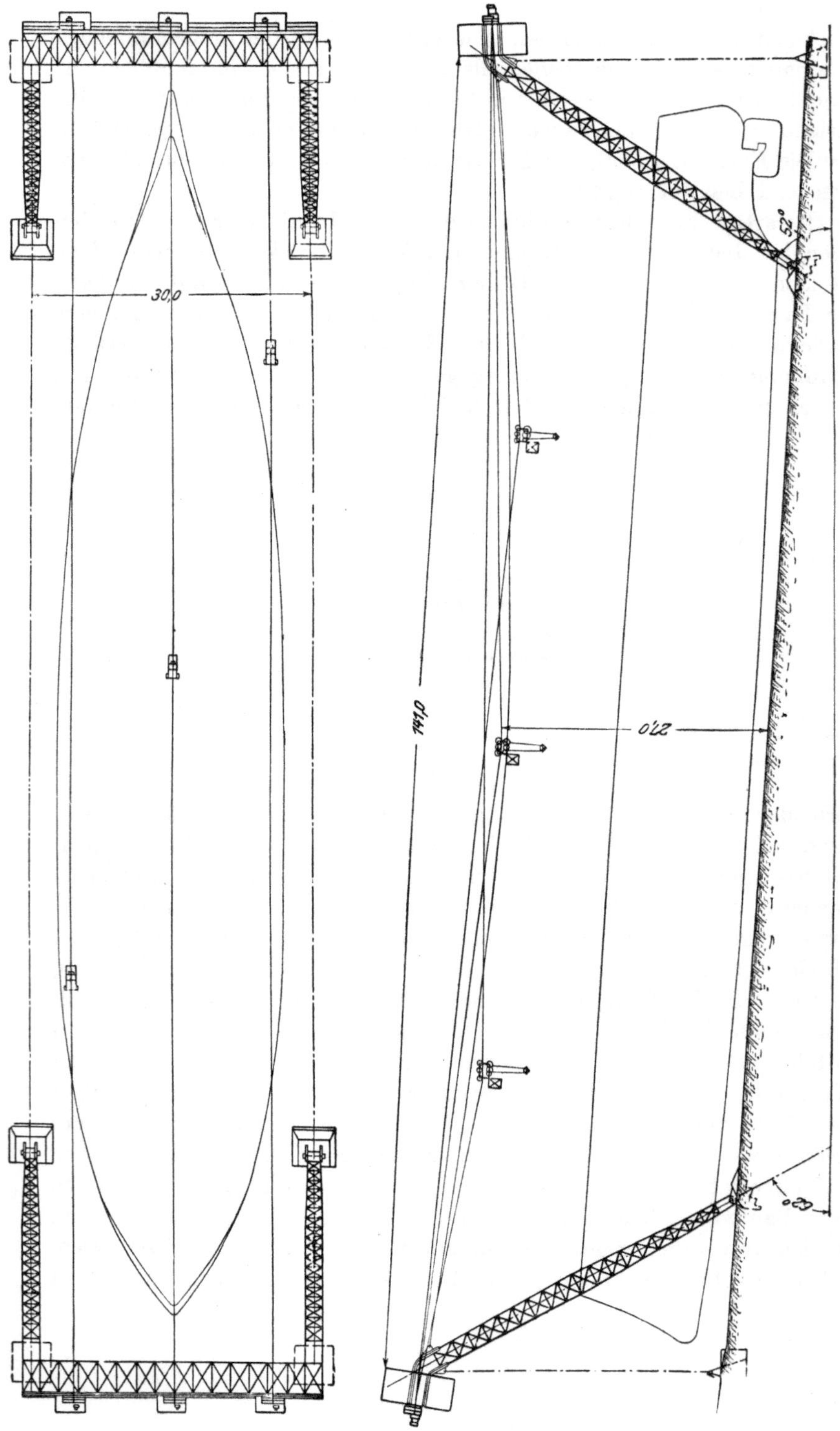

Fig. 187.

den Gurtungen befestig-
ten Schienen laufen.
Jeder Wagen wird durch
einen umsteuerbaren
Elektromotor von 12 PS
Leistung angetrieben;
damit die Seitenver-
schiebung vollkommen
gleichmäßig erfolgt, wer-
den beide Verschiebe-
wagen gemeinschaftlich
von dem Führerstande
des einen gesteuert.

Die ebenfalls elek-
trisch betriebenen Seil-
bahnkatzen sind in Fig.
189 gezeichnet. Auf jeder
Katze befindet sich ein
Elektromotor von 35 PS,
der die Lasttrommel so-
wie die beiden Fahr-
scheiben a antreibt, um
die die Zugseile in
mehreren Windungen
herumgelegt sind. Die
verschiedenen Band-
bremsen für die Last-
trommel und die Fahr-
scheiben werden vom
Führerstand aus mit der
Hand bzw. durch einen
Fußtritt bedient.

Die Fahrgeschwin-
digkeit beträgt 3 m/Sek.,
die Hubgeschwindigkeit
bei Belastung mit 3 t
0,5 m/Sek., bei Belas-
tung mit 1 t 0,7 m/Sek.
Die Verschiebewagen
zwischen den End-
trägern laufen mit 0,127
m/Sek.

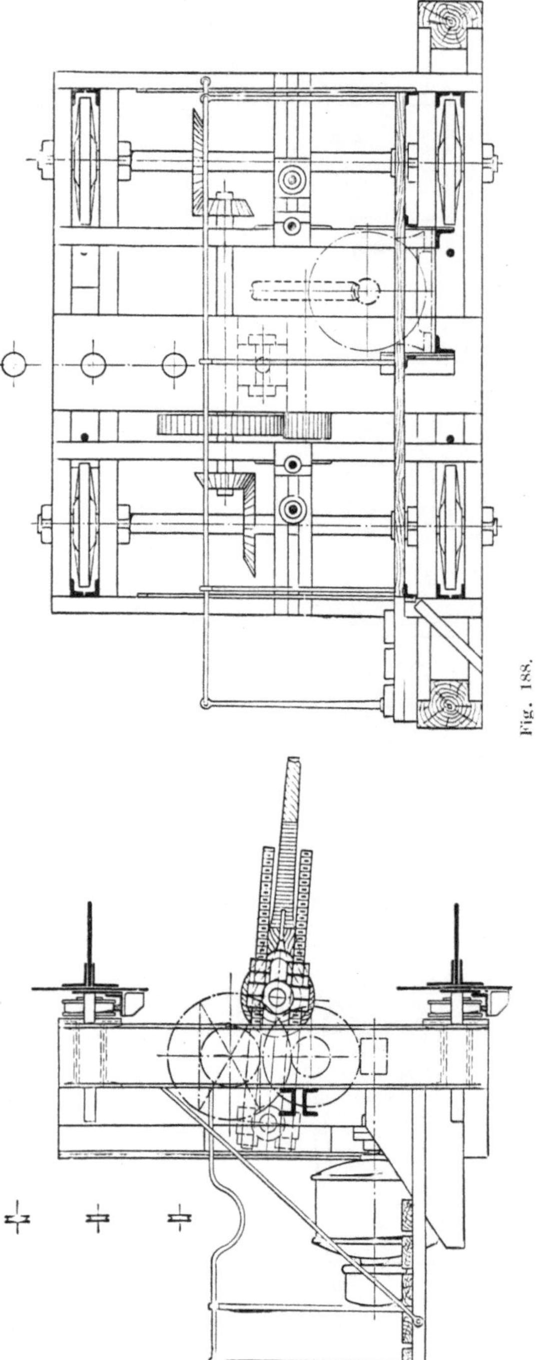
Fig. 188.

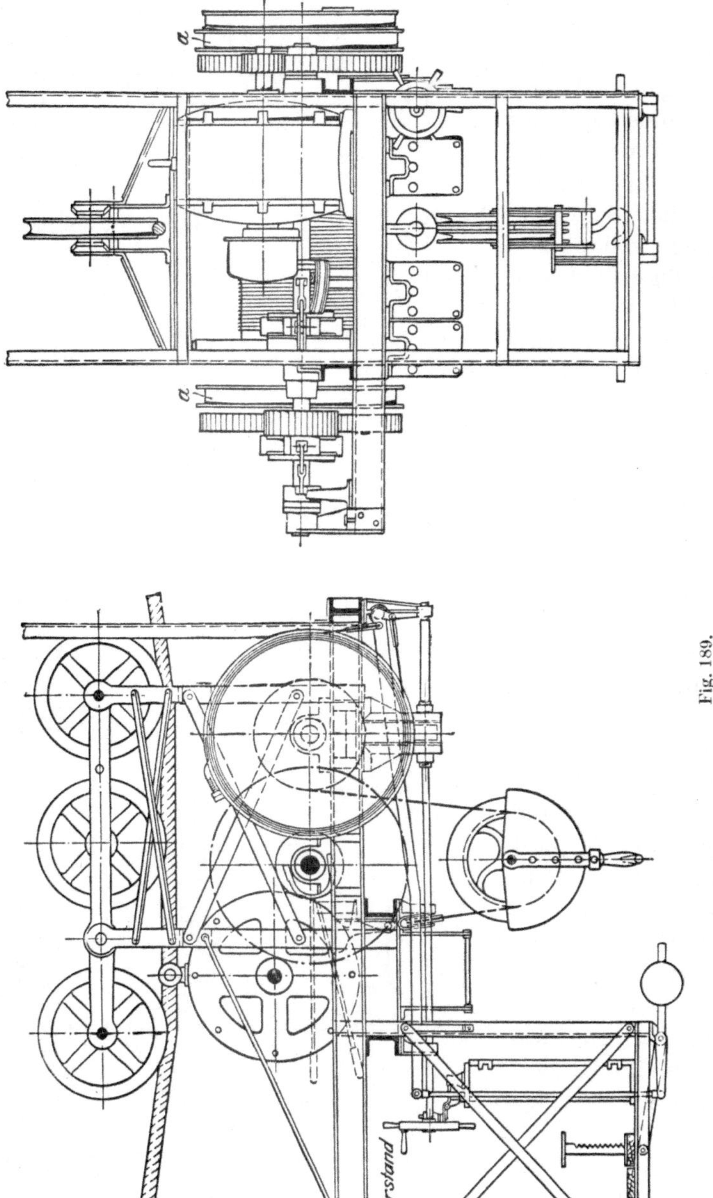

Fig. 189.

Fig. 190.

65. Die Bekohlung von Schiffen.

Man hat die Blondins in neuerer Zeit auch dazu benutzt, um Kriegs-
schiffen die Ersatzkohlen während der Fahrt von einem Transportschiff
aus zuzuführen. Besonderen Wert hat eine solche Einrichtung bei schlech-
tem Wetter, wo sich die beiden Schiffe nicht Seite an Seite legen können.

Das Kriegsschiff nimmt das Kohlenschiff ins Schlepptau, an dessen
Vordermast eine Rolle angebracht ist, über die das Laufseil geht, und
ein Rollenpaar zur Ablenkung der beiden Zugseiltrume. Der oben hin
und her gezogenen Laufkatze werden die Kohlensäcke vermittels einer
gewöhnlichen Winde zugehoben und dort durch einfaches Überlegen
eines Kettengliedes auf den Lasthaken eingehängt; neuerdings wird dies
auch selbsttätig bewirkt. Bei den ersten Anlagen der Temperley Trans-
porter Co., die das von Spencer Miller angegebene System ausführt,
wurde auf dem Hinterdeck des Kriegsschiffes ein aus Profileisen zu-
sammengenieteter Mast mit einem darin auf uud ab beweglichen Schlitten
aufgestellt, an dem das Litzenlaufseil und ein Halteseil für die Zugseil-
umführungsrolle gelagert waren. Durch Herabsenken des Schlittens
wurde die Last dem Deck genähert, so daß die Säcke abgehakt werden
konnten.

Bei den jetzigen Ausführungen ist an Stelle des Schlittens, der leicht
zu Störungen Veranlassung gab, eine nachgiebige, am Achtermast angebrachte Seilverbindung getreten, wie Fig. 191 nach einer Photographie
zeigt. Die beiden nach oben verlaufenden Seile gehen am Mast des
Kriegsschiffes über Rollen nach unten, so daß sie beim Einlaufen der
Säcke gesenkt werden können, während sie sonst natürlich möglichst
hoch gehalten werden, damit die Säcke nicht ins Wasser tauchen.
Gleichzeitig wird durch einen Zug an den beiden über die Flasche
gehenden Seilenden die Umführungsrolle des Zugseils, deren Gehäuse
sich auf dem Laufseil verschieben kann, mit dem letzteren herangeholt;
durch Auslösen eines Sliphakens gleiten dann die Säcke auf Deck.

Der normale Abstand beider Masten beträgt etwa 120 m, die mittlere
Fördergeschwindigkeit 5 m/Sek.; die größte, während der Fahrt vorkommende steigt bis auf 15 m/Sek. Dabei können je nach dem Seegang
30 bis 60 t in der Stunde übernommen werden, wenn jedesmal $^3/_4$ t gefördert werden. Der Inhalt eines Sackes beläuft sich auf rund 125 kg.
Zur Weiterführung bis in die Bunker sind dann noch weitere Einrichtungen, Schubkarren, Schienenwagen, Hängebahnen oder dergl. erforderlich.

Die größte Schwierigkeit liegt in der Notwendigkeit, die Länge des
Lauf- und des Zugseiles selbsttätig so zu regeln, daß, wenn bei hohem
Seegang sich auch der Abstand beider Schiffe ändert, die Seilspannung
doch dieselbe bleibt, damit die Säcke nicht ins Wasser tauchen, wodurch

die Kohlen für eine längere Lagerung untauglich werden würden. Hierzu dient eine durch Dampf oder elektrisch angetriebene Ausgleichwinde auf dem Kohlenschiff, die das Tragseil selbsttätig auf- und abwindet,

Fig. 191.

wenn die Anspannung ein bestimmtes von vornherein festgelegtes Maß unter- bzw. überschreitet (Fig. 192). Die größte Länge des Tragseils kann durch Verstellung der Windentrommel entsprechend dem Abstand bei fest angezogenen Schlepptrossen eingestellt werden. Eine zweite gleiche Winde wirkt auf das eine Ende des Zugseils ein, während eine dritte Winde seine Hin- und Herbewegung veranlaßt. Die ganze Einrichtung kann in etwa 20 Minuten betriebsfertig hergerichtet und in derselben Zeit wieder entfernt werden, natürlich mit Ausnahme der auf dem Kohlenschiff von Anfang an bereit stehenden Winden.

Nachteilig ist bei der beschriebenen Anordnung entschieden, daß drei Winden nötig sind. Spencer Miller läßt deshalb jetzt die Ausgleichwinde für das Tragseil fort und befestigt an dem Ende des Seiles, das an Kloben über das Transportschiff hinweggeht, einen Schwimmanker von i. M. 2 m Durchmesser, der nachgeschleppt wird und durch den Wider-

Fig. 192.

stand, den er im Wasser findet, die Seilspannung konstant hält, solange die Fahrtgeschwindigkeit dieselbe bleibt. Durchmesser und Gewicht des Ankers sind nun entsprechend der Fahrtgeschwindigkeit zu wählen und naturgemäß um so kleiner, je größer die letztere und auch der Seegang ist; durch eine Anzahl kleiner Korkbojen wird er dicht unter der Oberfläche des Wassers gehalten. Ein Wirbelgelenk am Anker verhindert die Verdrehung des Seiles und die elastische Befestigung am Kriegsschiffmast (Fig. 191) ein Reißen bei Vergrößerung der Fahrt. Sollten die Schlepptrossen reißen, so löst sich das Tragseil auf dem Kriegsschiff von selbst, und die ganze Vorrichtung kann dann von den Winden auf dem Kohlenschiff eingezogen werden.

Trotz dieser Vereinfachung sind noch zwei Winden für das Zugseil erforderlich, welche die Lidgerwood Co. zu einer vereinigt hat, indem sie die beiden Seiltrommeln durch eine Reibungskupplung verbindet. Sie erspart so den zweiten Antriebsmechanismus und bringt das Ganze auf einem kleineren Raum unter (Fig. 193). Die Windentrommel I holt das Seil ein, und die mit ihr durch die Reibungskupplung verbundene Trommel II läßt das zweite Trum ablaufen, wobei die Kupplung schleift. Verringern die Schiffe bei Seegang ihren Abstand, so wird die Trommel II in der Drehrichtung von I mitgenommen und zieht die Lose ein. Naturgemäß arbeitet die Einrichtung nicht besonders vorteilhaft, weil vom Motor immer die Reibung der Kupplung überwunden werden muß, die sehr schnell verschleißt. Zu bemerken ist noch, daß bei allen diesen Anordnungen die Winden auf dem Kohlenschiff stehen müssen, was z. B. von der deutschen Marine nicht für zweckmäßig gehalten wird.

In völlig abweichender Weise hat Leue die Aufgabe gelöst. Sein System kennzeichnet sich als eine Anwendung des englischen Seilbahnsystems. Es wird also ein endloses Seil auf die Stütz- und Umführungs-

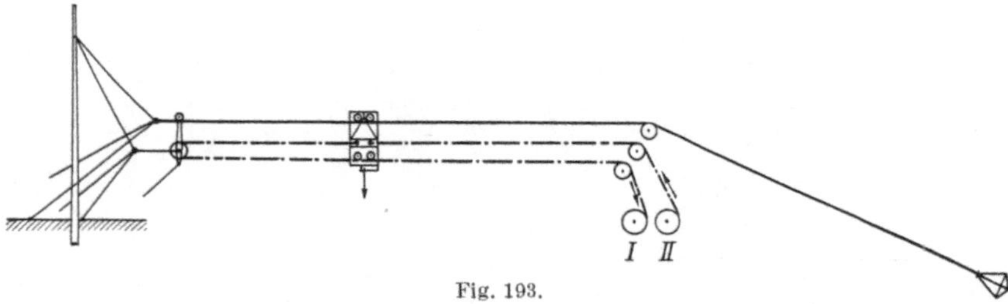

Fig. 193.

rollen gelegt, und dann werden die Schlepptrossen auf die passende Länge eingefiert. Am Mast des Kohlenschiffes werden zwei Ablenkungs- und eine Umführungsrolle angebracht; die eine Ablenkungsrolle bewegt einen Kettenelevator, der die Säcke von 100 kg Ladegewicht anhebt (Fig. 194) und ihre Haken vermittels einer geneigten Schiene auf das ablaufende Zugseiltrum gleiten läßt[1]). Der Haken ist in seiner neuen Form[2]) als Klemmbackengreifer ausgebildet, so daß die Säcke nicht auf dem Seil rutschen können.

Auf dem Kriegsschiff angelangt, lösen sich die Haken selbsttätig aus, und die Kohlensäcke gleiten in einem am Hintermast befestigten Rutschsack an Deck (vgl. Fig. 194, wo der Rutschsack zur Aufnahme der zurückkommenden Säcke dient, die zu mehreren mit den Greifern in einem Sack verpackt werden). Dort befindet sich auch die von einem Elektromotor bewegte Antriebsscheibe des Seiles und ein aufrecht angeordneter Ausgleicher, bestehend aus einem zehnrolligen Flaschenzug

---

[1]) Jahrbuch der Schiffbautechnischen Gesellschaft 1906, S. 484.
[2]) Z. d. V. d. Ing. 1907, S. 79.

mit einer Anzahl teleskopartig ineinander verschiebbarer Druckluft-
zylinder. Übersteigt die Seilspannung einen gewissen Wert, so entweicht
Luft durch ein Maximumventil, und die Rollensysteme nähern sich.

Fig. 194.

Bei Verringerung der Seilspannung gehen sie auseinander. Am vorteil-
haftesten wird die ausgezogen etwa 10 m lange Vorrichtung in dem
hohlen Mast des Kriegsschiffes untergebracht.

Die Leistungsfähigkeit beträgt etwa 60 t/St. bei einer Seilgeschwindigkeit von rund 2 m/Sek. Der Hauptnachteil des Systems ist, daß der Ausgleicher ein recht umständlicher und sperriger Apparat ist, für den schwer Platz auf einem Kriegsschiff zu schaffen ist, da das Mastinnere bereits zum Teil anderweitig in Anspruch genommen ist. Ferner muß das Zugseil ziemlich stark angespannt werden, damit bei den dicht hintereinanderfolgenden Lasten der Durchhang nicht zu groß wird, wodurch wieder alle Triebwerksteile schwer belastet werden. Auch der Greifer erscheint manchen praktischen Seeleuten für die rohe Behandlung, die er naturgemäß erfährt, zu fein.

Gegen die allgemeine Einführung eines der vorbeschriebenen Systeme spricht ihre geringe Förderleistung; Aussicht auf allgemeine Benutzung hat nur eine Einrichtung, die bei völliger Betriebssicherheit mit einfachen Apparaten mindestens 120 t/St. schafft und gegebenenfalls ihre Leistungsfähigkeit durch Erhöhung der Geschwindigkeit auf 180 t/St. steigern läßt. Dies dürfte nach Ansicht des Verfassers nur mit Hilfe des deutschen Seilbahnsystemes erreichbar sein[1]). Allerdings ist nicht zu verhehlen, daß eine so große Leistung auch entsprechend viel Leute erfordert, die freilich auf einem Kriegsschiff vorhanden sind.

---

[1]) Verfasser ist bereit, Interessenten nähere Mitteilungen darüber zu machen.

Additional material from *Die Luftseilbahnen,*
ISBN 978-3-662-32355-7, is available at http://extras.springer.com